2021 STEP 우수 이러닝 '고용노동부장관상'
2020 STEP 우수 이러닝 '한국기술교육대총장상'
2019 훈련이수자평가 3D프린터 'A등급'
2017 훈련이수자평가 기계설계 'A등급'

솔리드웍스 50시간 완성

《모델링편》

신동진 지음

NCS 기반
3D형상모델링
작업

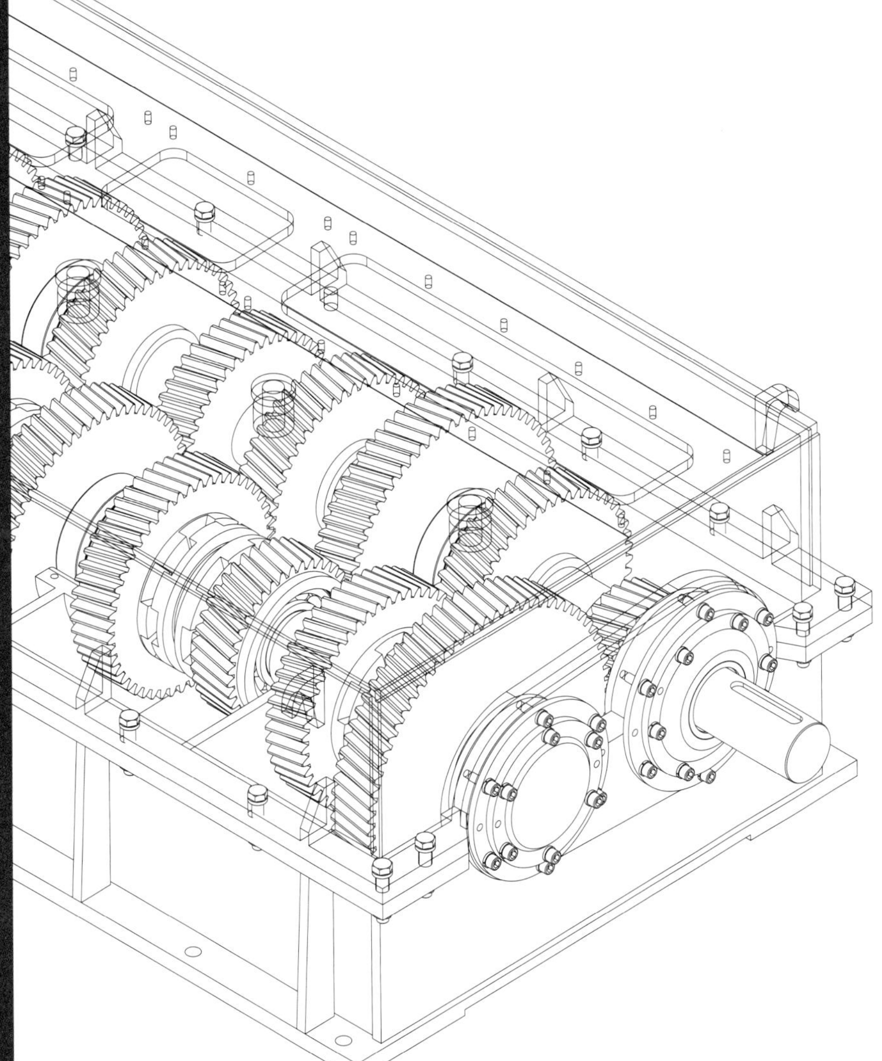

NCS 기반 3D형상모델링작업

솔리드웍스 50시간 완성 〈모델링편〉

초판발행 2022년 03월 25일
2쇄 발행 2023년 04월 09일

지은이 신동진
발행인 최영민
발행처 피앤피북
주소 경기도 파주시 신촌로 16
전화 031-8071-0088
팩스 031-942-8688
전자우편 pnpbook@naver.com
출판등록 2015년 3월 27일
등록번호 제406-2015-31호

ISBN 979-11-91188-84-4 (93550)

솔리드웍스 이제 나도 할 수 있다!

이 책을 찾아주시는 독자님들께 진심으로 감사드립니다.
수년간의 직업능력개발훈련 및 교육 노하우를 바탕으로 솔리드웍스를 처음 접하는 독자의 입장에서 작성된 교재입니다.
효과적인 학습방법으로 높은 학업성취를 달성할 수 있도록 내용을 구성하였습니다.
또한 학습진도에 적절한 연습도면을 완성해봄으로써 단기간에 실력을 향상시킬 수 있습니다.
본 교재를 통해 솔리드웍스 전문가로 성장할 수 있기를 기원합니다. 감사합니다.

신동진

캐드신 아카데미 대표
기계설계&3D프린팅 직업훈련교사

홈페이지 : dongjinc.imweb.me
질문&답변 카페 : cafe.naver.com/dongjinc

수상

2022 대한민국 평생학습대상 '교육부장관상'
2021 STEP 우수이러닝 콘텐츠 '고용노동부장관상'
2020 STEP 우수이러닝 콘텐츠 '한국기술교육대학교총장상'
2019 훈련이수자평가 3D프린터 'A등급'
2018 훈련이수자평가 3D프린터 'B등급'
2017 훈련이수자평가 기계 설계 'A등급'

자격

국가 · 민간자격 '기계가공기능장 외 12개'
중등교사자격 '중등학교 정교사 2급(기계금속)'
직훈교사자격 '기계설계 2급 외 15개'

연수

DfAM 및 적층해석(금속 3D프린팅) 외 27개

저서

오토캐드 40시간 완성
인벤터 50시간 완성 〈모델링편〉
솔리드웍스 50시간 완성〈모델링편〉
3D프린터운용기능사 실기 30시간 완성 〈인벤터편〉
지더블유캐드 40시간 완성
인벤터 50시간 완성 〈조립 · 도면편〉
솔리드웍스 50시간 완성〈조립 · 도면편〉

이 책을 보는 순서

PART 1 3D형상모델링 개요

1.1 3D형상상모델링 작업 준비 8

PART 2 3D형상모델링 스케치

2.1 2D스케치 작성 22

2.2 2D스케치 수정 49

PART 3 3D형상모델링 피처

3.1 3D피처 생성 70

3.2 3D피처 수정 102

3.3 3D피처 검토 162

PART

01

3D형상모델링 개요

1.1 3D 형상모델링 작업준비

SECTION

1.1 3D형상모델링 작업준비

학습목표
- 3D형상모델링에 대해 이해할 수 있다.
- 명령어를 이용하여 3D CAD프로그램을 사용자 환경에 맞도록 설정할 수 있다.
- 3D형상모델링에 필요한 부가 명령을 설정할 수 있다.
- 작업환경에 적합한 템플릿을 제작하여 도면의 형식을 균일화시킬 수 있다.

1 3D형상모델링 소프트웨어의 종류

https://cafe.naver.com/dongjinc/2001

3D 공간상에 가상의 입체적인 형상을 만들고 그것을 수정하는 것을 형상모델링이라고 합니다. 모델링 소프트웨어의 종류로는 크게 디자인모델링 소프트웨어와 엔지니어링모델링 소프트웨어로 구분할 수 있습니다.

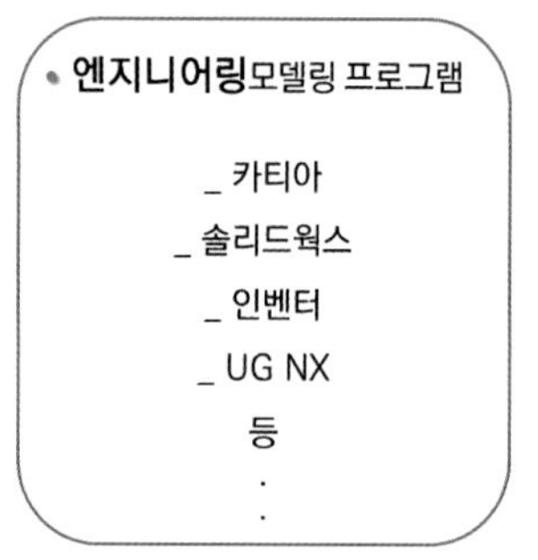

엔지니어링모델링 소프트웨어로 목적에 맞는 3차원 형상을 손쉽게 만들 수 있습니다. 뿐만아니라 2개 이상의 부품을 조립 및 분해를 할 수 있으며 도면작성, 시뮬레이션, 해석, 검증 등의 기능을 구현할 수 있습니다.

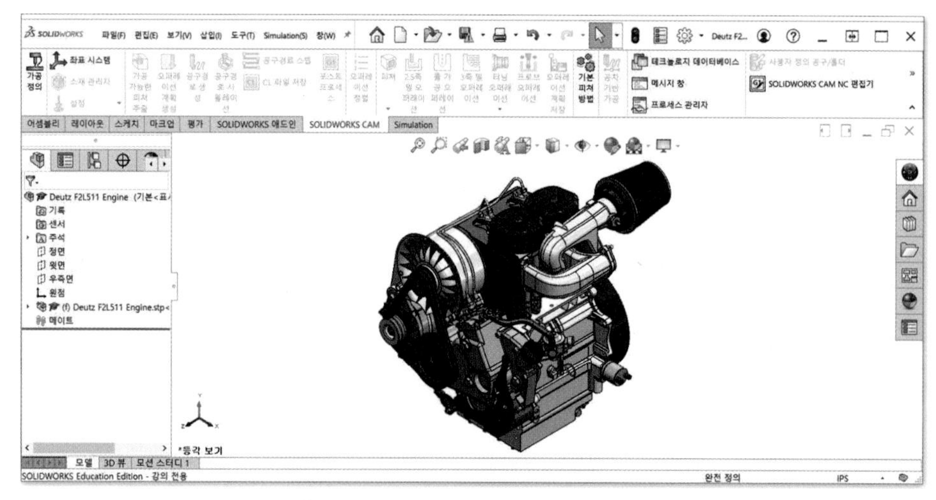

[엔지니어링모델링 소프트웨어 : 솔리드웍스]

2 디자인모델링 소프트웨어와 엔지니어링모델링 소프트웨어와의 차이

엔지니어링모델링 소프트웨어의 장점은 작업내용이 남습니다. 작업내용의 설정값을 변경하면 모델링 형상을 손쉽게 수정할 수 있습니다. 이에 반해 디자인모델링 소프트웨어는 작업내용이 남지 않아 수정이 어렵습니다.

[엔지니어링모델링 소프트웨어 : 인벤터]

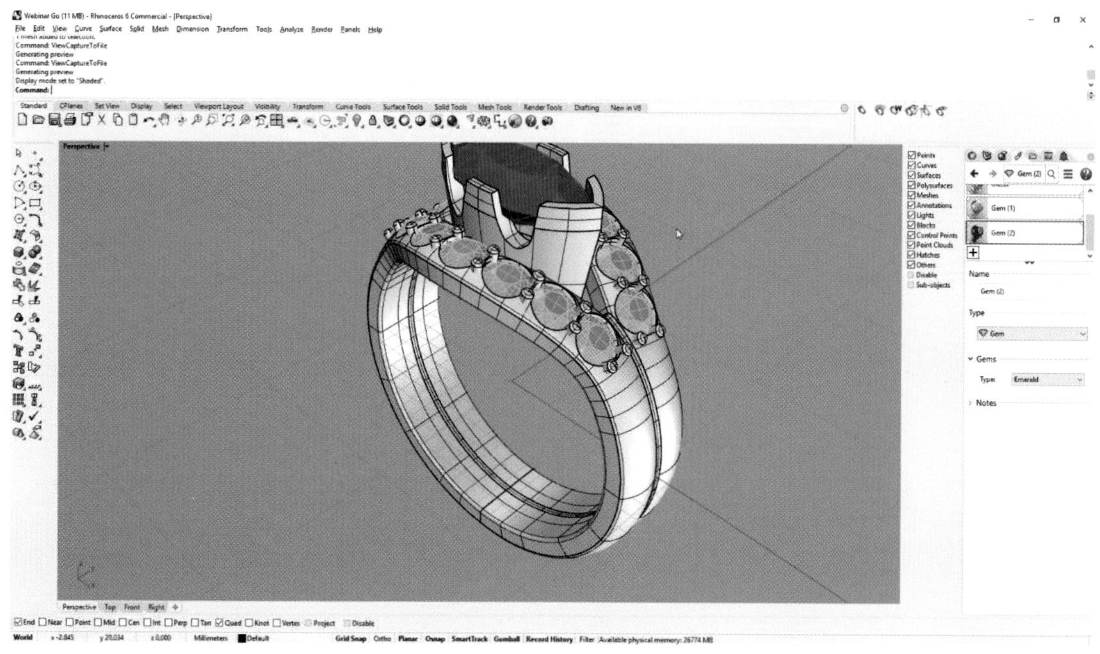

[디자인모델링 소프트웨어 : 라이노]

3 3D형상모델링 구조체계 중요 Point

3D형상모델링을 할 때 아래의 3가지 기능은 서로 연관되어 있기 때문에 각 기능에 대한 개념을 정확히 이해하는 것이 중요합니다. 또한 파일 저장 시 확장자가 각각 다르게 저장되기 때문에 확장자를 외우는 것이 좋습니다.

1 파트(SLDPRT) : 1개의 단일부품을 모델링 하는 기능입니다.

2 어셈블리(SDLASM) : 2개 이상의 부품을 조립 · 분해하는 기능입니다.

3 도면(SLDDRW) : 제품제작을 위한 부품도, 조립도, 분해도 등의 도면을 작성하는 기능입니다.

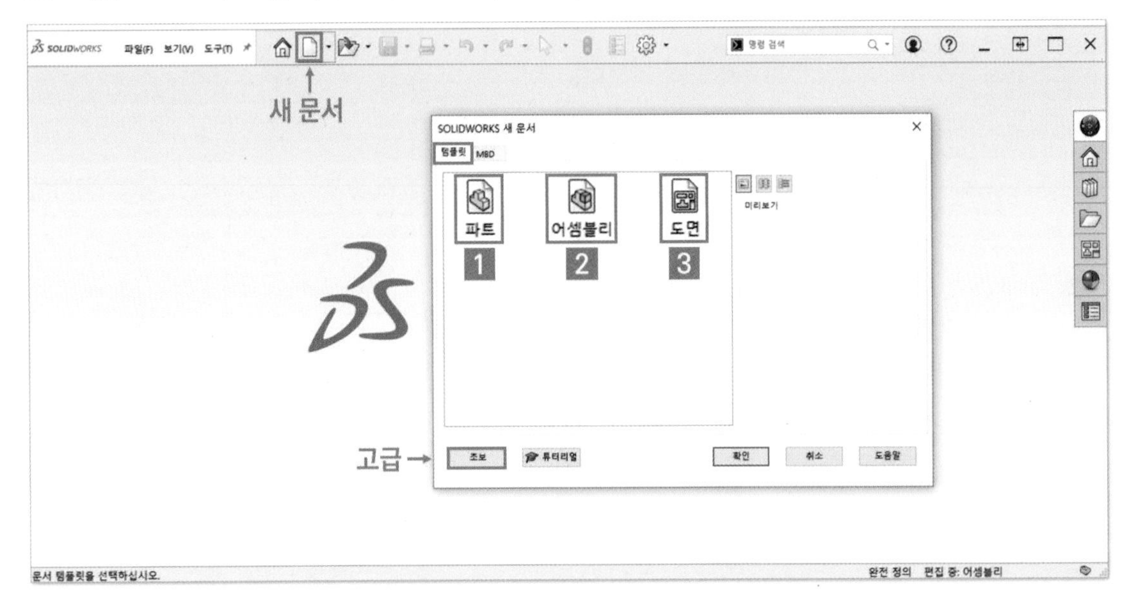

4 3D형상모델링의 3요소 중요 Point

3D형상은 아래의 3가지 요소에 의해서 만들어집니다. 3D피처와 같이 입체적인 형상을 모델링하기 위해서는 1개의 기준면을 선택하고, 그 기준면에 2D스케치를 합니다. 그 다음 3D피처 기능을 사용해서 입체적인 형상을 만듭니다. 매우 중요한 순서입니다. 꼭 숙지하시기 바랍니다.

1 기준면 : 2D스케치를 작성하기 위한 평면입니다. 기본적으로 정면, 윗면, 우측면을 제공하고 작업자가 직접 기준면을 생성할 수 있습니다.

2 2D스케치 : 3D피처의 형상을 구현하기 위한 스케치입니다.

3 3D피처 : 부피와 질량을 갖는 입체적인 형상입니다.

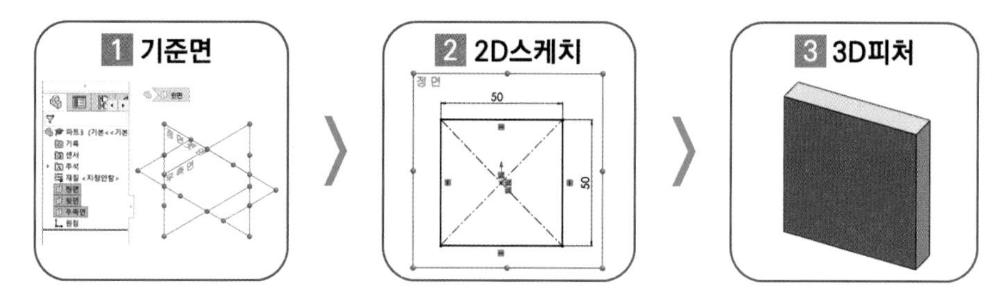

5 솔리드웍스의 화면구성

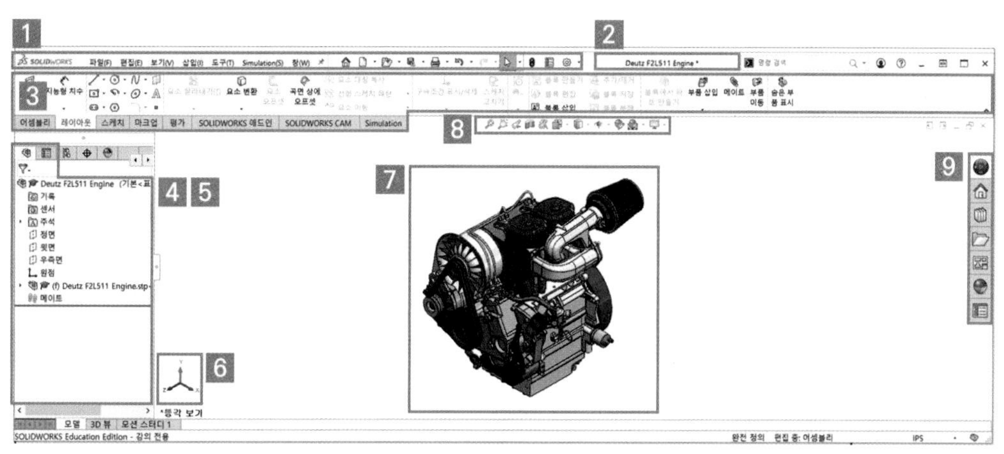

번호	명칭	설명
1	메뉴 모음	메뉴 및 기본적인 기능 모음
2	제목표시줄	프로그램의 버전 및 파일명 표시
3	CommandManager 도구 모음	각종 기능의 아이콘 모음
4	FeatureManager 디자인 트리	작업순서 및 작업내용 표시
5	PropertyManager 속성 창	기능의 속성 및 옵션 설정 도구
6	좌표계	x, y, z축 표시
7	작업화면	현재 작업하는 화면 표시
8	빠른 보기 도구 모음	작업화면을 조작하는 도구 모음
9	작업창	설계 라이브러리, 파일 탐색기 등 표시

6 작업환경설정 중요Point 실습Point

효율적인 3D형상모델링 작업을 위해 작업환경설정을 합니다.

1 「 새 문서」를 클릭하고 새 문서 창의 형태를 「고급」으로 변경합니다. 1개의 단일부품을 모델링하기 위해 「 파트」를 더블 클릭해서 실행합니다.

2 DisplayManager에서 「 조명」을 우클릭하고 「모든 조명 편집」을 클릭합니다. (하위버전 : 보기 → 조명과 카메라 → 속성 → 간접 조명)

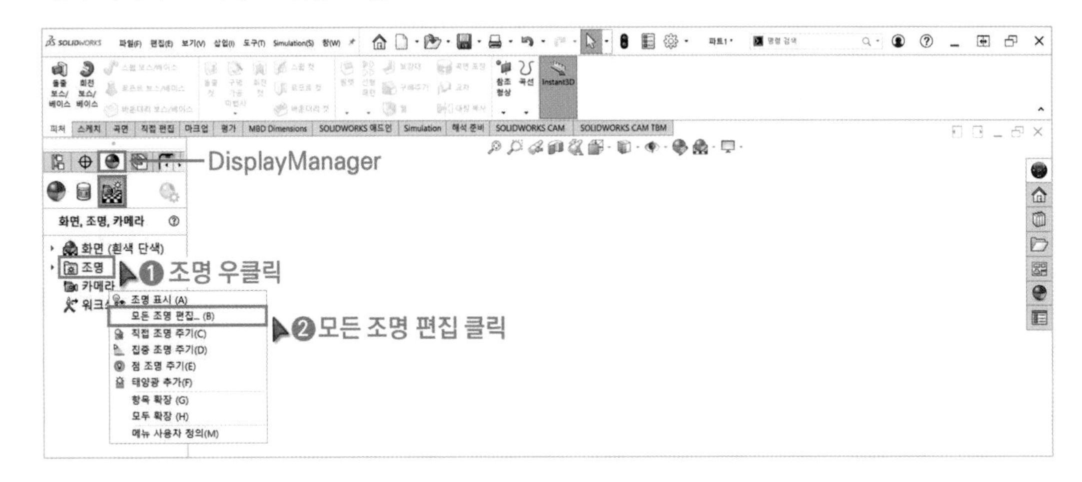

3 간접도의 값을 입력합니다. 간접도의 값을 변경하면 모델링 형상의 밝기를 조절할 수 있습니다. 형상의 밝기가 어두울 경우 스케치가 보이지 않아 작업하기 어려울 수 있습니다.

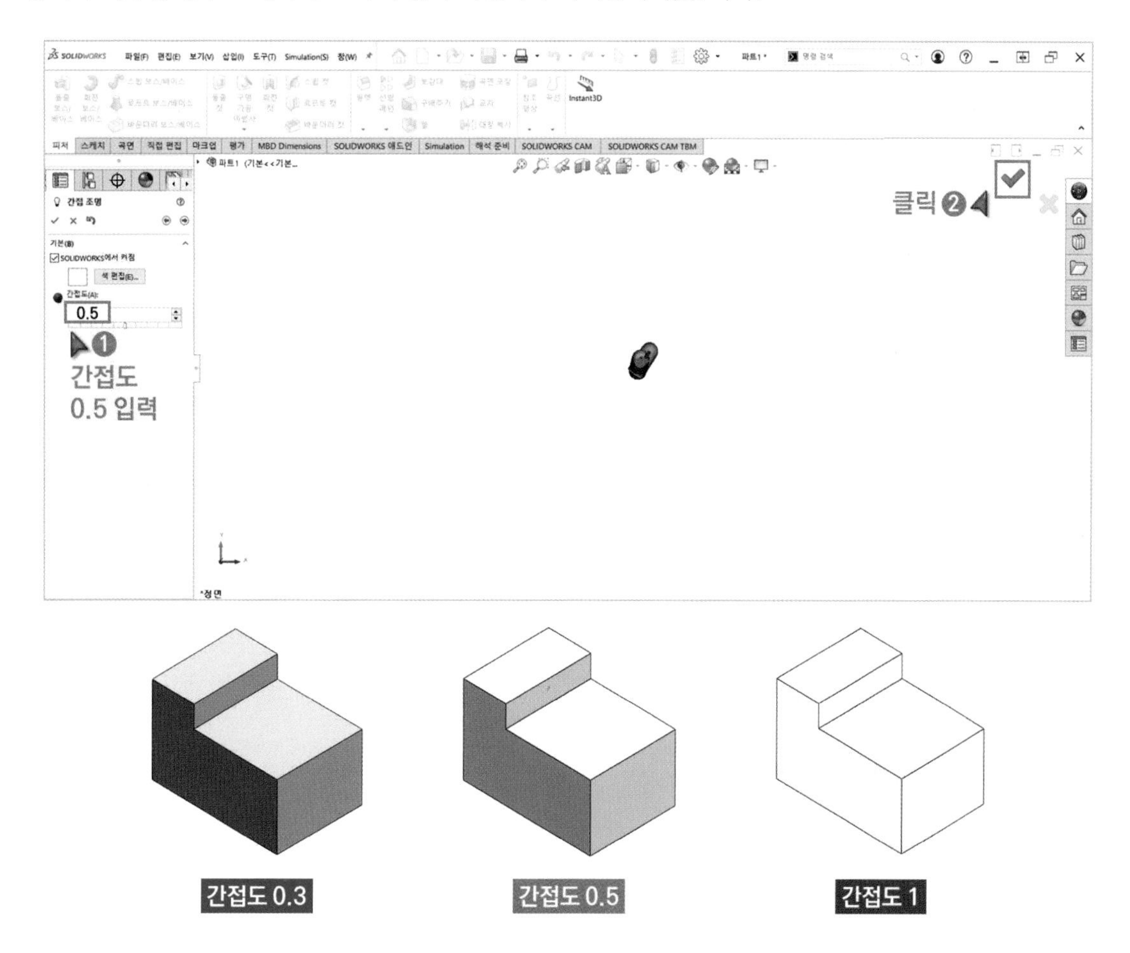

4 빈 영역에서 우클릭하고「탭」에서 자주 사용하는 도구모음을 선택합니다. (하위 버전 : 평가 탭 = 계산 탭)

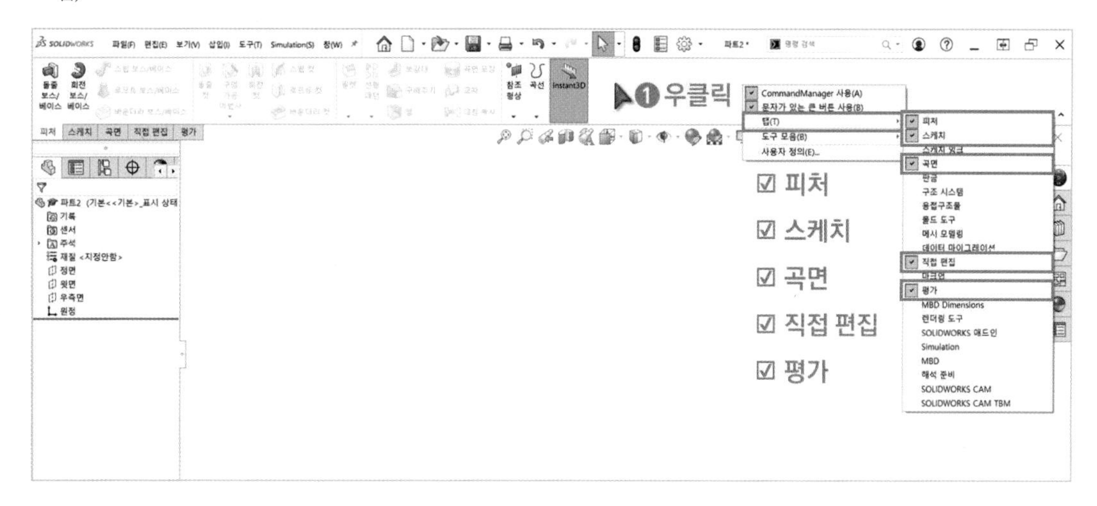

5 「 사용자 정의」를 클릭하고 적당한 크기의 「 아이콘 크기」를 선택합니다.

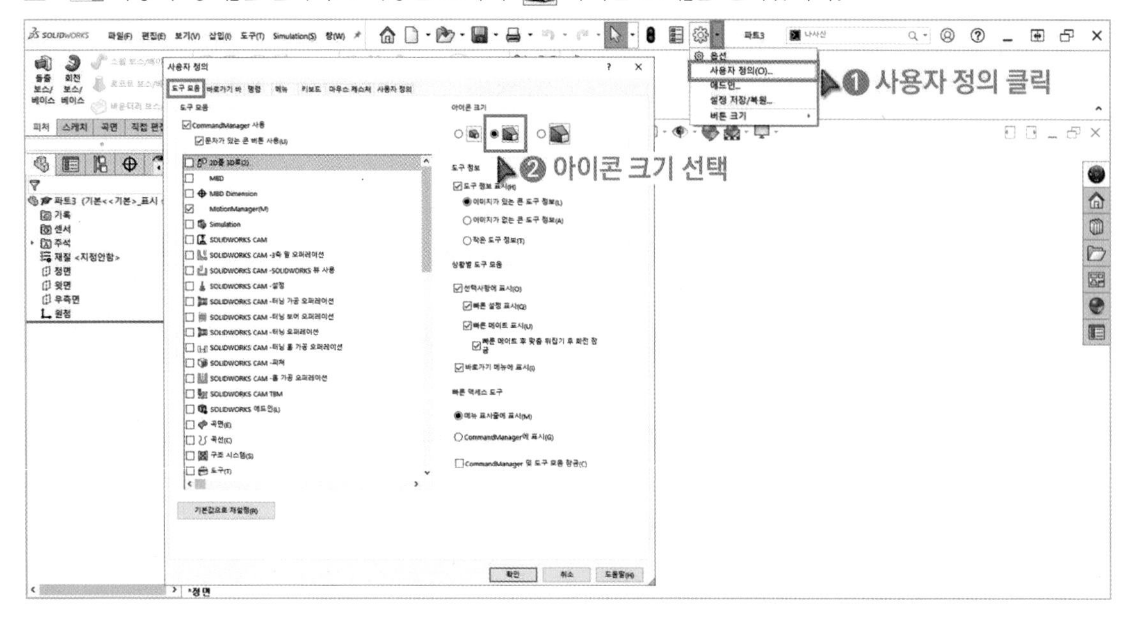

6 「명령」 탭에서 「주석」 도구 모음을 클릭합니다. 「 나사산 표시」 아이콘을 도구모음으로 드래그앤드롭 합니다. 이와 같은 방법으로 자주 사용하는 아이콘을 원하는 위치에 배치할 수 있습니다.

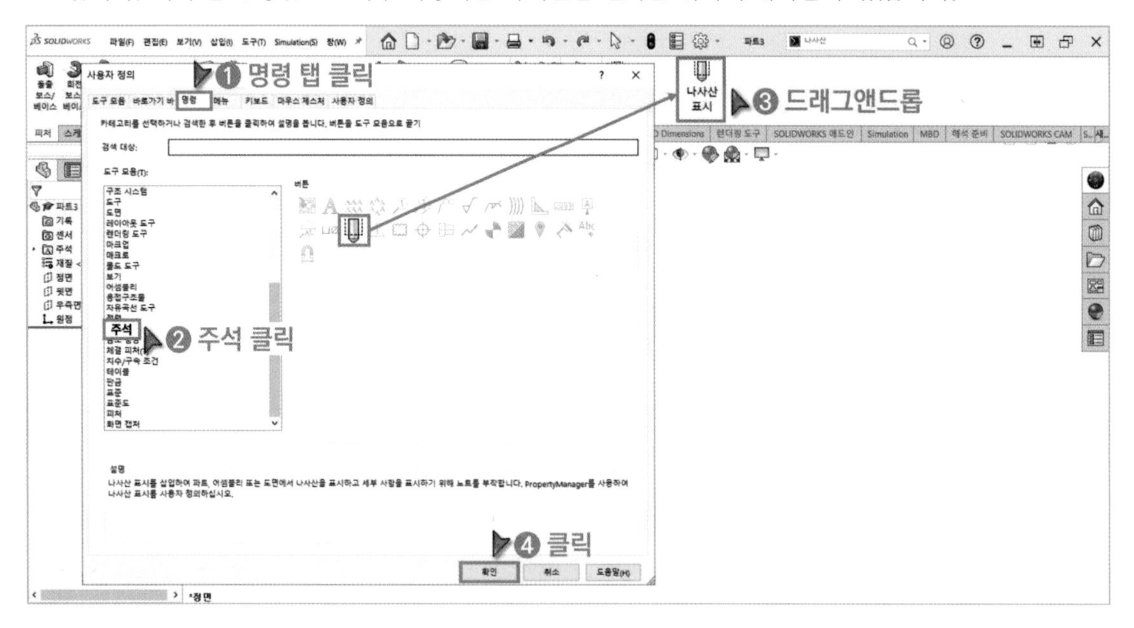

7 「 항목 숨기기/표시」를 클릭합니다. 작업화면에 평면, 축, 치수, 스케치, 구속조건이 보이도록 해당 항목을 선택합니다.

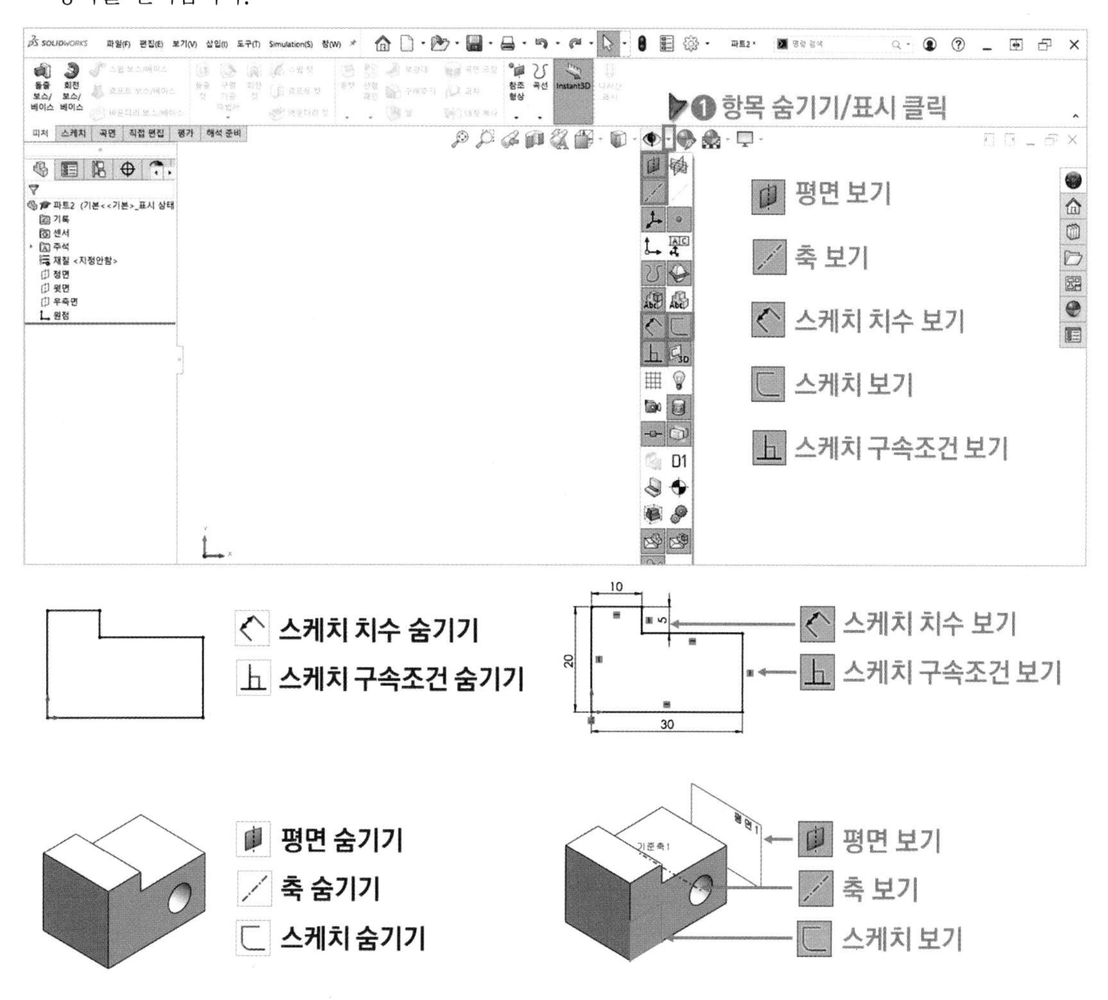

8 「 화면 적용」을 클릭합니다. 3포인트와 흰색 중 원하는 항목을 선택합니다.

9 「 뷰 설정」을 클릭합니다. 모델링 형상에 적용되는 뷰 항목을 모두 해제합니다.

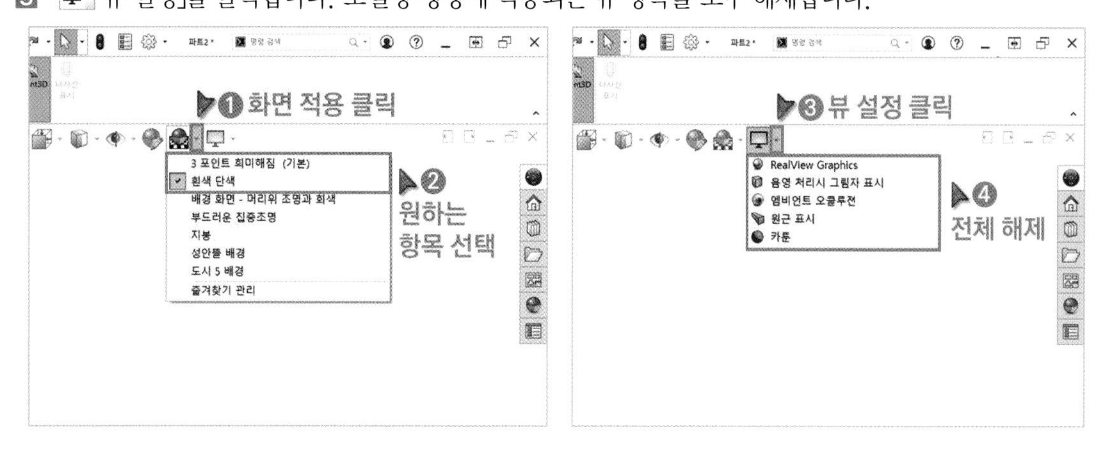

10 「⚙ 옵션」을 클릭하고 아래의 표와 같이 설정합니다. *표시된 옵션은 직접 설정해야하는 옵션입니다. 그 외의 다른 옵션은 이미 설정되어 있지만 알아두면 유용한 옵션입니다.

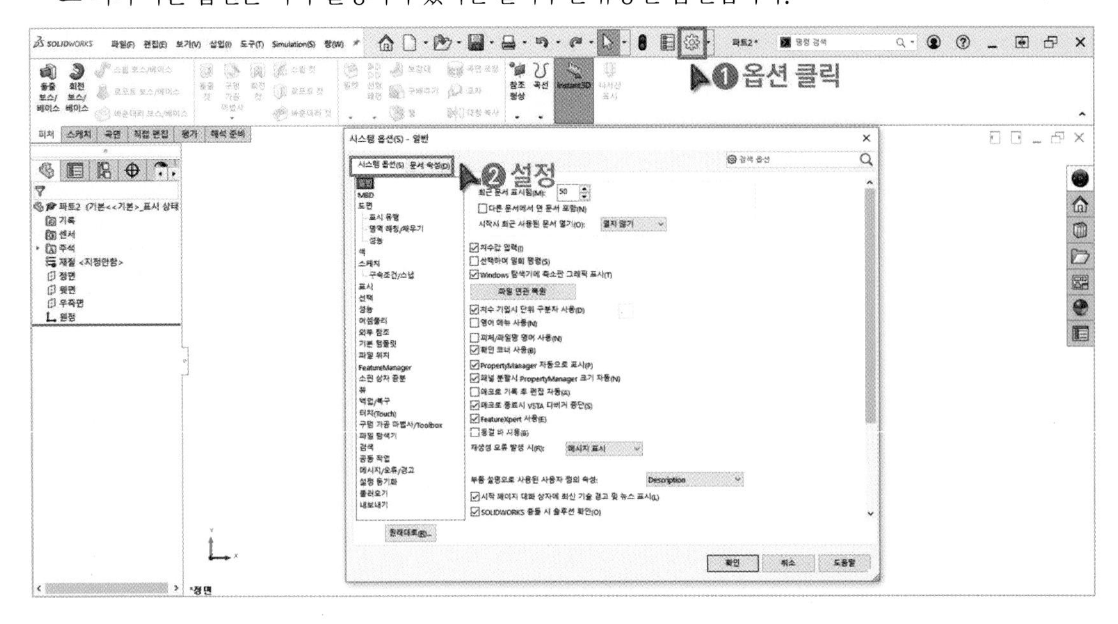

<table>
<tr><th colspan="2">구분</th><th>내용</th></tr>
<tr><td rowspan="9">시스템 옵션</td><td>일반</td><td>☑ 치수값 입력
☑ 확인 코너 사용
☑ PropertyManager 자동으로 표시</td></tr>
<tr><td>색</td><td>☑ 문서 화면 배경 사용</td></tr>
<tr><td>스케치</td><td>☑ 스케치 작성 및 스케치 편집 시 뷰가 스케치 평면에 수직이 되도록 자동회전
☑ 첫 번째 치수 작성의 스케치 축척</td></tr>
<tr><td>구속조건/스냅</td><td>☑ 구속 자동</td></tr>
<tr><td>*표시</td><td>네 개의 뷰 시점 투영 방법 [제3각법]</td></tr>
<tr><td>선택</td><td>☑ 상자</td></tr>
<tr><td>*FeatureManager</td><td>☑ 동적 하이라이트 *참고 : 작업속도가 느리다면 체크 해제</td></tr>
<tr><td>*뷰</td><td>☑ 마우스 휠 확대 방향 바꾸기</td></tr>
<tr><td>백업/복구</td><td>☑ 자동 복구 정보 저장 간격</td></tr>
<tr><td rowspan="3">문서 속성</td><td>*치수</td><td>[글꼴(F)] : 단위 5.0mm
소수점 표시(N) : 치수 [삭제]
☑ 치수 보조선 중앙</td></tr>
<tr><td>*단위</td><td>☑ MMGS (mm, g, s)</td></tr>
<tr><td>*도면화</td><td>☑ 음영 나사산</td></tr>
</table>

11 지금까지 설정한 것을 템플릿으로 저장하기 위해서 「 다른 이름으로 저장」을 클릭합니다. 파일 이름은 '부품', 파일 형식은 'Part Templates(*.prtdot)'으로 선택하고 템플릿을 저장합니다. 템플릿 폴더의 위치는 'C:₩ProgramData₩SOLIDWORKS₩SOLIDWORKS 2021₩templates'입니다.

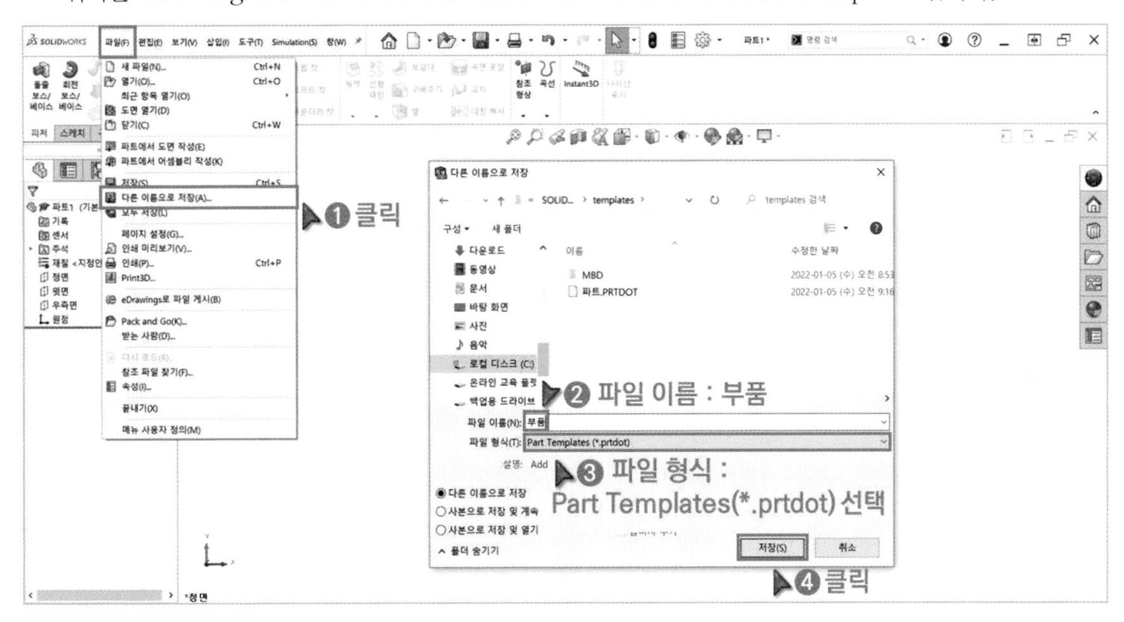

12 「 새 문서」를 클릭하고 「 부품」 템플릿이 생성된 것을 확인합니다. 이 템플릿을 사용하면 지금까지 설정한 것을 그대로 사용할 수 있어서 효율적으로 작업을 할 수 있습니다.

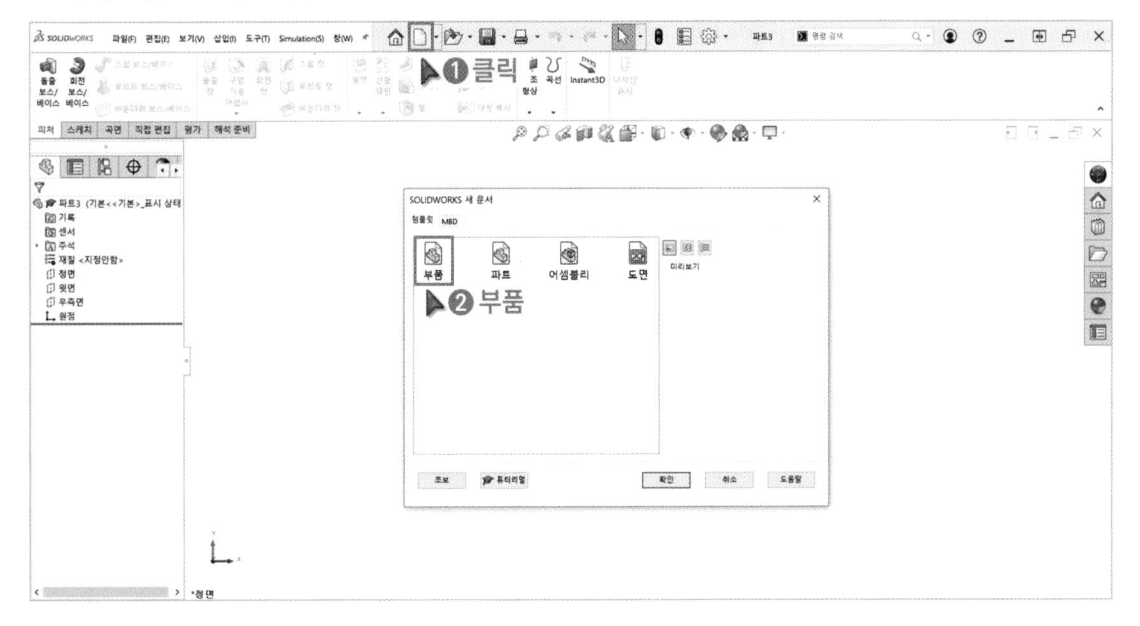

⑬ 지금까지 설정한 것을 다른 컴퓨터에서 불러오고 싶다면 「 설정 저장/복원」 기능을 사용하면 됩니다. 「 설정 저장/복원」을 클릭하고 설정 저장을 클릭합니다.

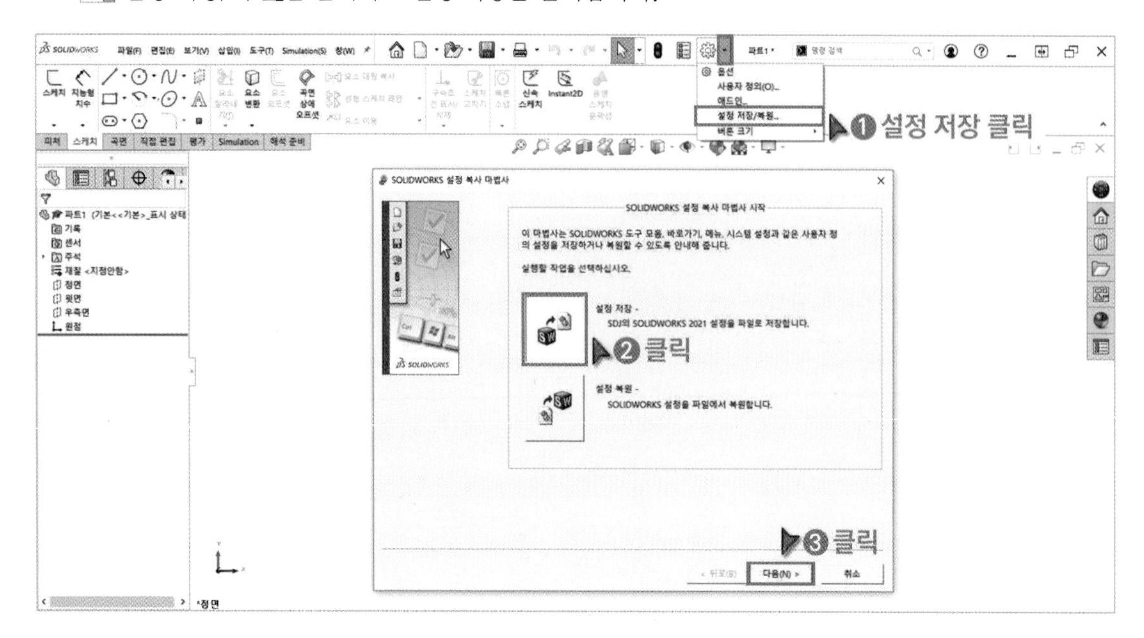

⑭ 「찾아보기」를 클릭합니다. 위치를 지정하고 파일 이름을 입력해서 저장합니다.

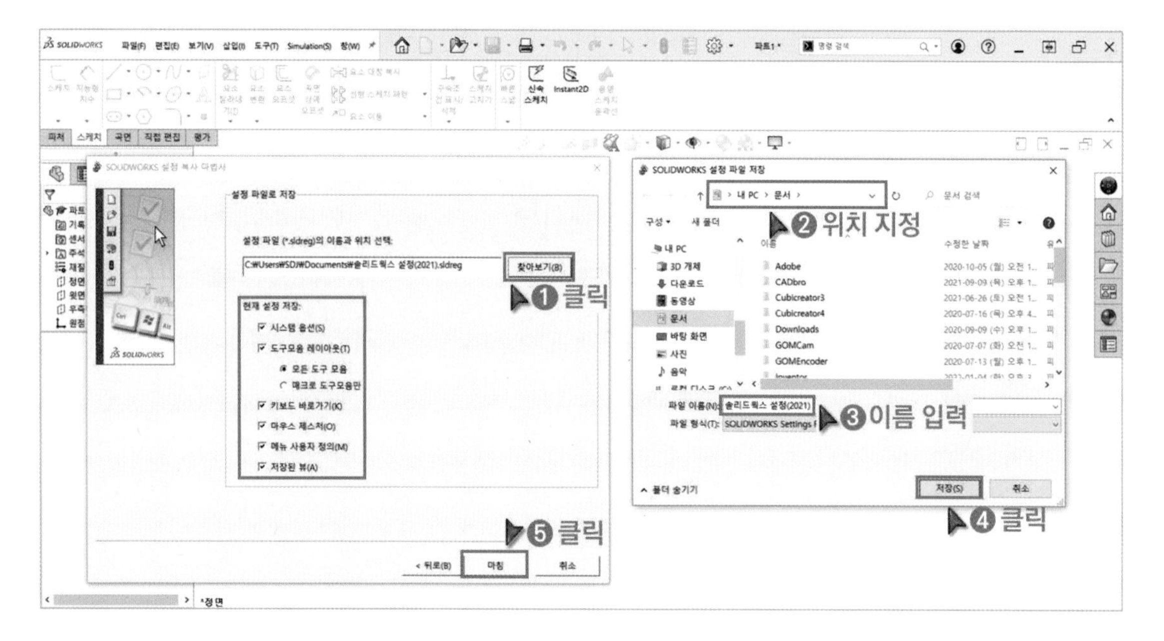

MEMO

PART

02

3D형상모델링 스케치

SECTION

2.1 2D스케치 작성

학습목표 • 스케치 도구를 이용하여 디자인을 형상화할 수 있다.
• 디자인에 치수를 기입하여 치수에 맞게 형상을 수정할 수 있다.
• KS 및 ISO 관련 규격을 준수하여 형상을 모델링할 수 있다.
• 기하학적 형상을 구속하여 원하는 형상을 유지하거나 선택되는 요소에 다양한 구속 조건을 설정할 수 있다.

1 스케치를 위한 기준면 선택 중요 Point

https://cafe.naver.com/dongjinc/2002

스케치를 작성하기 위해서는 기본적으로 제공하는 3개의 기준면(정면, 윗면, 우측면) 중 1개를 선택해야 합니다. 또한 스케치를 작성하고 있을 때와 작성하고 있지 않을 때의 화면구성을 파악해야 합니다.

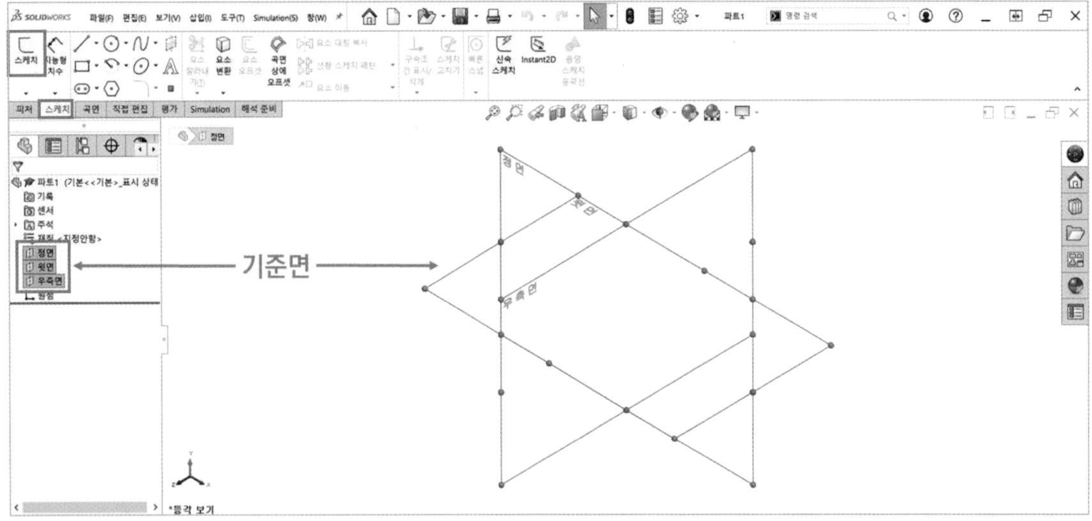

[3개의 기준면]

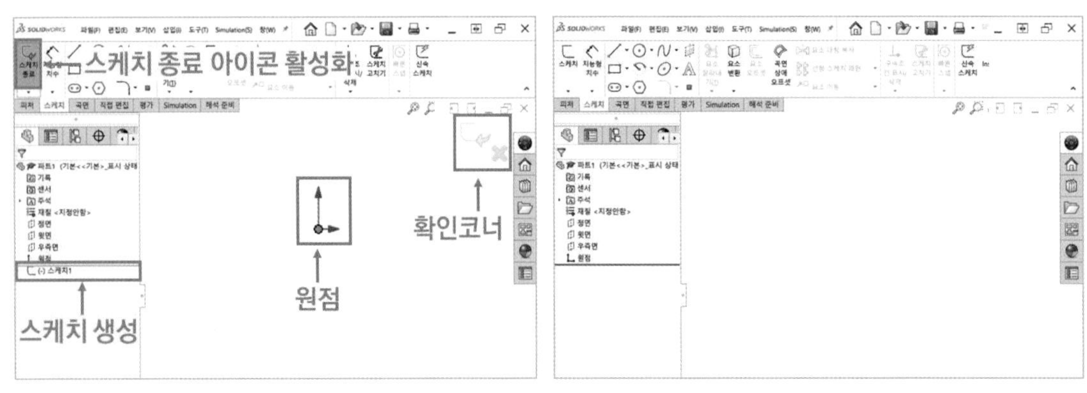

[스케치 작업 중] [스케치 작업 종료]

2 스케치 작성 및 객체 선택 방법 중요 Point 실습 Point

1 「 새 문서」를 클릭하고 「 부품」을 더블 클릭합니다.

2 스케치 도구모음의 「 스케치」를 클릭합니다. 작업화면에 보이는 「정면」을 클릭하거나 디자인트리에 있는 「정면」을 클릭합니다. 작업화면에 기준면이 보이지 않는다면 마우스 휠을 드래그해서 작업화면을 회전하면 됩니다.

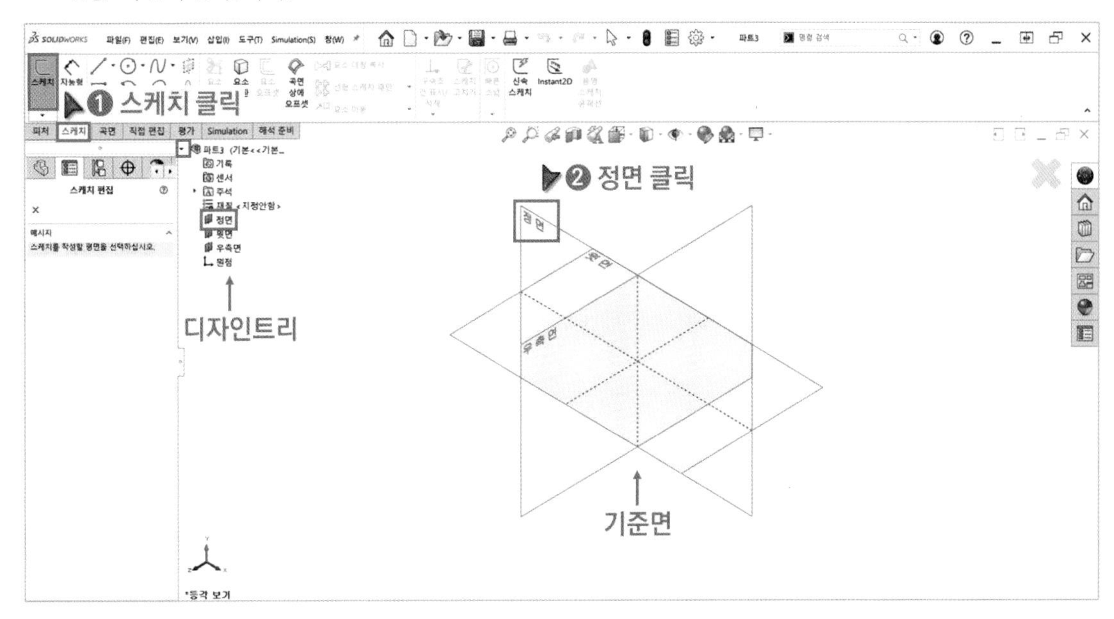

3 스케치 작업 중에는 스케치 종료 아이콘, 원점, 확인 코너가 활성됩니다. 디자인트리에는 스케치가 생성됩니다.

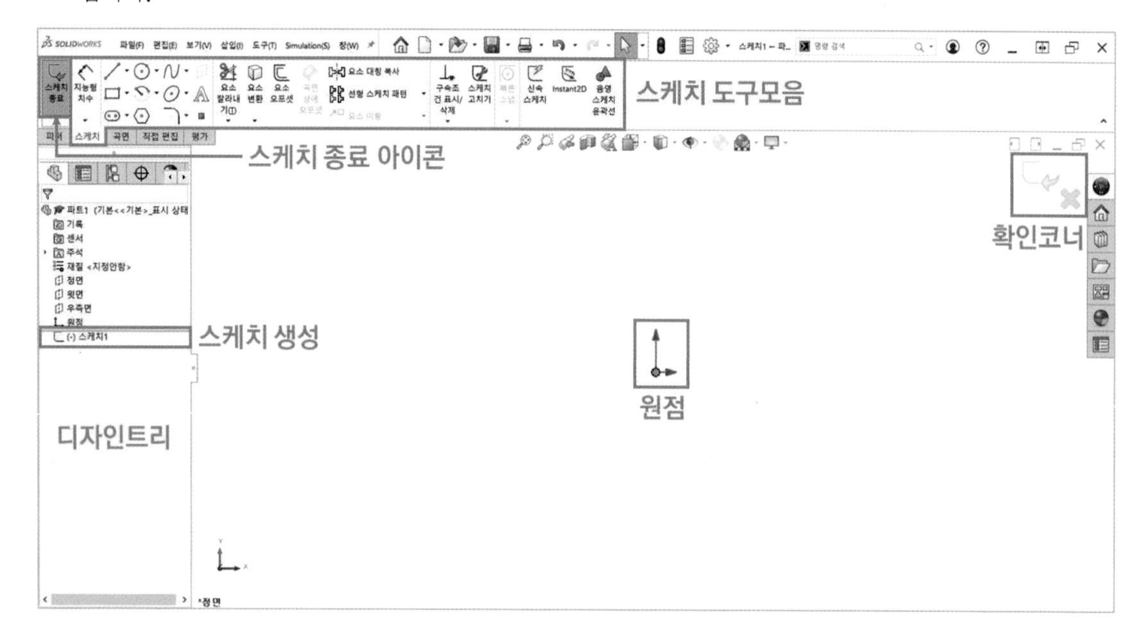

4 「╱ 선」을 클릭합니다. 작업화면에 점을 찍듯이 마우스로 클릭하면서 직선을 그립니다. 드래그를 해서 직선을 그릴 경우 한 개의 직선을 그릴 수 있습니다. 선 작업을 종료하려면 Esc 키를 누르면 됩니다.

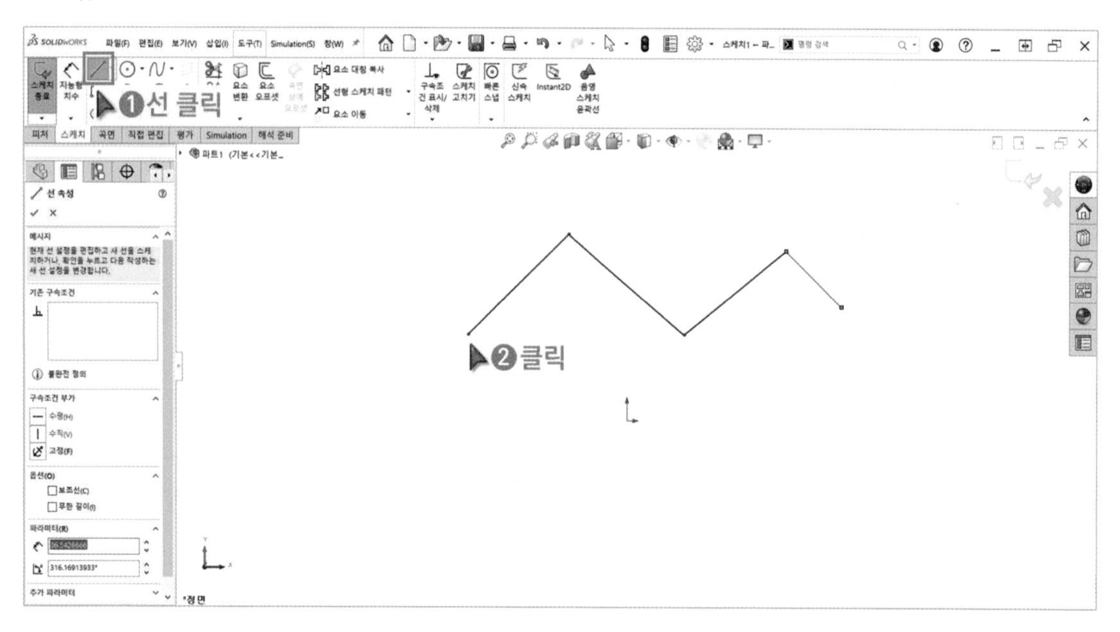

5 「 뷰 방향」을 클릭하고 정면, 우측면, 윗면, 등각보기를 순서대로 클릭해서 뷰 방향을 파악합니다. 뷰 방향 단축키는 Ctrl + 1~8입니다. 「Ctrl + 7」 등각보기, 「Ctrl + 8」 수직보기는 자주 사용하니 외우는 것을 추천합니다.

스페이스바를 눌러 「 뷰 선택기」를 불러옵니다. 뷰 선택기의 면을 클릭해서 뷰 방향을 볼 수 있습니다. 방금 작성한 스케치가 어느 기준면에 작성되었는지 디자인트리를 통해서 확인합니다.

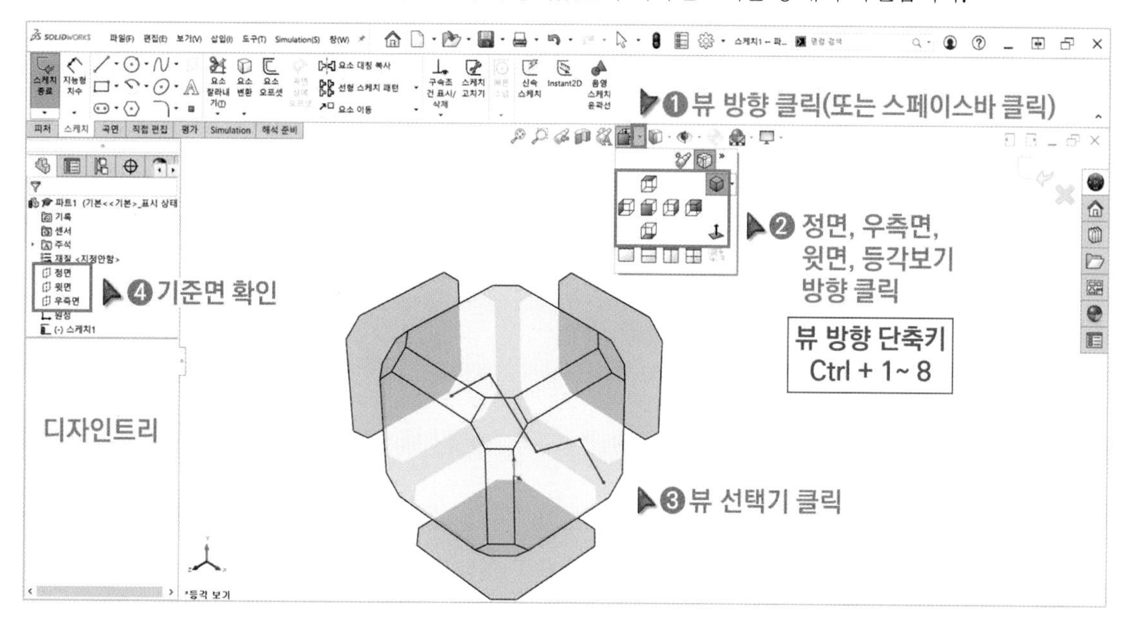

6 수직보기 「Ctrl + 8」을 클릭합니다.

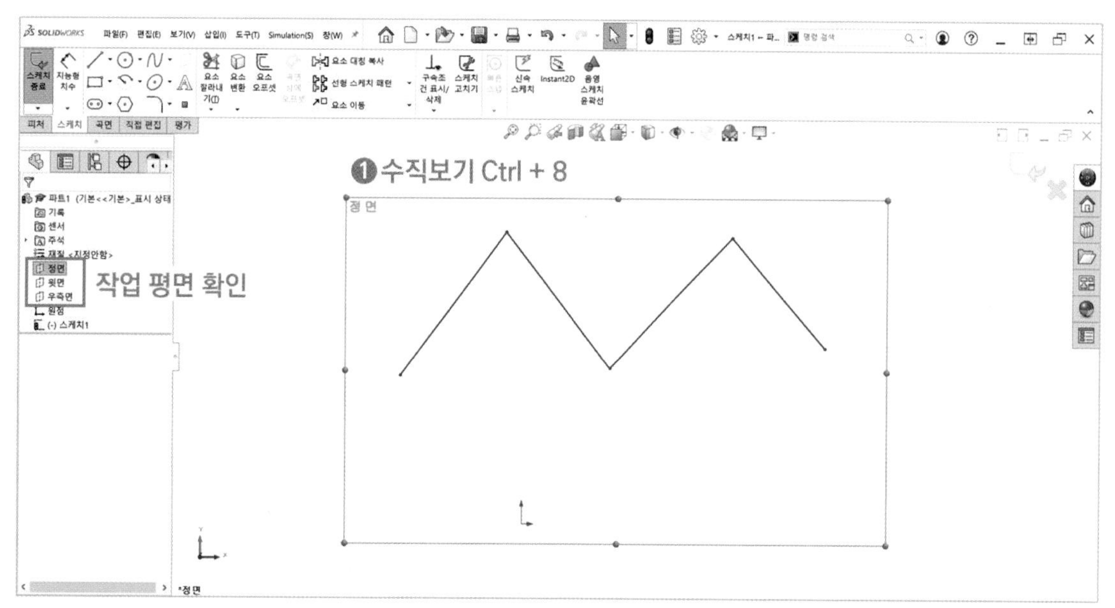

7 객체를 선택하는 첫 번째 방법은 ① 왼쪽에서 ② 오른쪽으로 파란영역을 만들어 선택하는 방법입니다. 파란영역 안에 완벽히 포함된 객체만 선택됩니다.

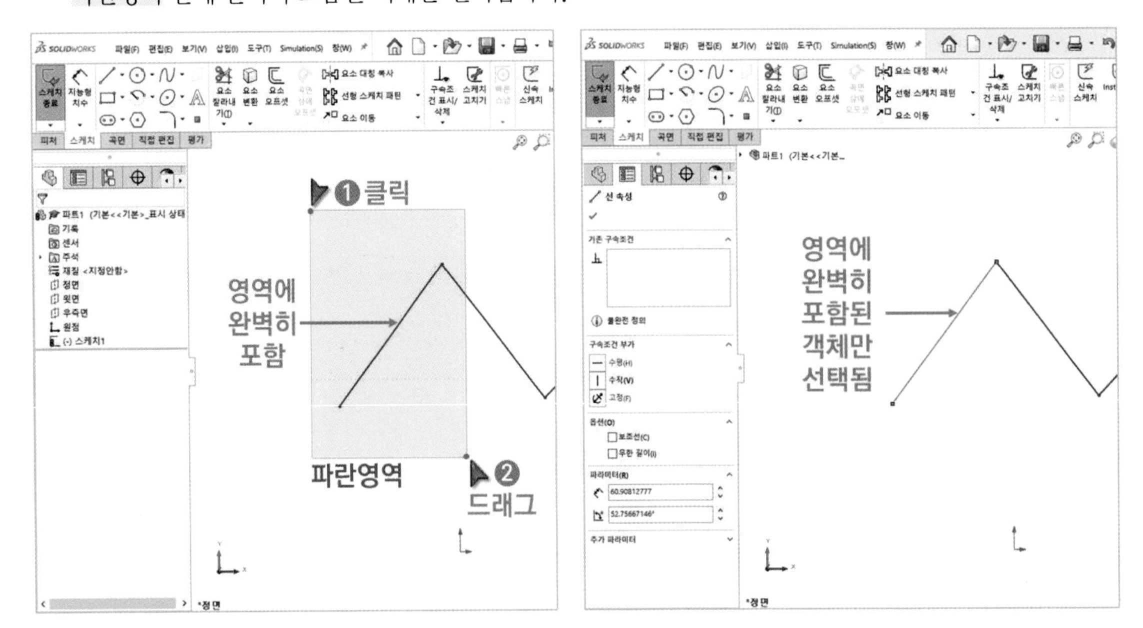

8 객체를 선택하는 두 번째 방법은 ①오른쪽에서 ②왼쪽으로 초록영역을 만들어 선택하는 방법입니다. 초록영역 안에 포함된 모든 객체가 선택됩니다. 객체를 선택하는 마지막 방법은 Ctrl 키를 누른 상태에서 마우스로 객체를 클릭해서 선택하는 방법이 있습니다.

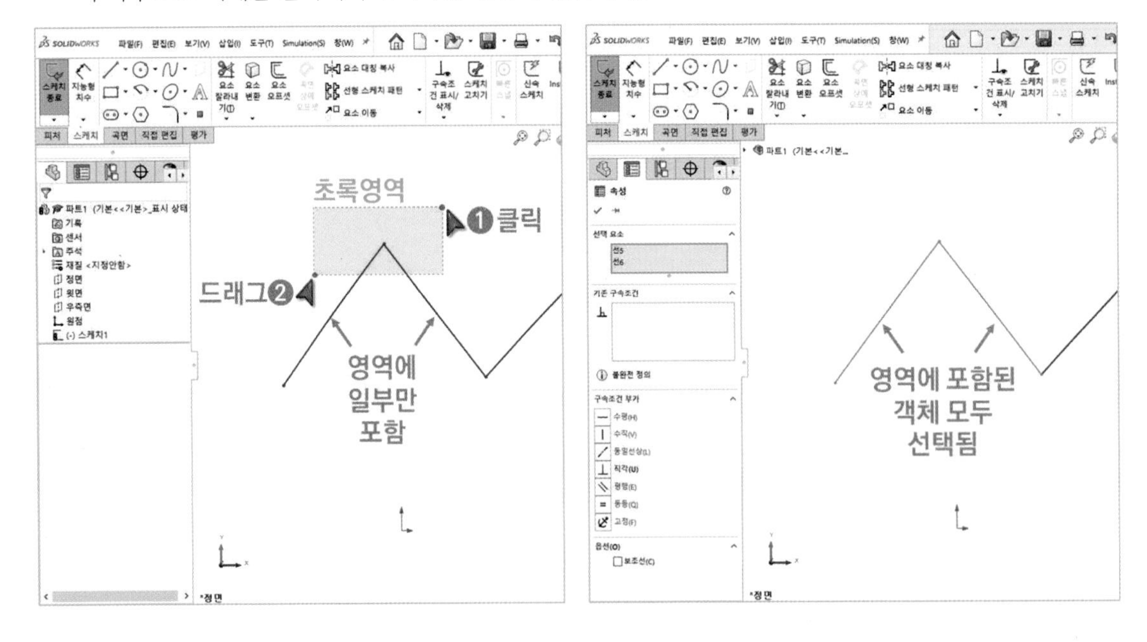

9 「스케치 종료」를 클릭합니다. 방금 작성한 「스케치1」이 어느 기준면에 작성되었는지 확인합니다.

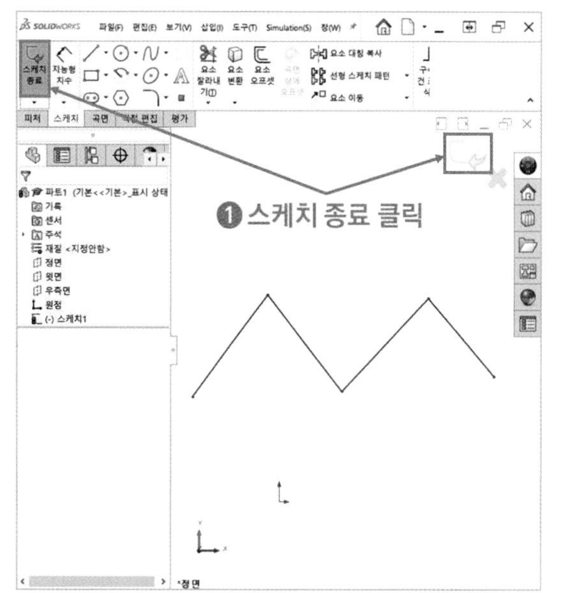

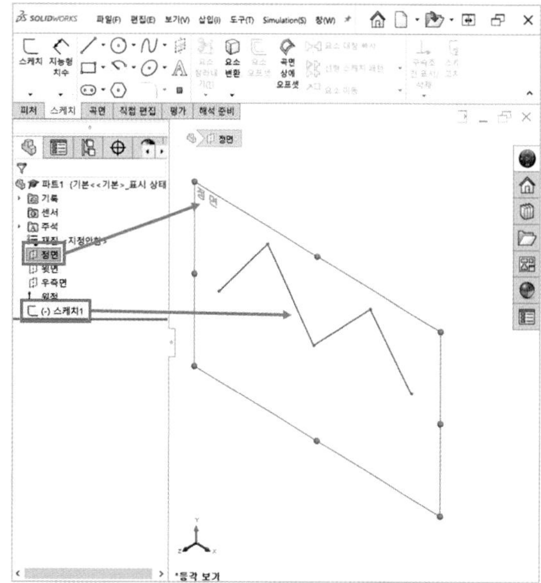

10 「스케치」를 클릭하고 디자인트리의 「윗면」을 클릭합니다. 윗면에 원을 스케치하고 「스케치 종료」를 클릭합니다. 디자인트리에 「스케치2」가 생성된 것을 확인합니다.

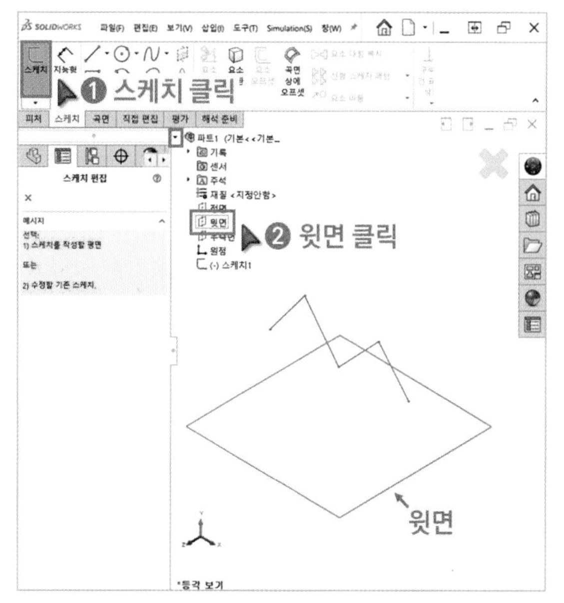

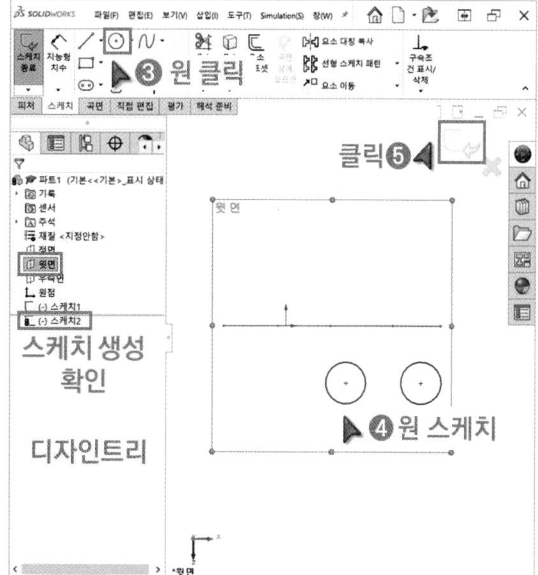

3 마우스 사용 및 스케치 편집 방법 중요Point 실습Point

❶ 좌클릭 : 객체 선택, 작업 실행
❷ 휠 회전 : 작업화면 확대 및 축소
❷ 휠 드래그 : 작업화면 회전
❷ Ctrl + 휠 드래그 : 작업화면 이동
❷ 휠 더블 클릭 : 작업화면에 맞게 확대
❸ 우클릭 : 보조기능 및 옵션 선택
❸ 우클릭 드래그 : 마우스 단축키 사용

1 스케치 편집 전 디자인트리에 있는 「 스케치」를 클릭해서 작업화면에 활성화 되는 스케치를 확인합니다.

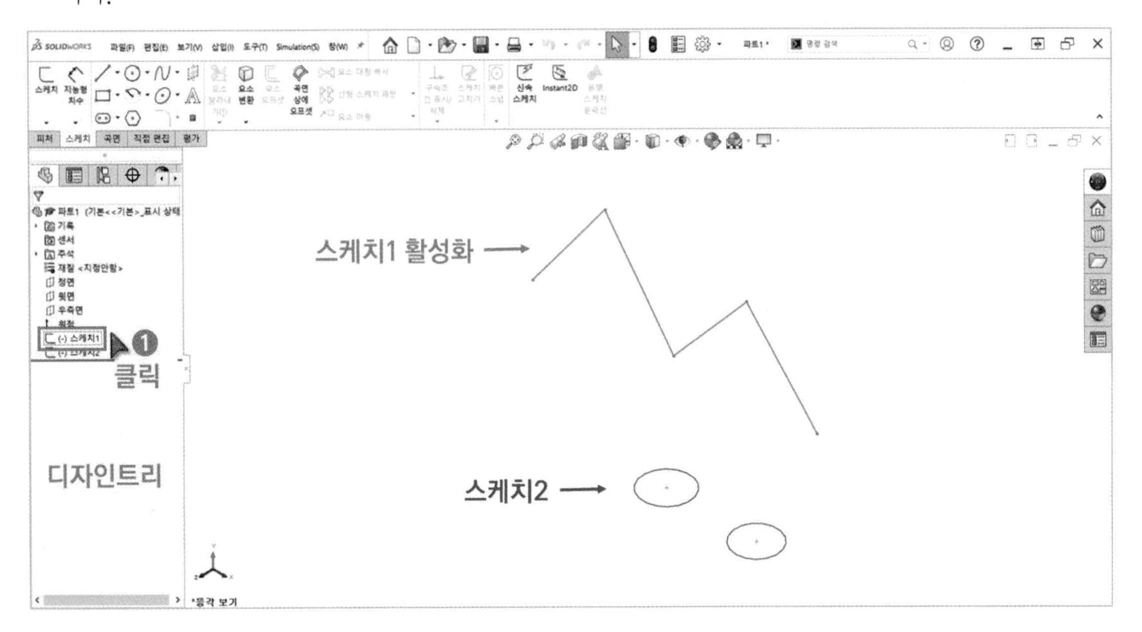

2 디자인트리의 「 스케치1」을 좌클릭 또는 우클릭해서 「 스케치 편집」을 클릭합니다.

3 「□ 직사각형」을 클릭하고 스케치를 추가합니다. 객체 선택 후 Del 키를 누르면 객체를 삭제할 수 있습니다. 편집된 스케치는 아이콘 형태가 ⌐ → ⌐ 로 변경됩니다. 「 스케치 종료」를 클릭합니다.

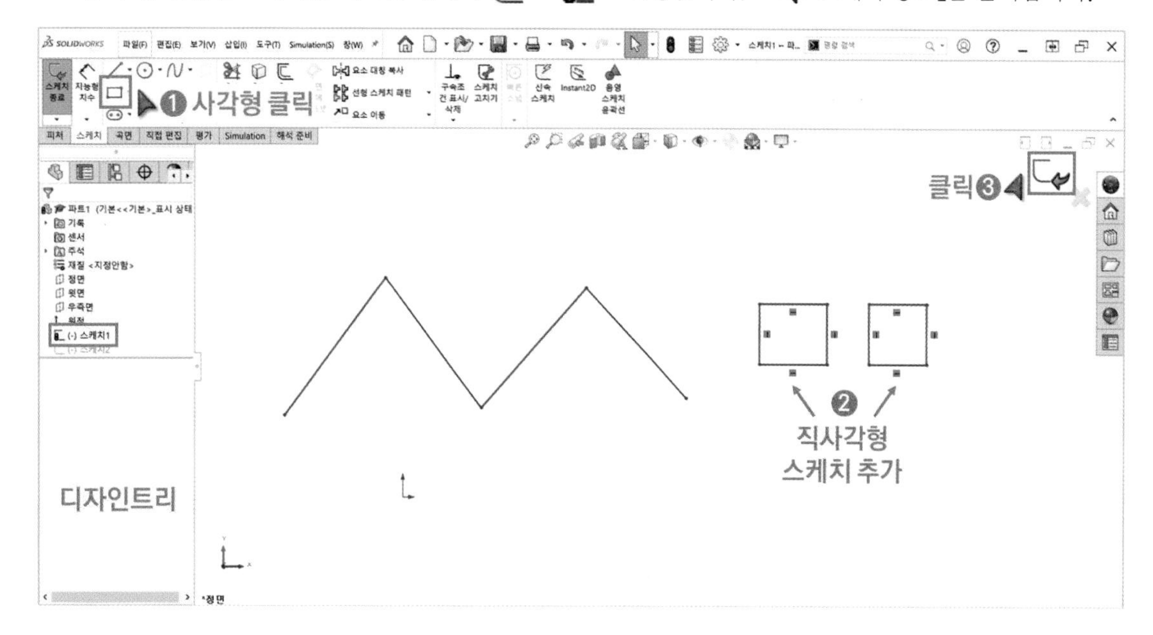

4 등각보기 Ctrl + 7을 클릭하고 편집한 「스케치1」을 확인합니다.

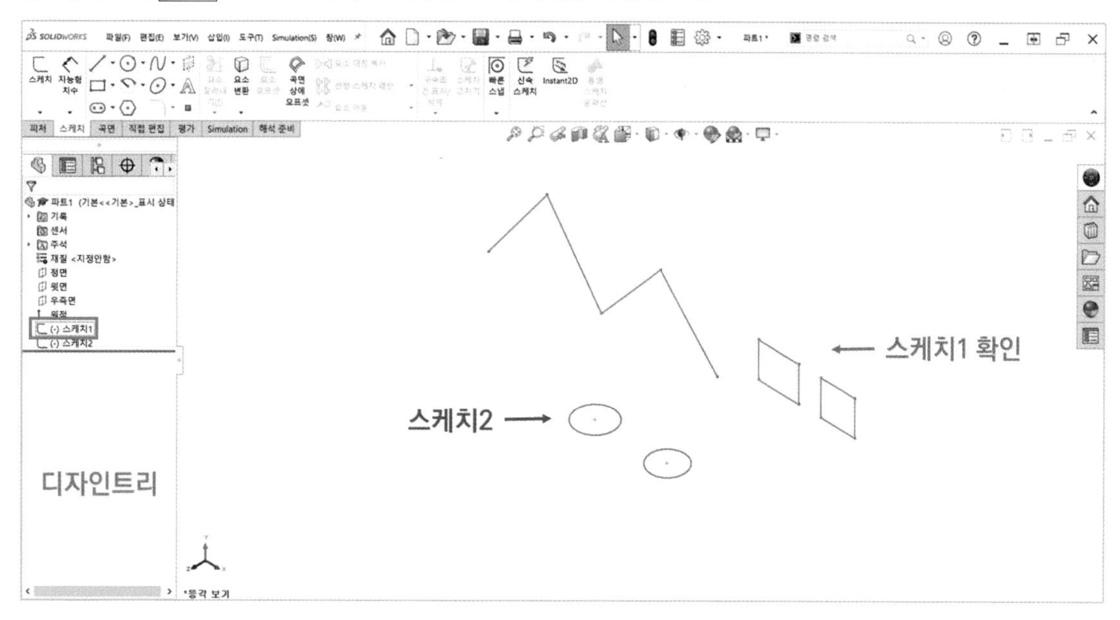

5 모델링하는 형상이 복잡해질수록 디자인트리에 추가되는 작업내용(스케치, 피처)이 많아집니다. 디자인트리에 있는 작업내용(스케치, 피처)을 제대로 파악하지 못한다면 모델링 작업이 어려워집니다. 따라서 스케치를 작성할 때 디자인트리의 변화, 추가로 생성하는 스케치, 편집하는 스케치, 피처, 기준면, 작업화면 등을 수시로 확인해야 합니다.

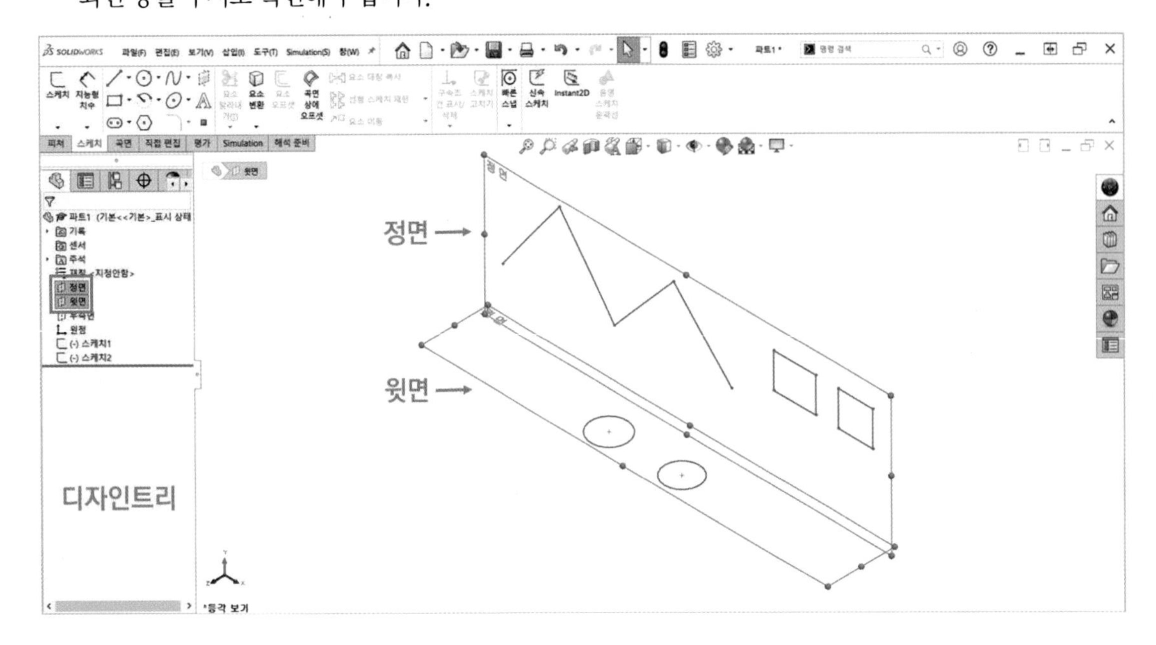

6 「저장」을 클릭하고 파일을 원하는 위치에 저장합니다.

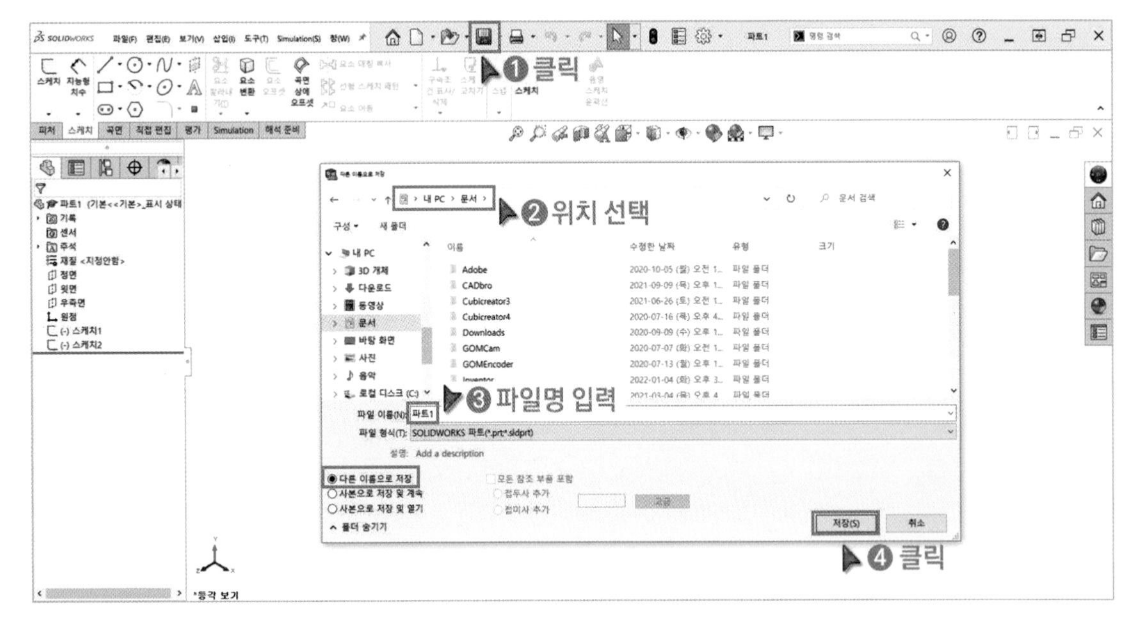

4 스케치 작성 실습 Point

1 「 새 문서」를 클릭하고 「 부품」을 더블 클릭합니다.

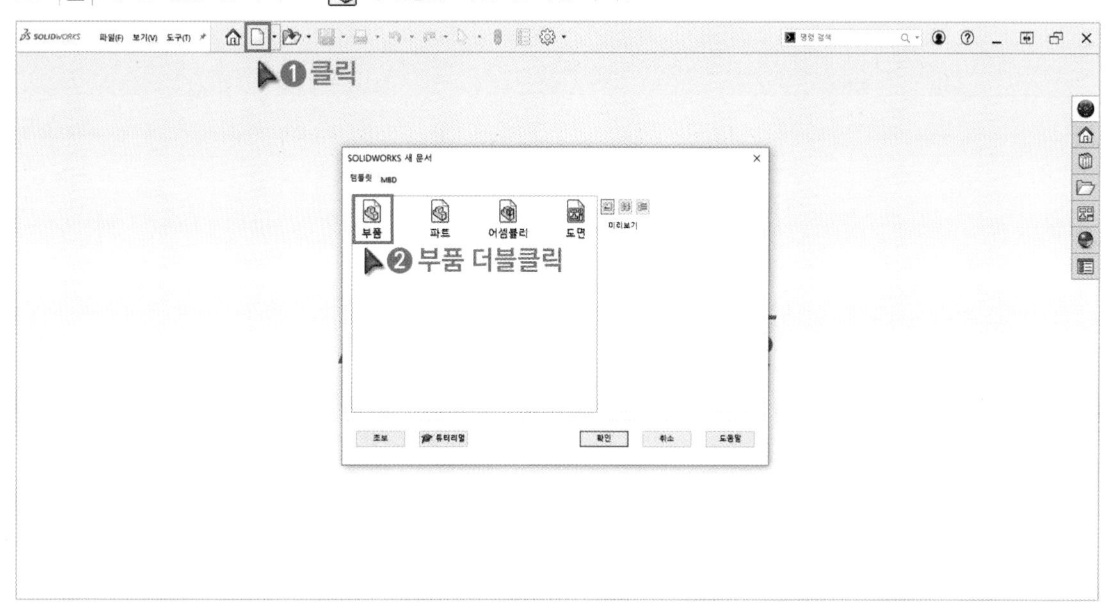

2 「 스케치」를 클릭한 후 3개의 기준면 중 「정면」을 클릭합니다.

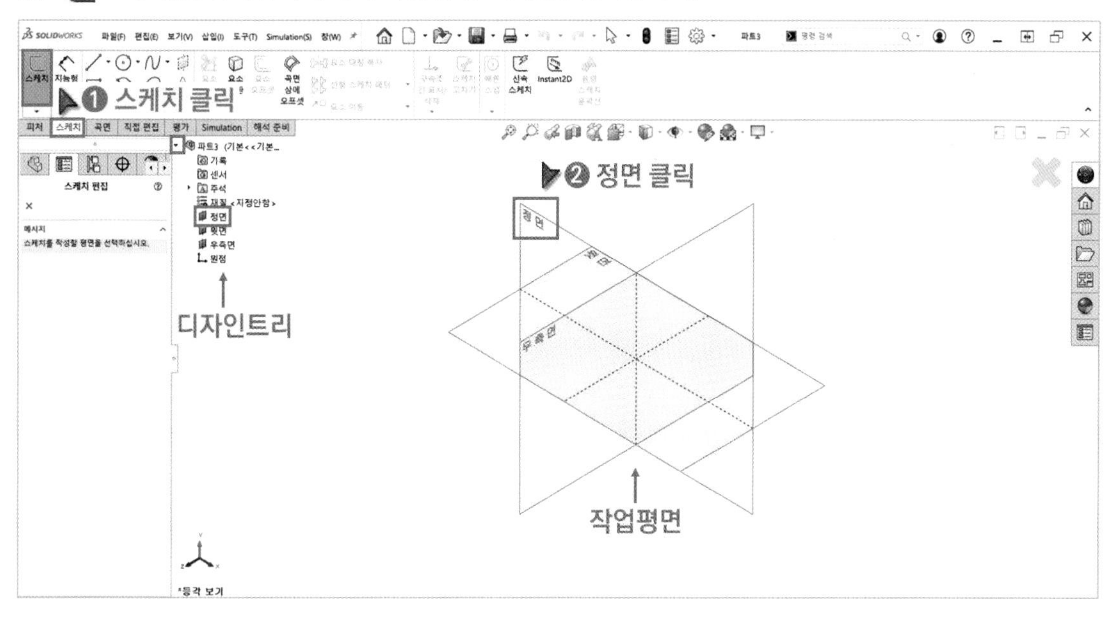

3 스케치 도구모음의 아이콘 형태를 보면「점」이 있는 것을 볼 수가 있습니다. 이 점을 찍으면 해당 객체를 그릴 수 있습니다. 아이콘의 형태를 보고 스케치하는 방법을 유추할 수 있습니다

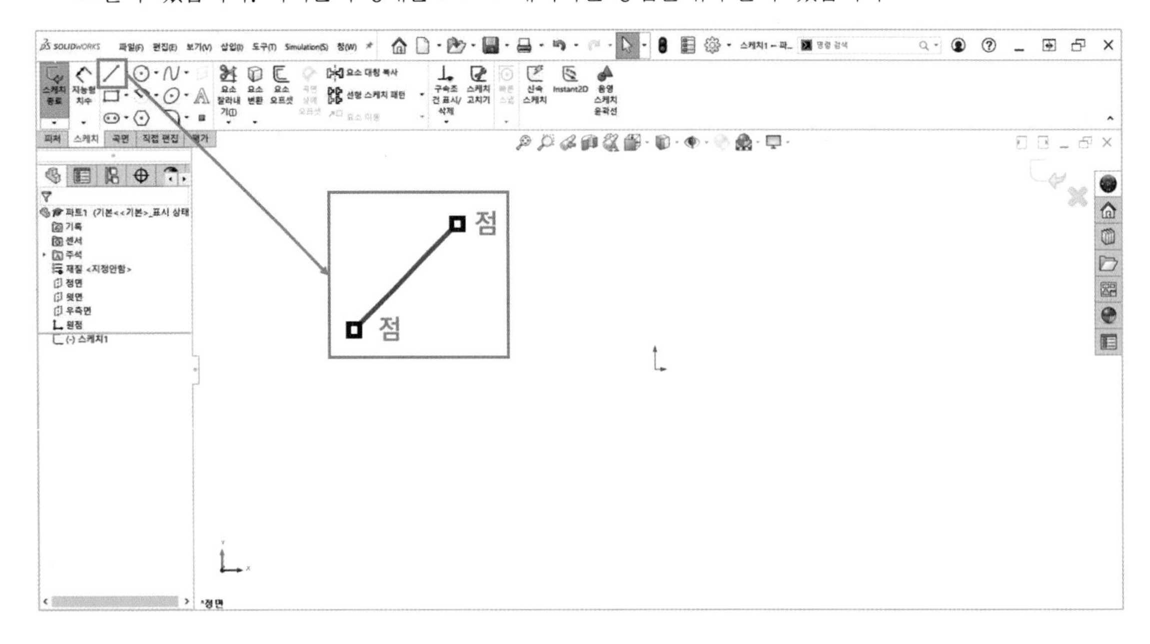

4 스케치 아이콘의 형태와 객체를 그리는 방법을 익히며 아래와 같이 자유롭게 스케치를 작성합니다.

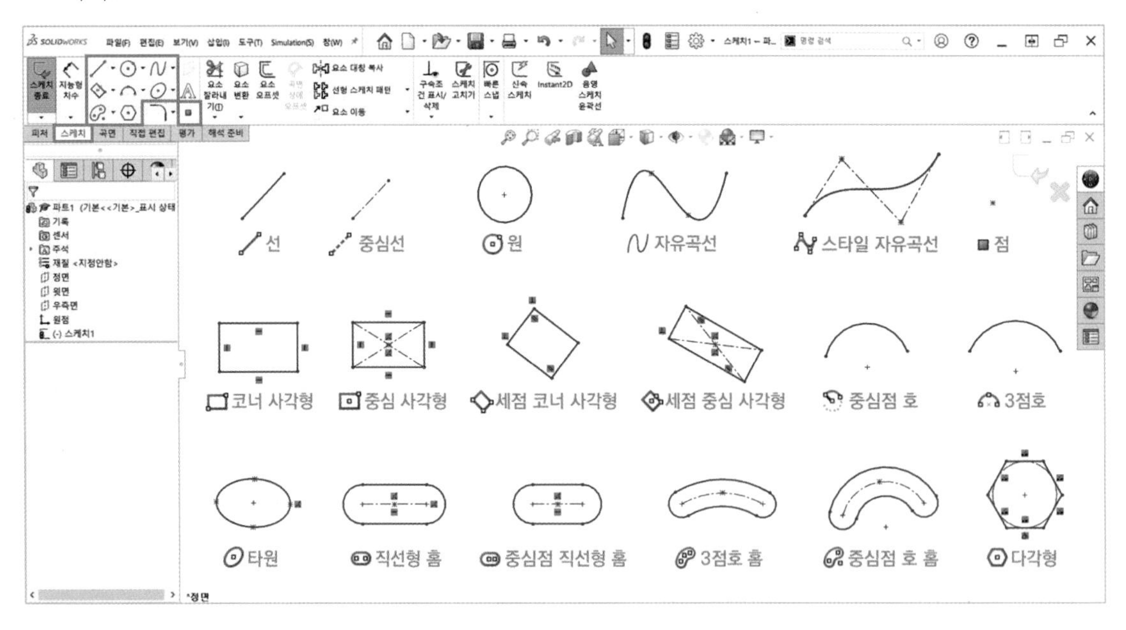

5 구속조건 자동 · 보기 · 삭제 중요 Point 실습 Point

https://cafe.naver.com/dongjinc/2003

「구속조건」은 스케치를 기하학적인 형상으로 구속시키는 기능입니다. 구속조건을 정확하게 이해하고 적용한다면 모델링의 오류를 줄일 수 있고 기하학적인 형상을 만들 수 있습니다.

1 「 옵션」에서 「☑ 구속 자동」 기능을 체크합니다.

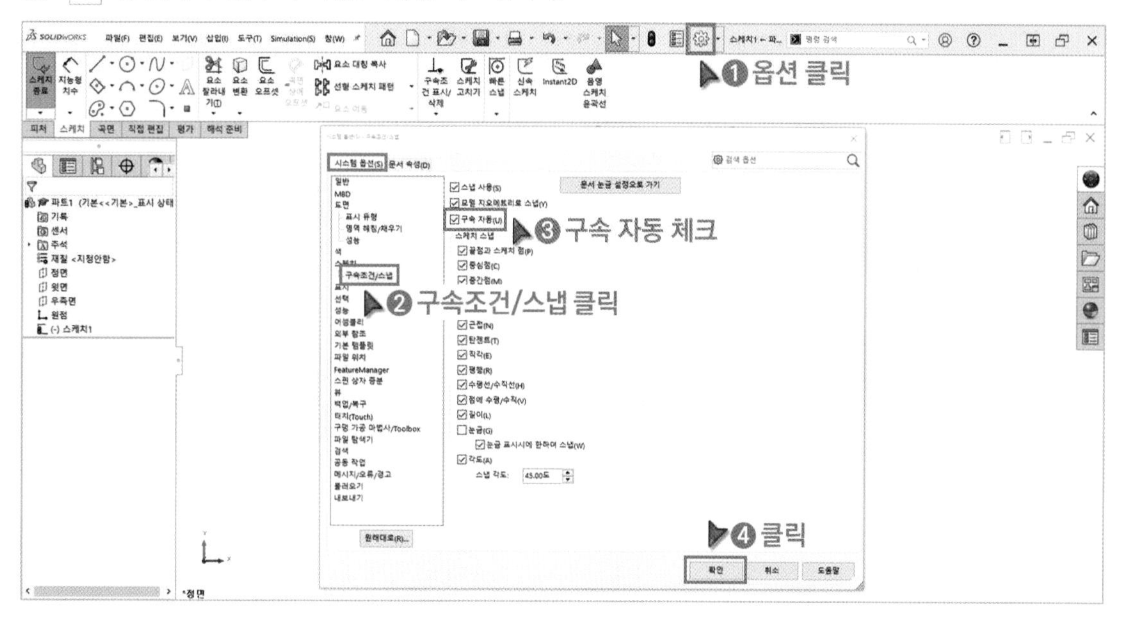

2 「구속 자동」은 스케치를 작성할 때 구속조건을 미리 보여주고 적용하는 기능입니다. 미리 보여지는 구속조건은 배경이 노란색으로 표시됩니다.

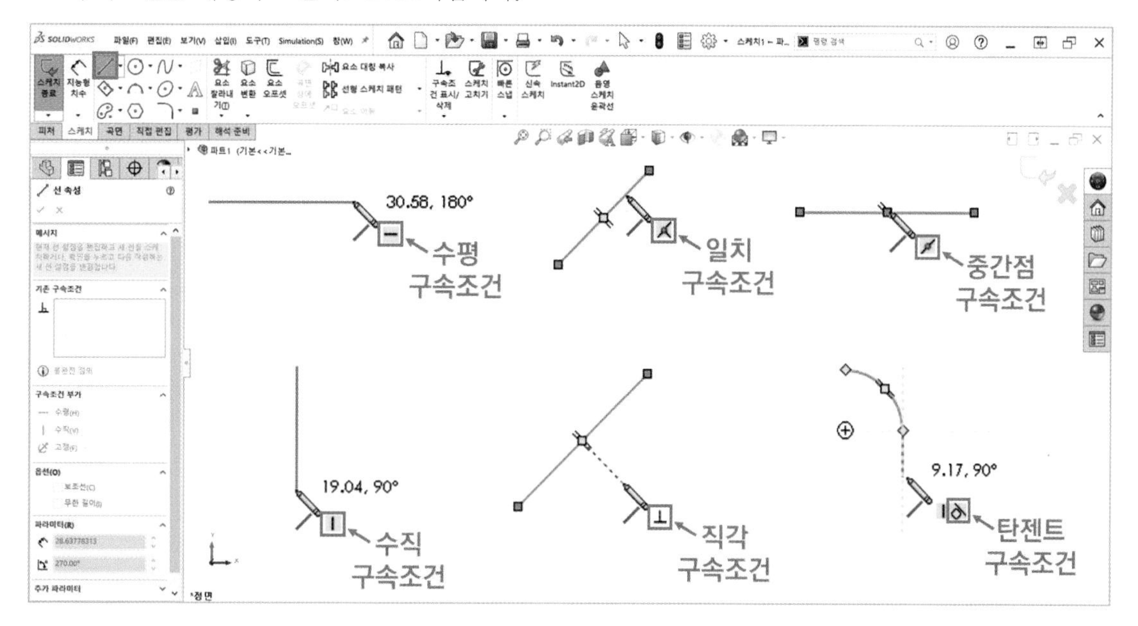

3 적용된 구속조건은 배경이 초록색으로 표시됩니다. 「👁 항목 숨기기/표시」에서 「ㅗ 구속조건 보기」를 해제하면 구속조건을 숨길 수 있습니다.

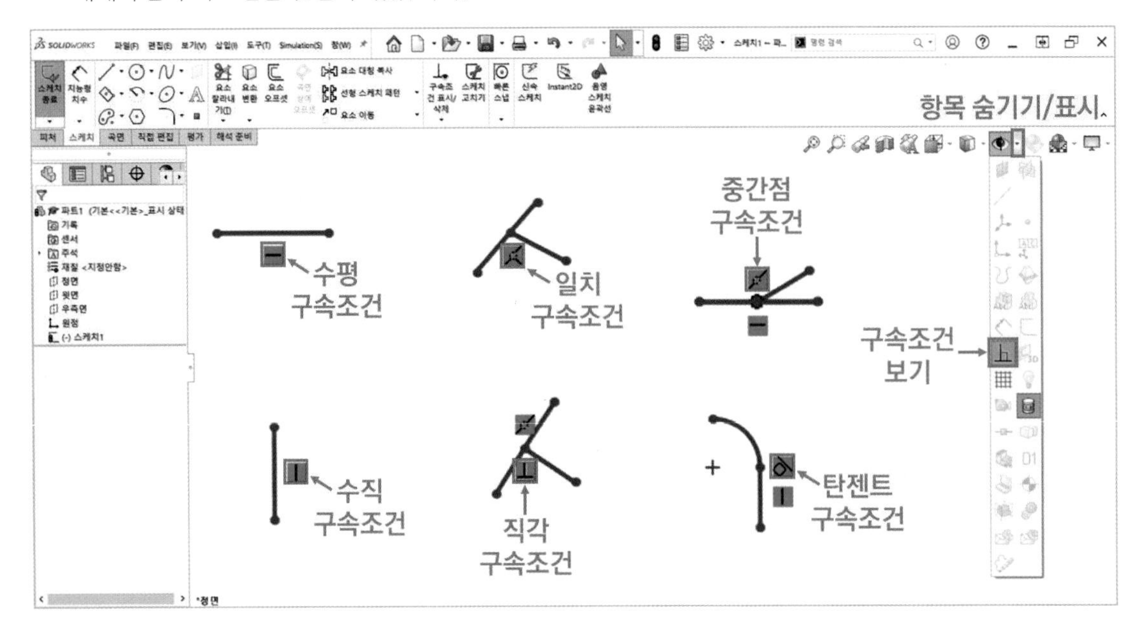

4 적용된 구속조건은 클릭한 후에 Del 키를 사용해서 삭제할 수 있습니다. 스케치를 작성할 때마다 어떠한 구속조건이 적용되는지 항상 확인해야 합니다. 구속조건을 제대로 적용한다면 원하는 형태와 크기로 형상을 모델링 할 수 있습니다. 하지만 구속조건을 잘못 적용한다면 스케치에 오류가 발생해서 원하는 형상을 모델링할 수 없습니다.

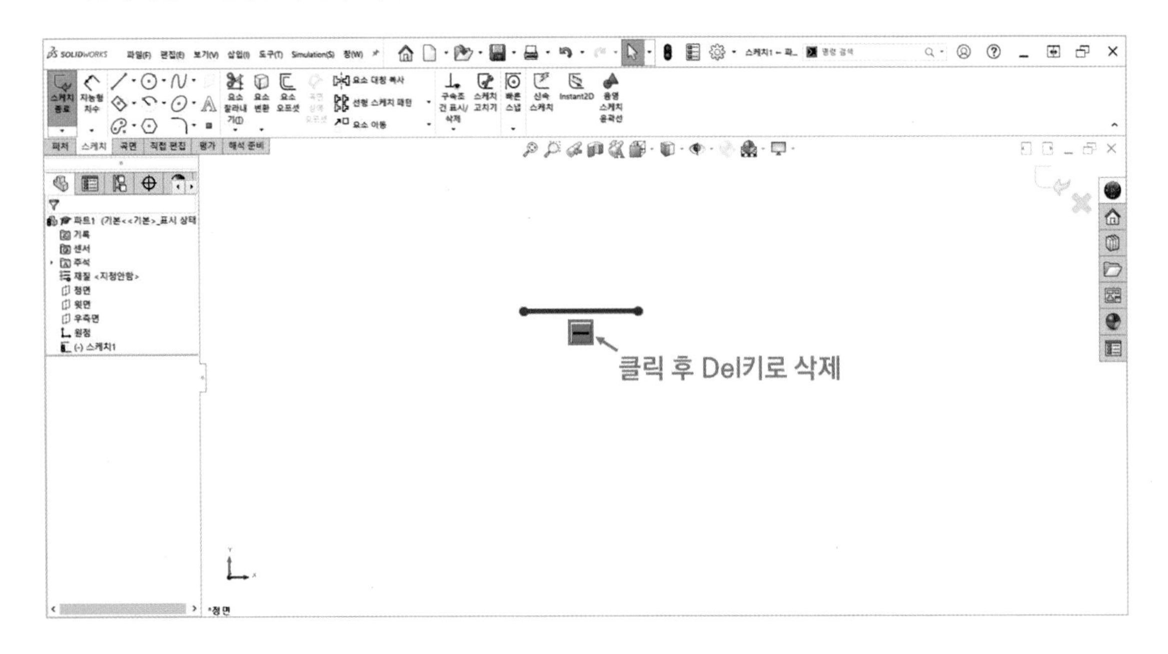

6 구속조건의 종류 및 작성 방법 중요 Point 실습 Point

구속조건은 스케치의 형태가 변하는 것을 방지하고 설계자가 의도한 대로 스케치 형상을 유지하는 기능입니다. Ctrl 키를 누른 상태에서 선 또는 점을 클릭하면 속성 창과 바로가기 바에 적용할 수 있는 구속조건이 표시됩니다. 상황에 따라 적절한 구속조건을 선택하면 됩니다.

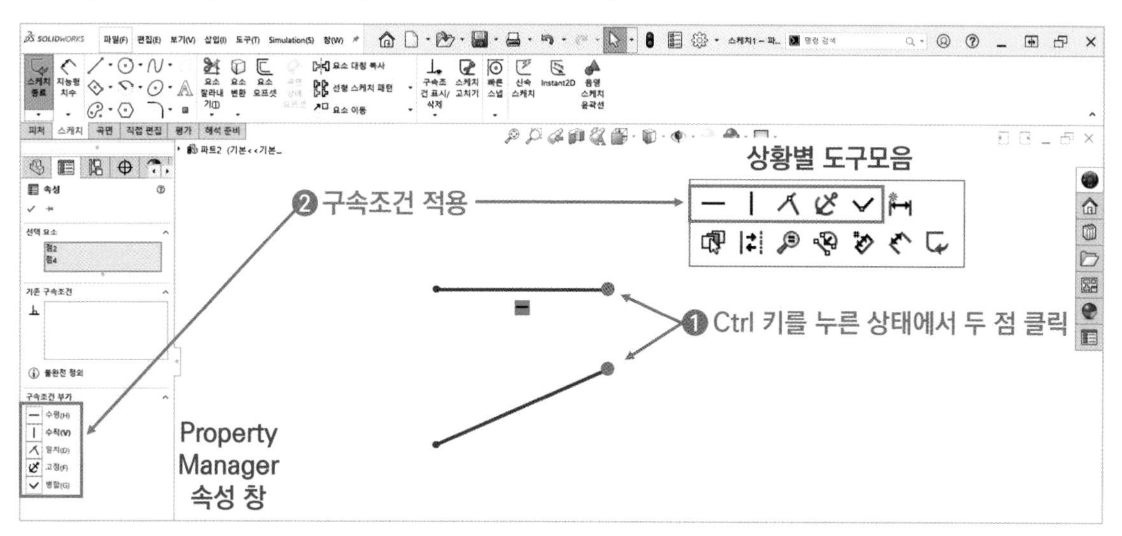

1 수평 구속조건은 선을 수평선으로 만들거나 점과 점을 수평상태로 만드는 기능입니다.

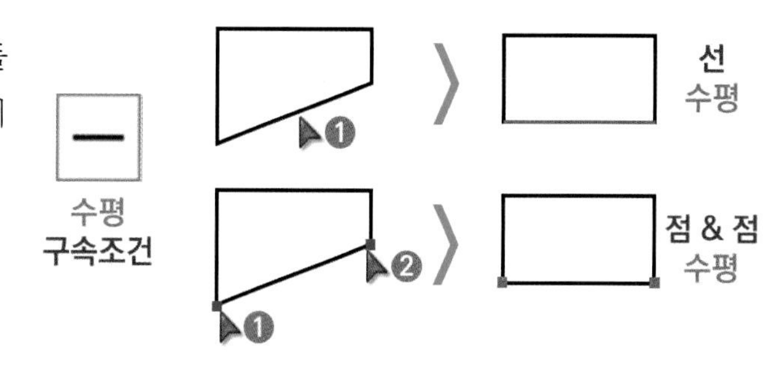

2 수직 구속조건은 선을 수직선으로 만들거나 점과 점을 수직상태로 만드는 기능입니다

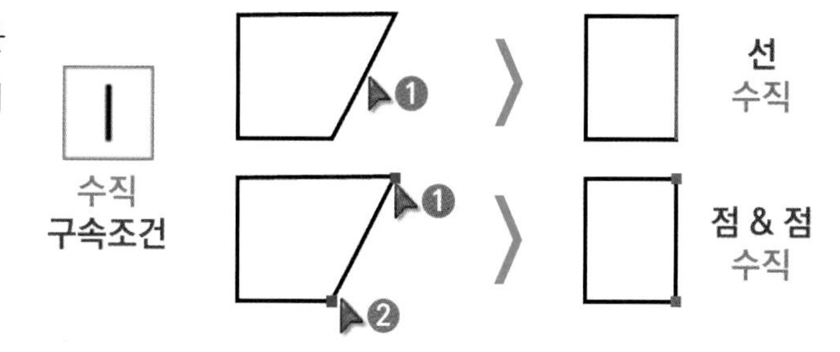

3 직각 구속조건은 두 개의 선을 직각상태로 만드는 기능입니다.

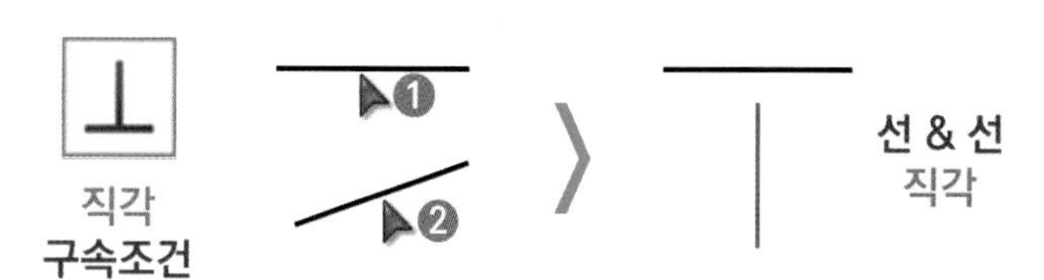

4 일치 구속조건은 두 점을 한 점으로 일치시키거나 점을 직선상에 일치시키는 기능입니다.

일치 구속조건

점 & 점 일치

선 & 점 일치

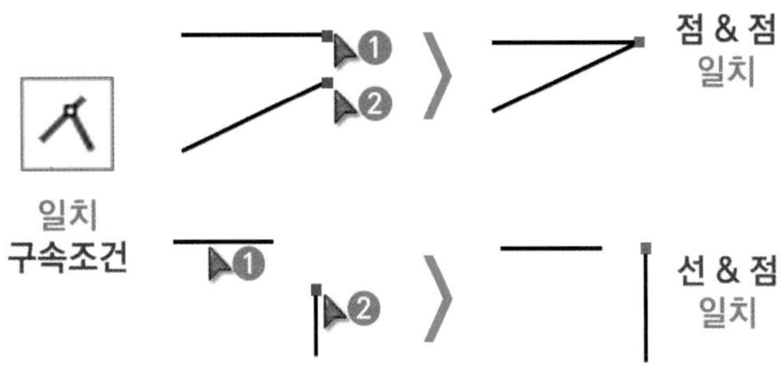

5 평행 구속조건은 두 개의 선을 평행시키는 기능입니다.

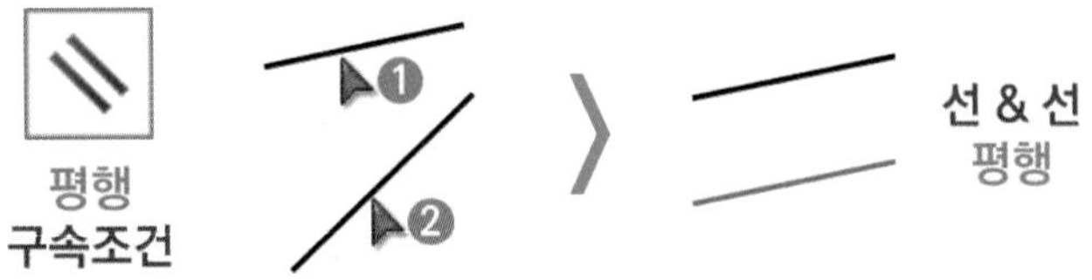

평행 구속조건

선 & 선 평행

6 동일선상 구속조건은 두 선을 동일한 선상으로 일치시키는 기능입니다.

동일선상 구속조건

선 & 선 동일선상

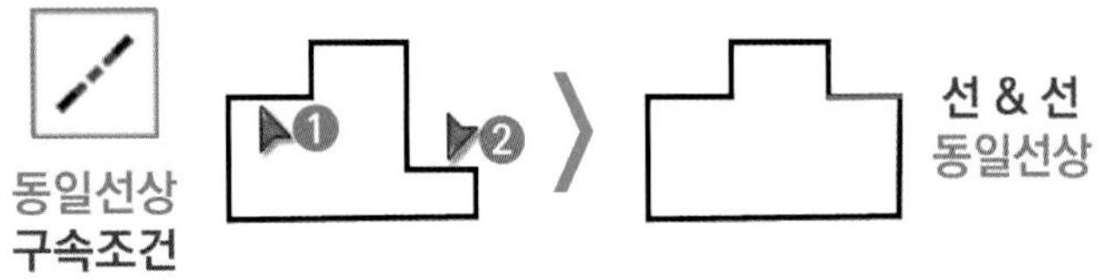

7 동심 구속조건은 두 개의 호 또는 원의 중심점을 일치시키는 기능입니다.

동심 구속조건

원 & 원 동심

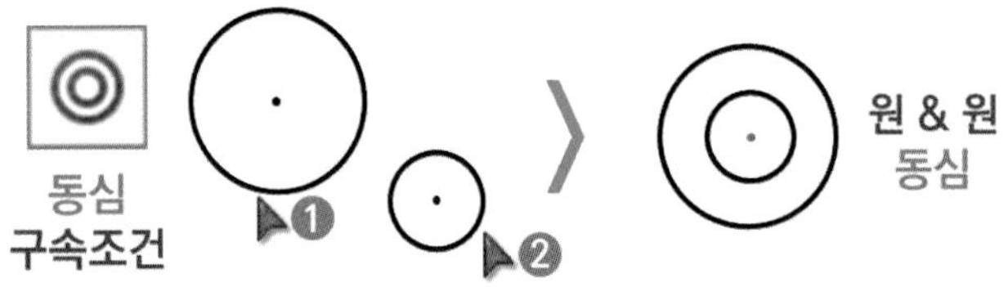

8 탄젠트 구속조건은 선과 원 또는 원과 원을 접하는 상태로 만드는 기능입니다.

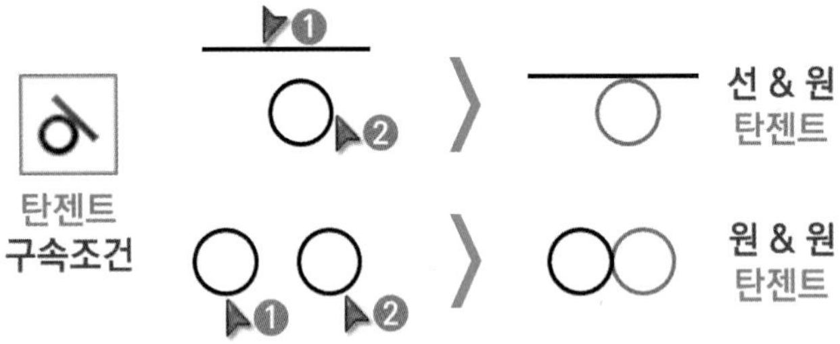

탄젠트 구속조건

선 & 원 탄젠트

원 & 원 탄젠트

9 동등 구속조건은 선과 선 또는 원과 원을 동등한 크기로 만드는 기능입니다.

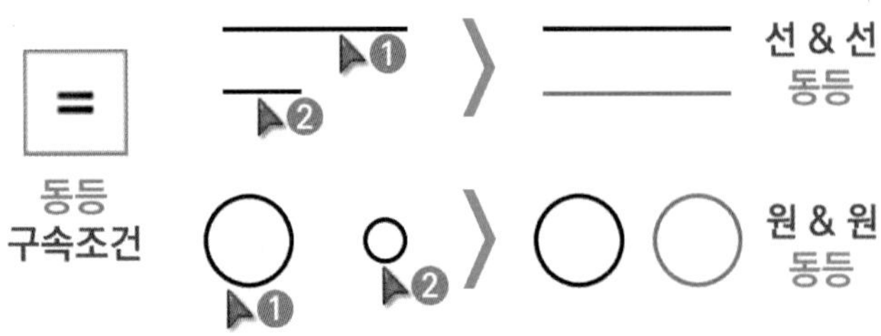

동등 구속조건

선 & 선 동등

원 & 원 동등

7 스케치 치수 기입 실습 Point

https://cafe.naver.com/dongjinc/2004

스케치 도구모음의 「 지능형 치수」로 다양한 형태의 치수를 기입할 수 있습니다. 스케치는 원점에서 시작하고 형태를 먼저 그려야 합니다. 스케치할 때 마우스 커서에 미리 보여지는 구속조건을 확인하면서 아래와 같이 정면에 스케치를 작성합니다.

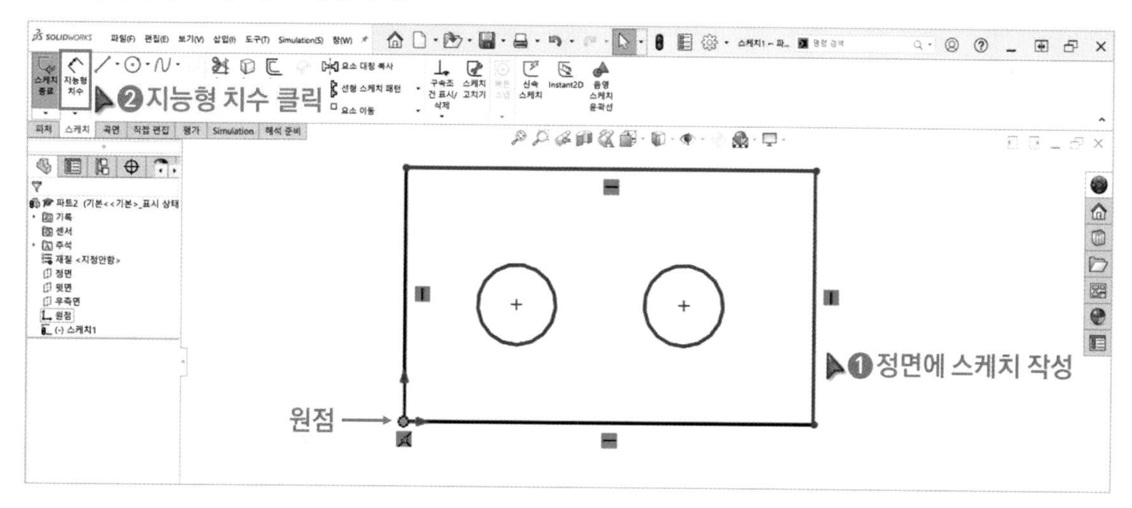

1 「 지능형 치수」를 클릭합니다.「점」과 「점」을 클릭하고 길이 값을 입력합니다. 단위는 입력하지 않아도 됩니다.(단위 : mm)

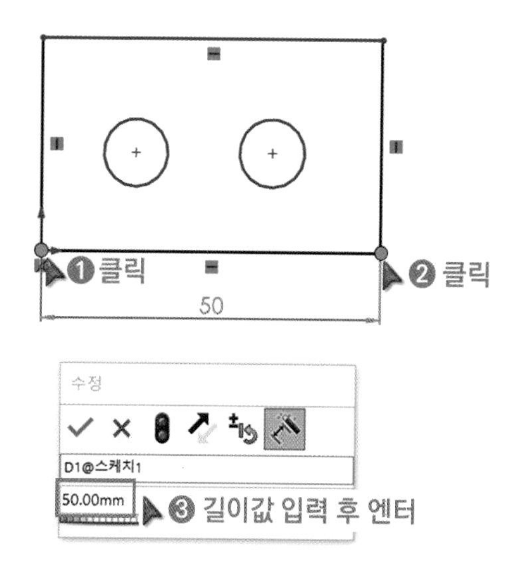

2 「선」과 「선」을 클릭해서 치수를 기입합니다.

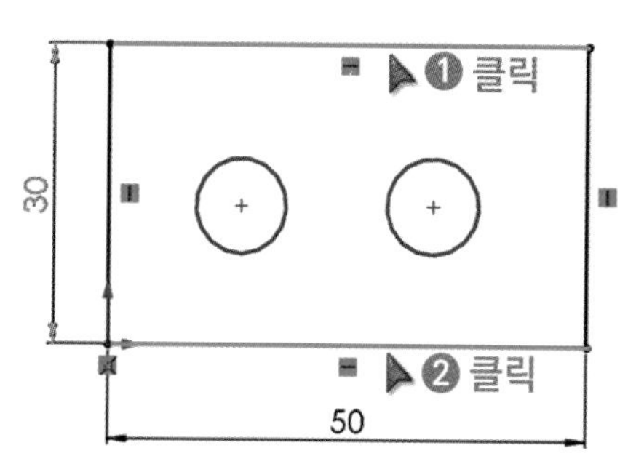

3 「원」을 클릭해서 지름 치수를 기입합니다.
(Ø : 지름)

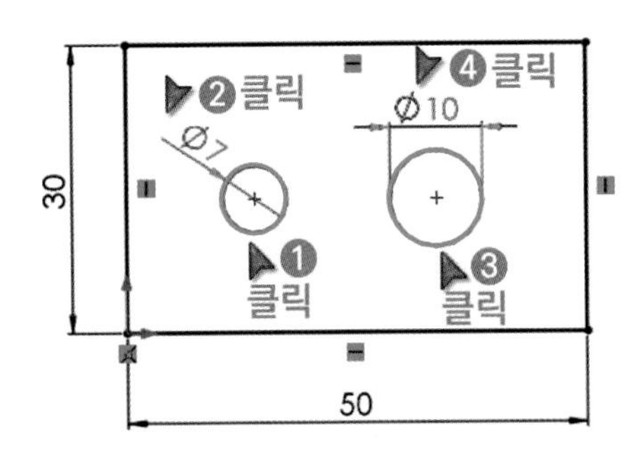

4 「선」과 「원」을 클릭해서 치수를 기입합니다.

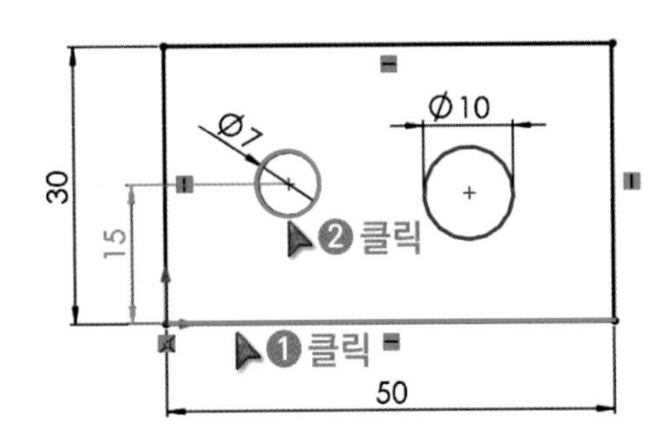

5 「선」과 「원의 사분점」을 클릭해서 치수를 기입합니다. 원의 사분점을 클릭할 땐 Shift 키를 누른 상태에서 클릭합니다.

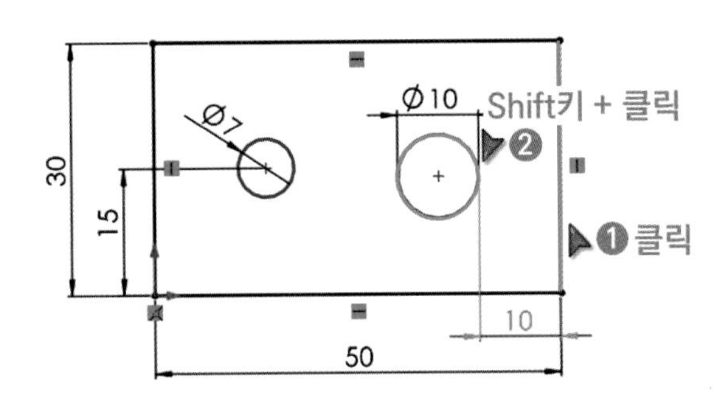

6 「원」과 「원」을 클릭해서 치수를 기입합니다.

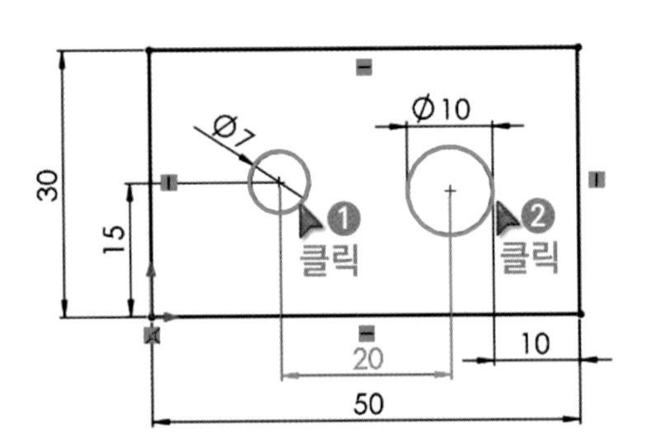

7 「선」을 클릭하고 「 보조선」을 클릭합니다. 보조선은 지름 치수를 기입하거나 보조로 활용할 때 사용합니다.

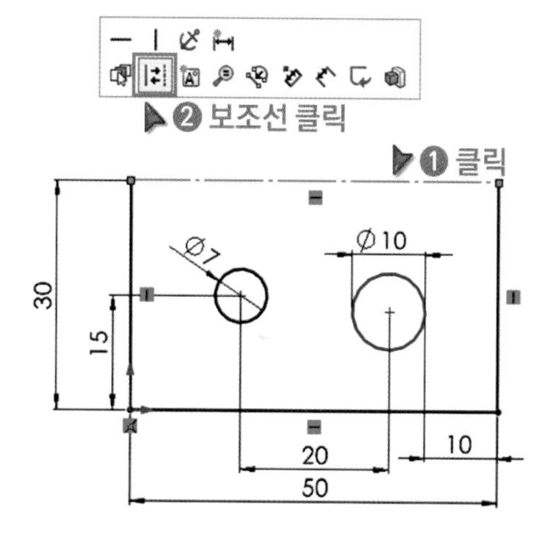

8 「원」과 「보조선」을 클릭해서 지름치수를 기입합니다.

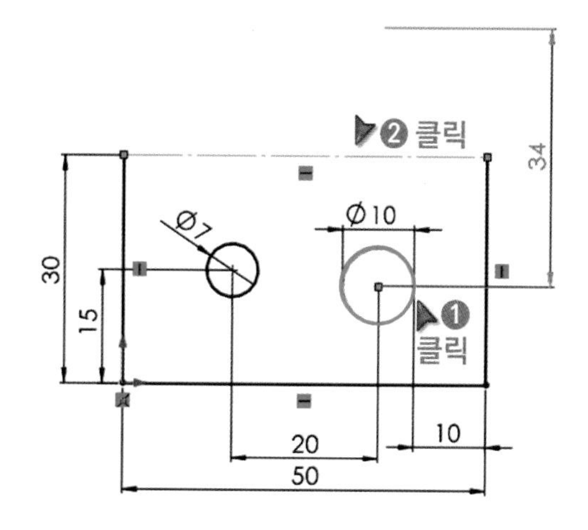

9 「선」과 「중심점 호」를 스케치합니다. 중심점호를 작성할 때 중간점을 클릭하지 않도록 주의합니다. 중간점을 클릭하면 호의 크기가 구속되어 치수를 기입하기 어렵습니다.

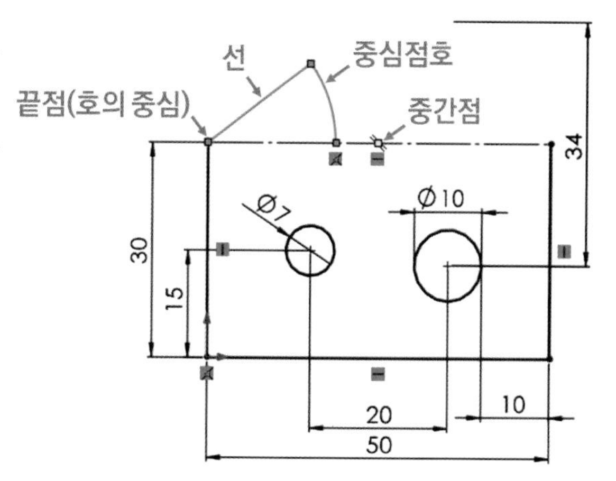

※ 참고

선의 중간점 :

호의 중간점 :

선의 끝점 :

10 「선」과 「선」을 클릭해서 각도치수를 기입합니다.

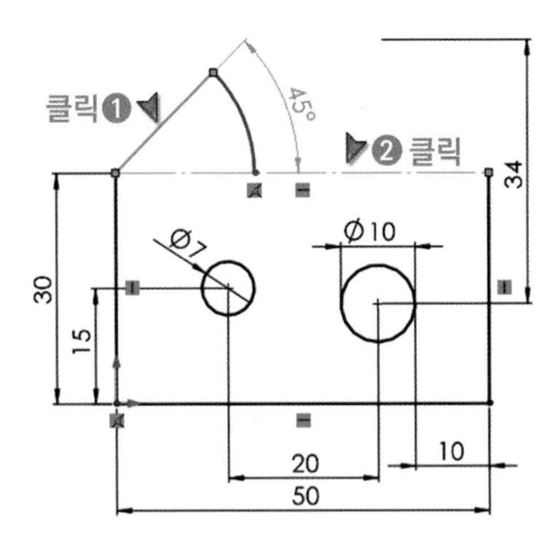

11 「선」을 클릭해서 정렬치수를 기입합니다.

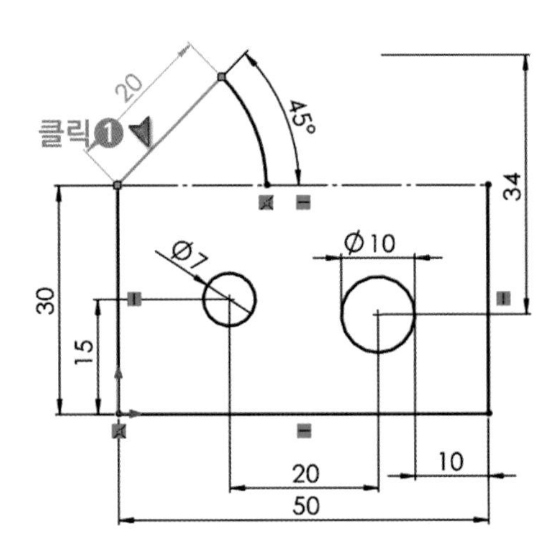

12 치수 값에 「사칙연산(+−×÷)」을 입력할 수 있습니다.

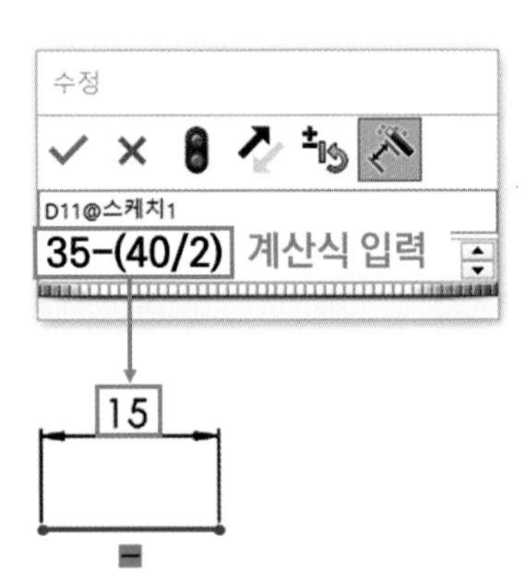

8 스케치의 정의 상태 실습 Point

스케치의 상태는 완전, 불완전, 오류(초과) 상태로 구분할 수 있습니다. 설계자가 원하는 형상으로 모델링을 해야 한다면 스케치의 상태는 완전 상태로 작성해야 합니다. 불완전 또는 오류 상태로 스케치를 작성할 경우 모델링 오류가 발생하며 원하는 형상을 구현할 수 없습니다.

1 완전 정의 상태

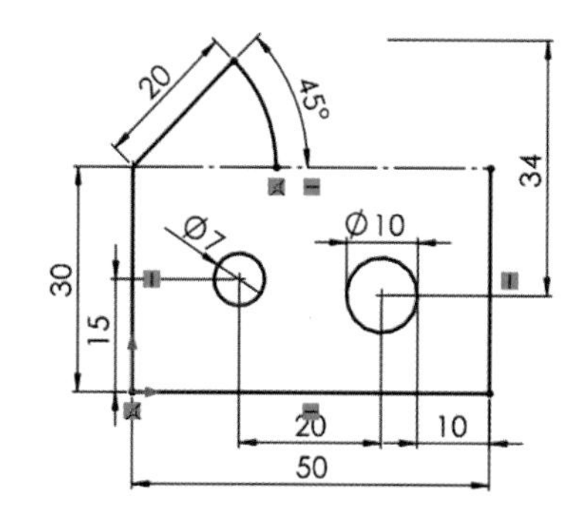

스케치가 치수 또는 구속조건에 의해 완전하게 구속이 된 상태입니다. 이때의 스케치는 기하학적으로 완전한 상태를 보이며 객체를 드래그해도 형태가 변하지 않습니다. 3D형상모델링에서의 2D스케치는 모두 완전상태로 작성되어야 합니다.

2 불완전 정의 상태

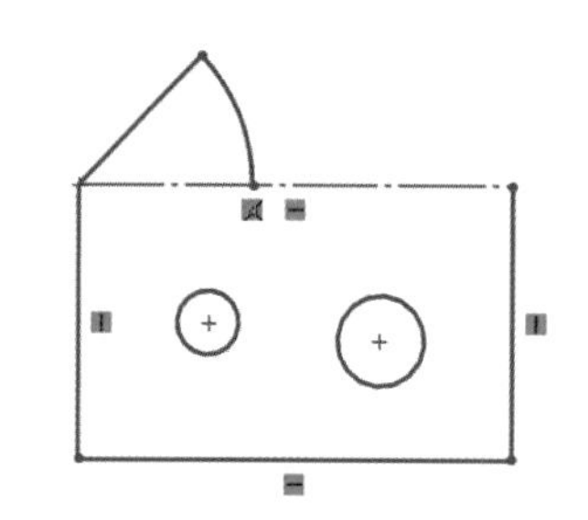

치수 또는 구속조건이 적용되지 않아 스케치가 불완전한 상태입니다. 이때 객체를 드래그 할 경우 형태가 변하게 됩니다. 이는 모델링의 오류를 초래할 수 있습니다.

3 오류(초과) 정의 상태

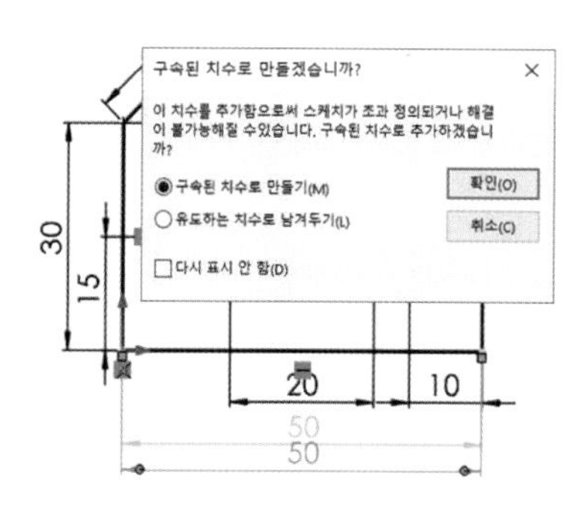

치수 또는 구속조건이 중복되거나 초과, 충돌하는 오류 상태입니다. 오류 상태인 스케치는 추가 작업 시 반복적으로 오류가 발생하며 원하는 형상을 구현할 수 없습니다.

9 스케치 오류 상태의 원인 중요 Point 실습 Point

가장 많이 발생하는 스케치 오류 상태의 원인은 첫째, 구속조건이 기존 구속조건과 충돌하거나 중복되면 오류가 발생합니다. 둘째, 치수가 중복되면 오류가 발생합니다.

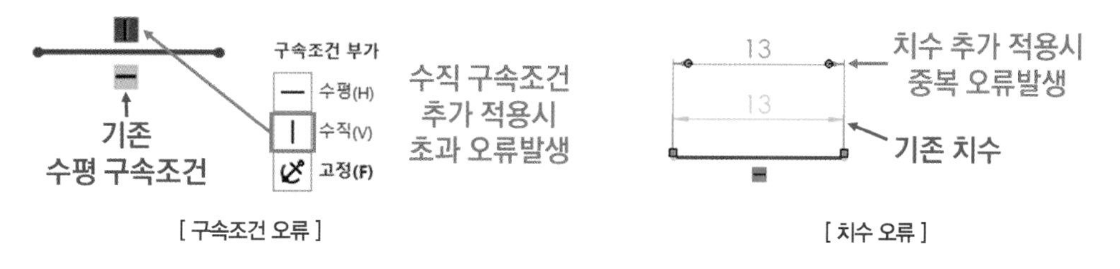

[구속조건 오류]　　　　[치수 오류]

10 완전 상태의 스케치 작성 방법 중요 Point 실습 Point

https://cafe.naver.com/dongjinc/2005

스케치를「완전 상태」로 작성하기 위해서는 첫째, 원점을 사용해야 합니다. 원점은 프로그램 고유의 원점으로써 고정되어 있으며 X, Y, Z의 좌표 값이 0인 지점입니다. 둘째, 치수 또는 구속조건을 적절하게 사용해서 크기와 위치를 지정해야 합니다.

1 고정된 원점에서 객체의 가로 및 세로「위치 치수」를 기입합니다. 그리고 객체의「크기 치수」를 기입합니다.

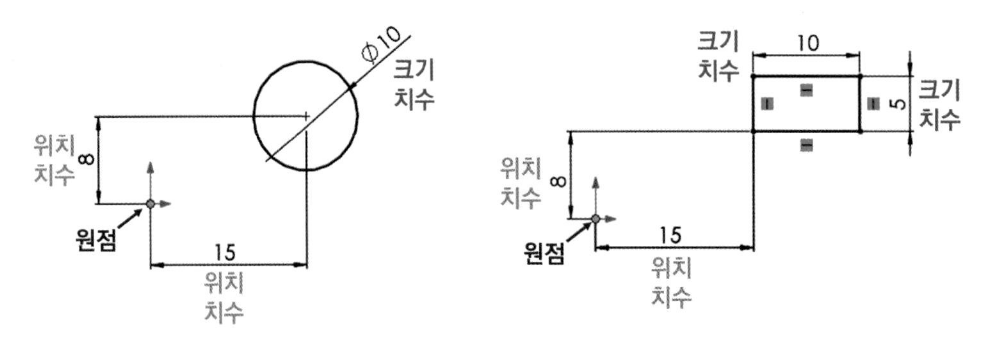

[위치치수, 크기치수 사용]

2 고정된 원점에서 객체의 가로「위치 치수」를 기입하고「수평 구속조건」으로 세로 위치를 지정합니다. 그리고 객체의「크기 치수」를 기입합니다.

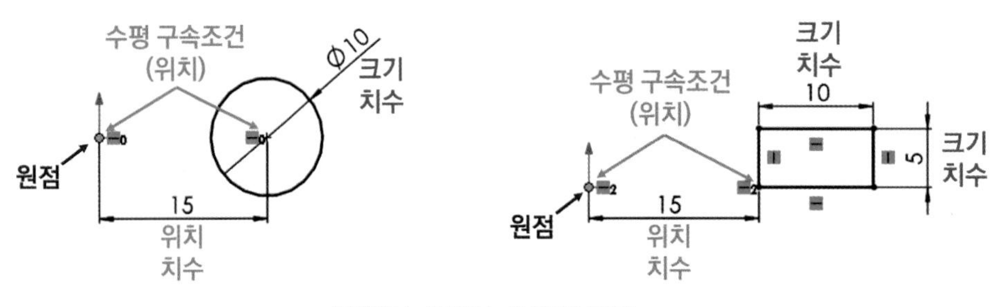

[위치치수, 크기치수, 구속조건 사용]

3 고정된「원점에 객체의 위치」를 지정합니다. 그리고 객체의「크기 치수」를 기입합니다.

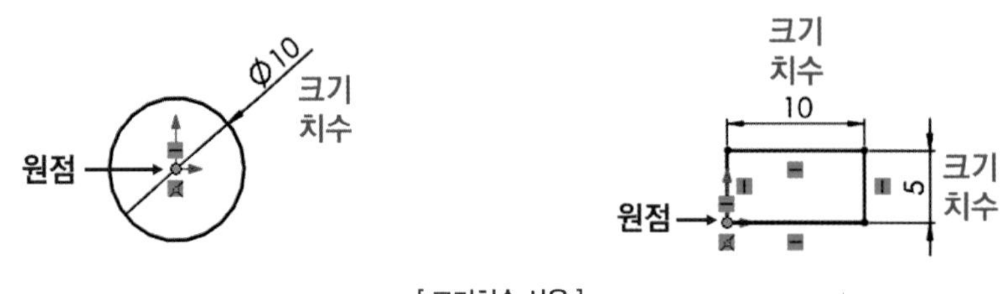

[크기치수 사용]

11 완전 상태 스케치의 중요성 중요 Point

설계자는 모델링 및 도면의 오류를 최소화 시키고 정확한 치수와 원하는 형상의 제품을 얻기 위해 스케치를 「완전 상태」로 작성해야 합니다.

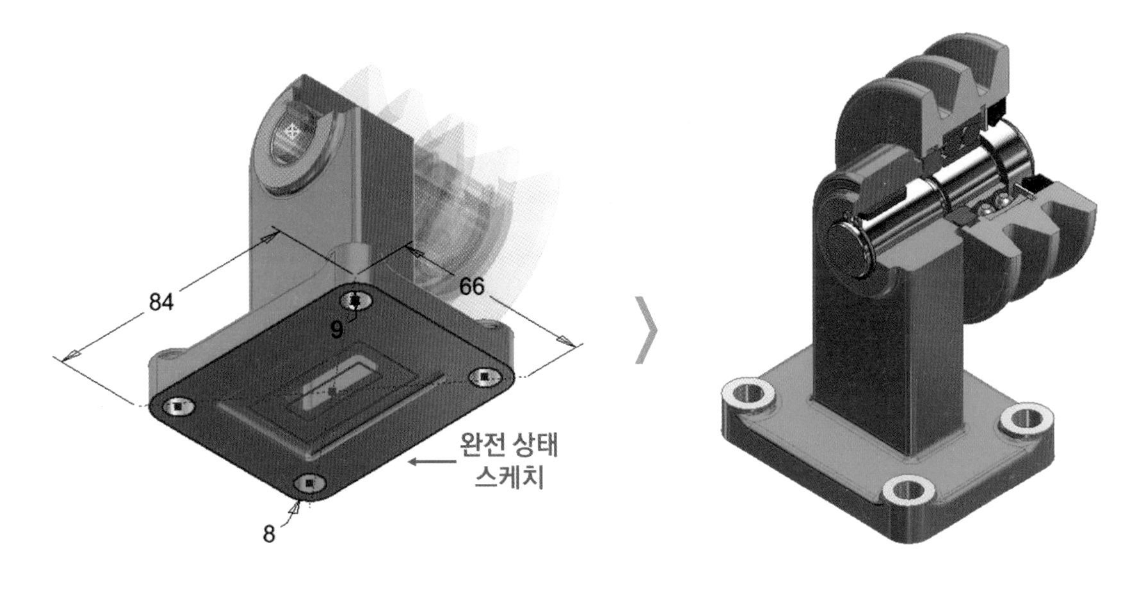

불완전 상태로 스케치를 할 경우 설계자 또는 제3자의 실수로 인해서 스케치가 변경되어 형상 및 설계 오류가 발생할 수 있습니다.

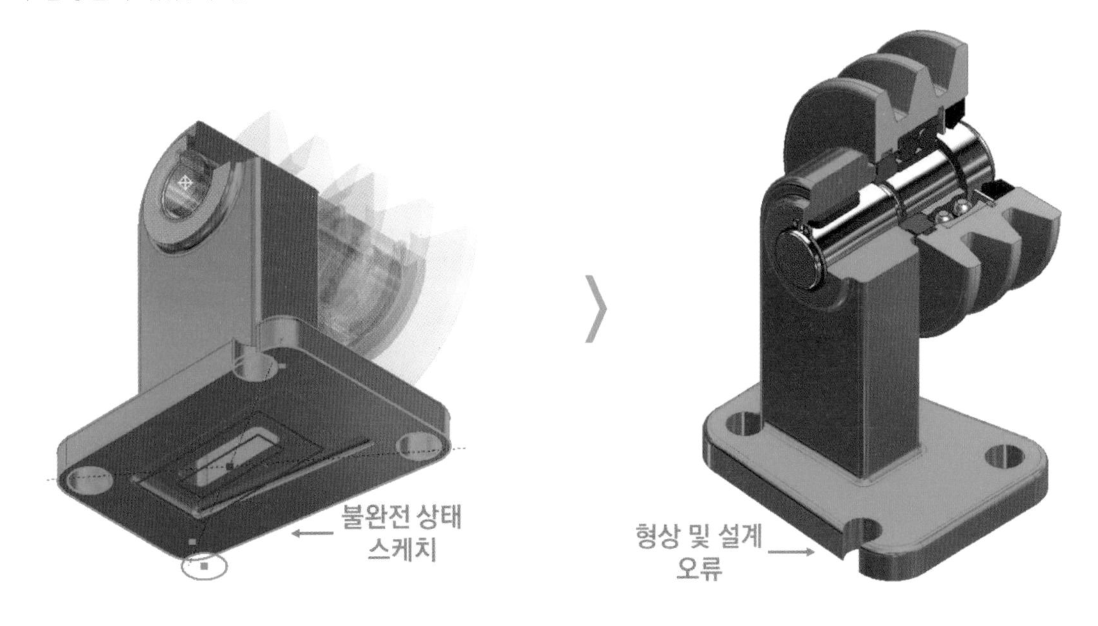

연습도면 1 〉 스케치 작성 (초급)

https://cafe.naver.com/dongjinc/2006

적절하게 구속조건 및 치수를 적용해서 스케치를 완전 상태로 작성하세요. 파란색 점을 원점으로 하고 스케치하세요. 구속조건에 의해서 도면의 치수와 작성되는 스케치 치수의 개수가 다를 수 있습니다.

연습도면 1-1

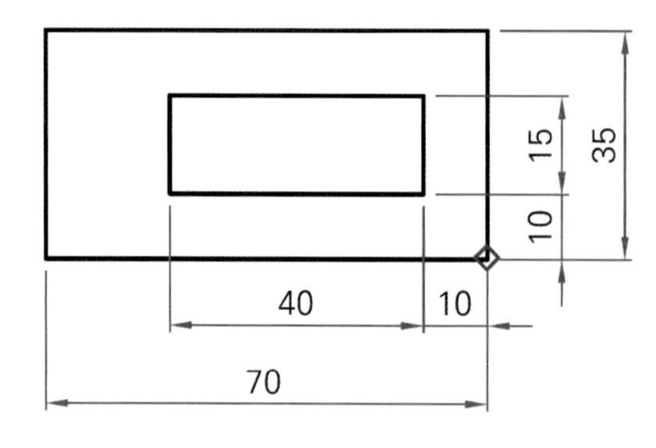

연습도면 1-2

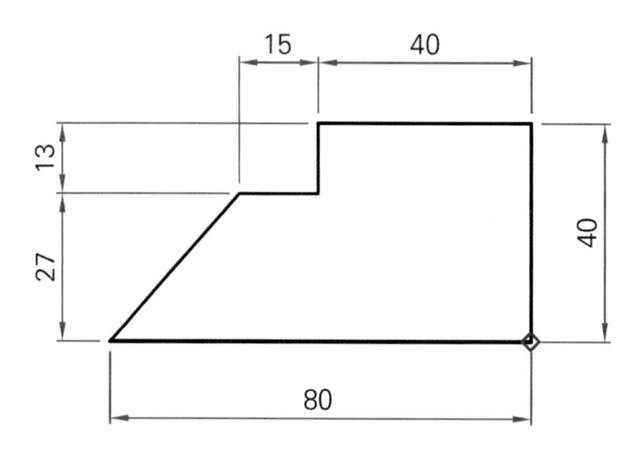

연습도면 1-3

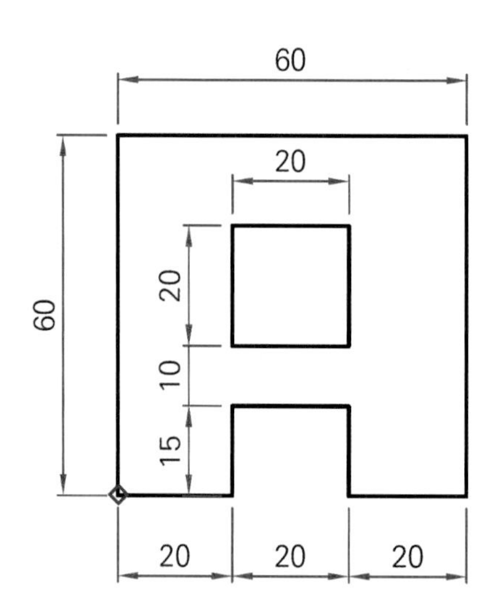

연습도면 2 스케치 작성 (초급)

https://cafe.naver.com/dongjinc/2007

적절하게 구속조건 및 치수를 적용해서 스케치를 완전 상태로 작성하세요. 파란색 점을 원점으로 하고 스케치하세요.

연습도면 2-1

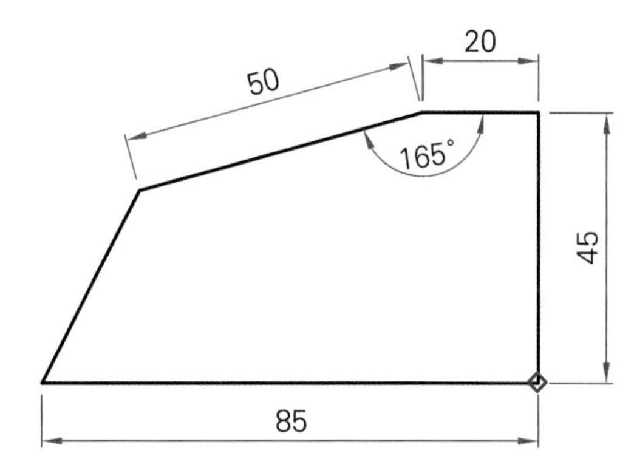

연습도면 2-2

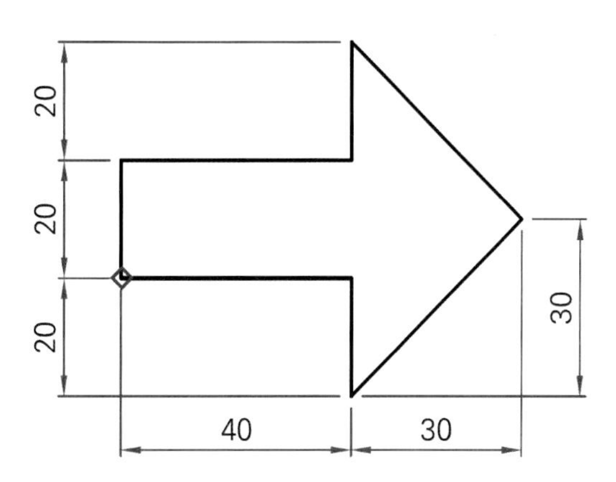

연습도면 2-3

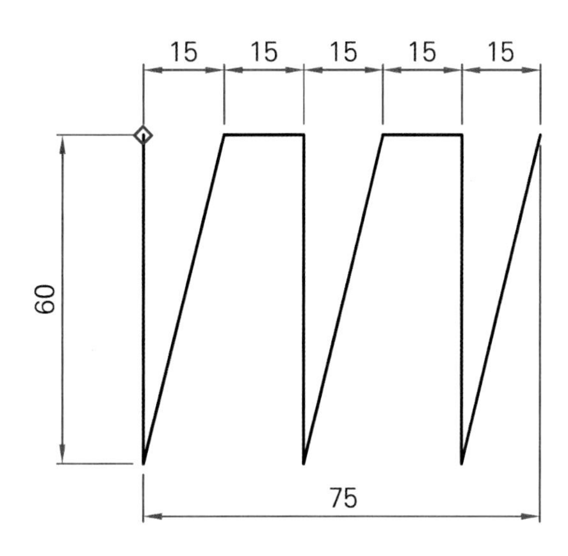

적절하게 구속조건 및 치수를 적용해서 스케치를 완전 상태로 작성하세요. 효율적인 스케치를 위해 원점의 위치를 고려해서 스케치를 작성하세요.

연습도면 3-1

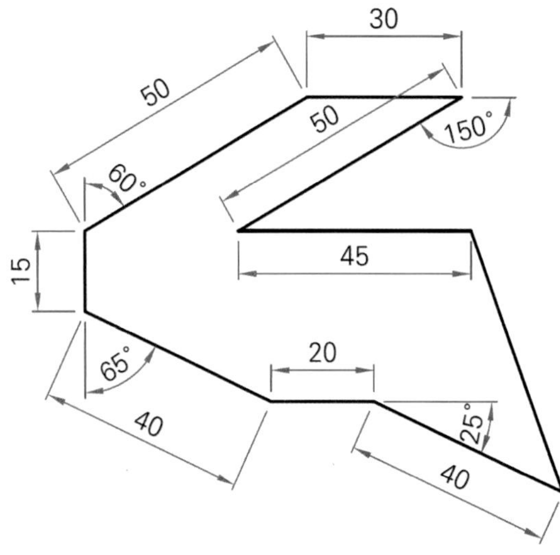

연습도면 3-2

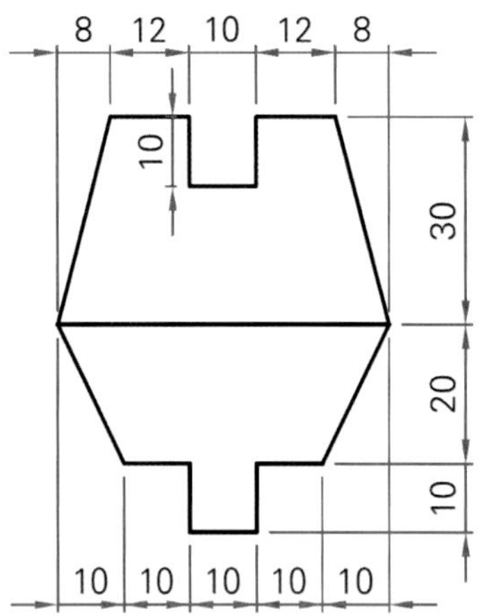

연습도면 3-3

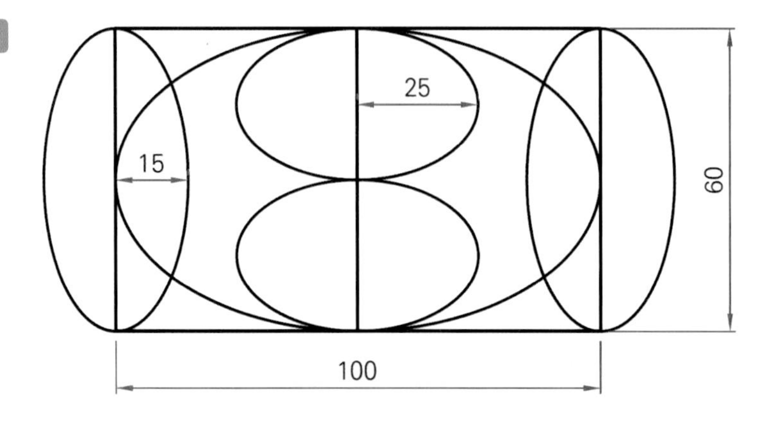

연습도면 4 > 스케치 작성 (초급)

https://cafe.naver.com/dongjinc/2009

적절하게 구속조건 및 치수를 적용해서 스케치를 완전 상태로 작성하세요. 효율적인 스케치를 위해 원점의 위치를 고려해서 스케치를 작성하세요.(R : 반지름, Ø : 지름, A−ØB : 지름B의 원이 A개 있음)

연습도면 4-1

연습도면 4-2

연습도면 4-3

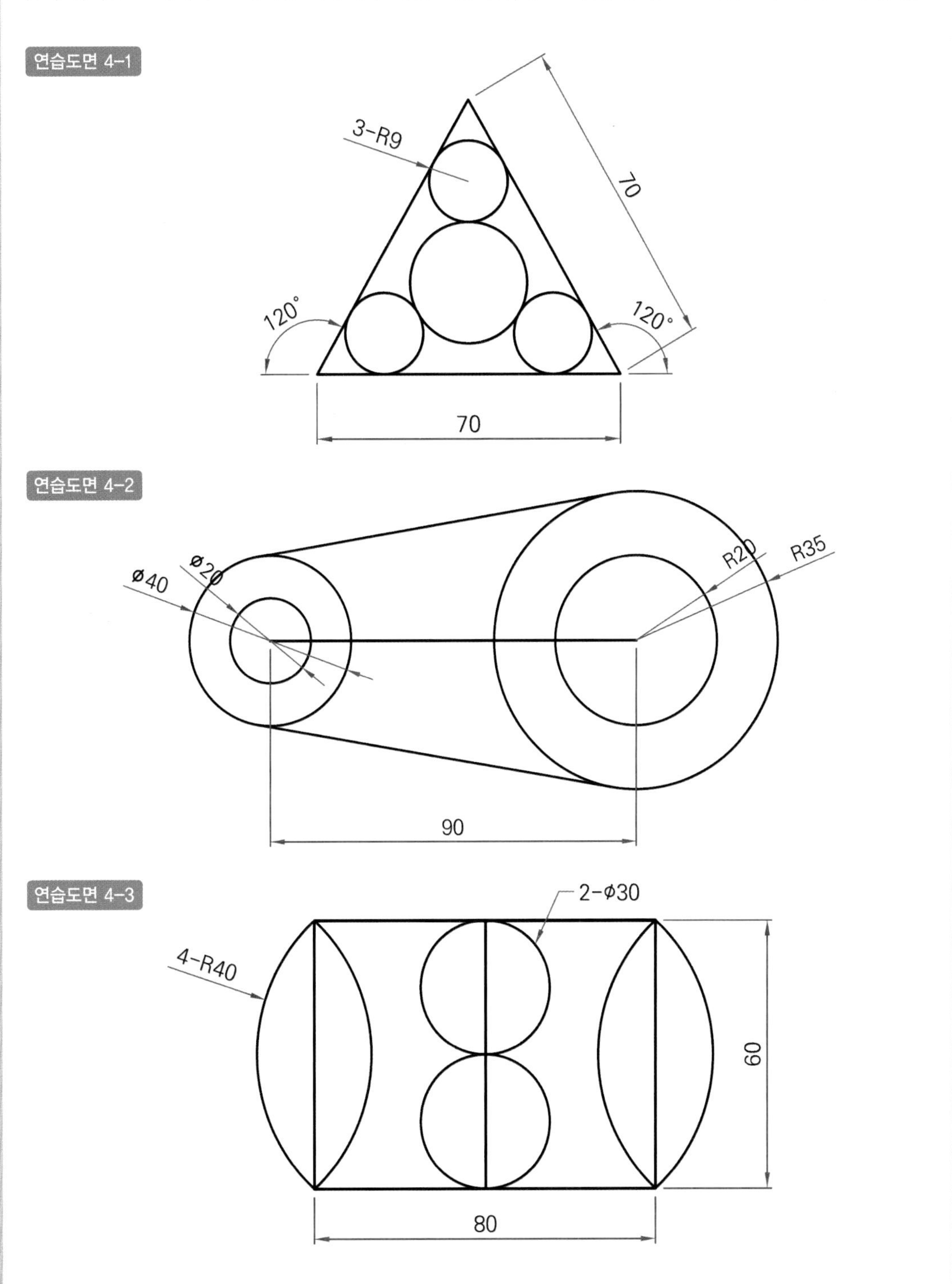

연습도면 5 〉 **스케치 작성** (초급)

https://cafe.naver.com/dongjinc/2010

적절하게 구속조건 및 치수를 적용해서 스케치를 완전 상태로 작성하세요. 효율적인 스케치를 위해 원점의 위치를 고려해서 스케치를 작성하세요.(R : 반지름, Ø : 지름, A−ØB : 지름B의 원이 A개 있음)

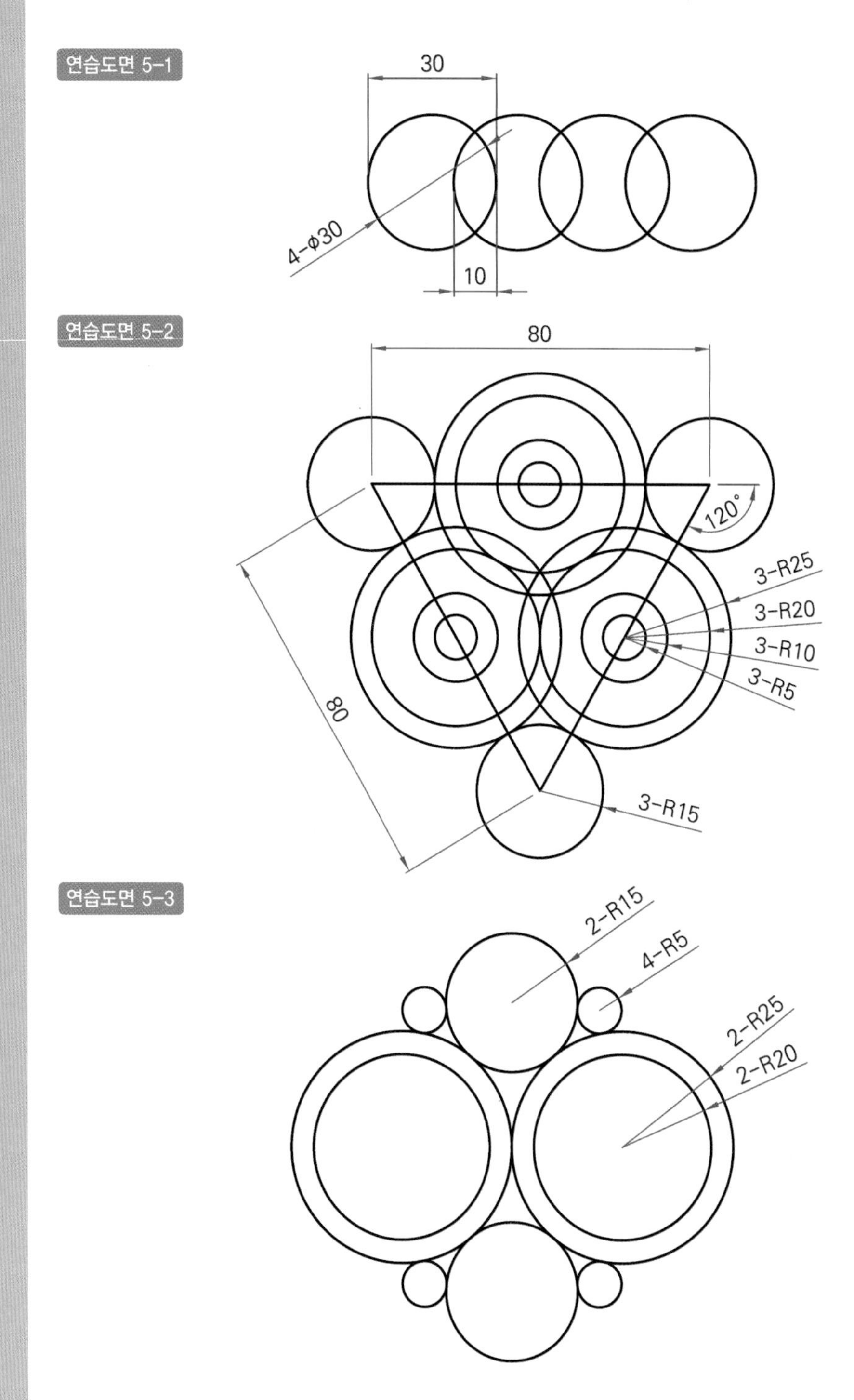

SECTION

2.2 2D스케치 수정

학습목표
- 스케치 도구를 이용하여 디자인을 형상화할 수 있다.
- 디자인에 치수를 기입하여 치수에 맞게 형상을 수정할 수 있다.
- KS 및 ISO 관련 규격을 준수하여 형상을 모델링할 수 있다.
- 기하학적 형상을 구속하여 원하는 형상을 유지시키거나 선택되는 요소에 다양한 구속 조건을 설정할 수 있다.

1 스케치 수정 실습 Point

https://cafe.naver.com/dongjinc/2011

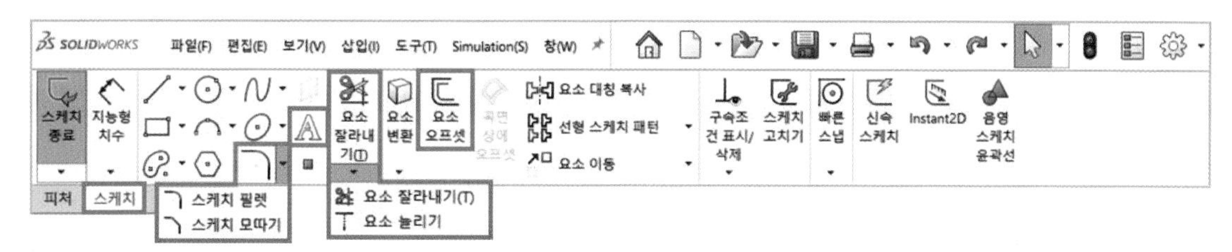

스케치 필렛(모깎기)

뾰족한 모서리를 둥글게 하는 기능입니다. 선과 선을 클릭하거나 꼭짓점을 클릭해서 만들 수 있습니다.

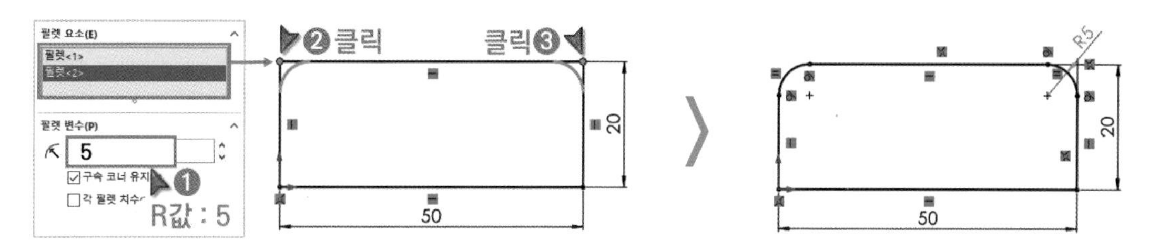

스케치 모따기(챔퍼)

뾰족한 모서리를 45°의 각도 또는 그 외의 각도로 만드는 기능입니다. 선과 선을 클릭하거나 꼭짓점을 클릭해서 만들 수 있습니다.

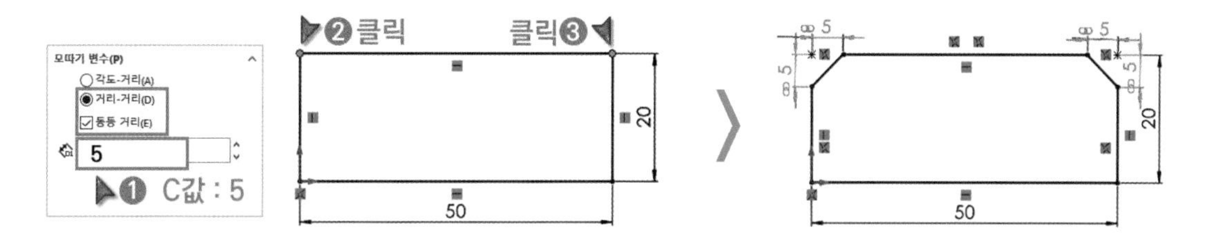

요소 잘라내기

객체를 자르는 기능입니다. 드래그해서 인접한 객체를 자를 수 있습니다.

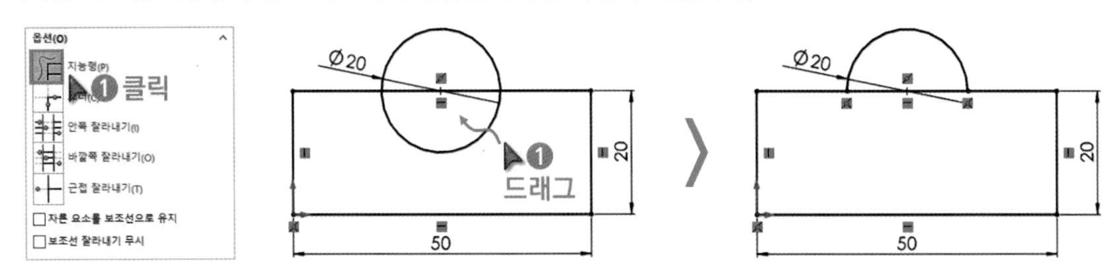

요소 늘리기

객체를 연장하는 기능입니다. 객체를 클릭해서 연장할 수 있습니다.

요소 오프셋(간격 띄우기)

객체를 일정한 간격으로 띄우는 기능이며, 마우스 방향에 따라 띄워지는 위치가 결정됩니다. 「체인 선택」 옵션을 체크하면 연결된 모든 객체가 띄워집니다.

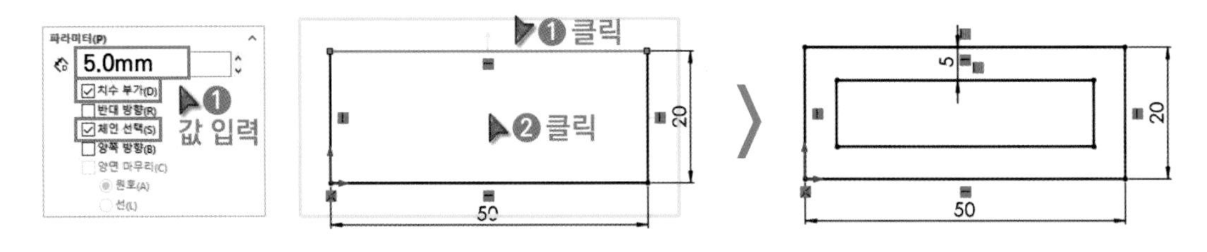

「체인 선택」 옵션을 해제하면 선택된 객체만 띄워집니다.

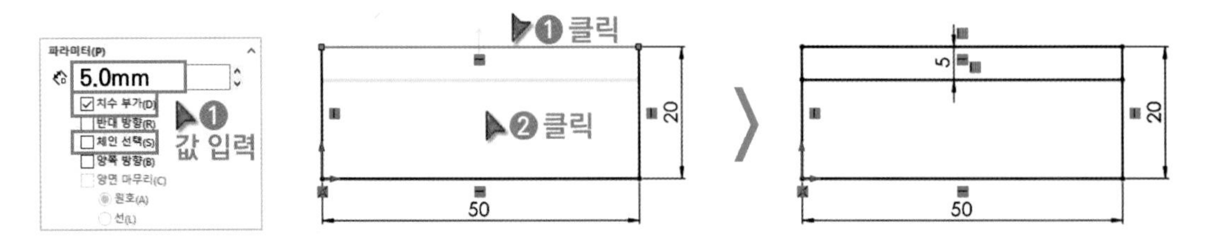

텍스트(문자)

텍스트를 작성하는 기능입니다. 직선의 형태로 텍스트가 작성되며 「문서 글꼴 사용」 옵션을 해제하면 글꼴 옵션을 설정할 수 있습니다.

텍스트 작성 시 스케치를 클릭하면 스케치 형상에 따라 텍스트를 작성할 수 있습니다. 옵션 설정을 통해서 텍스트의 방향, 정렬 등을 설정할 수 있습니다.

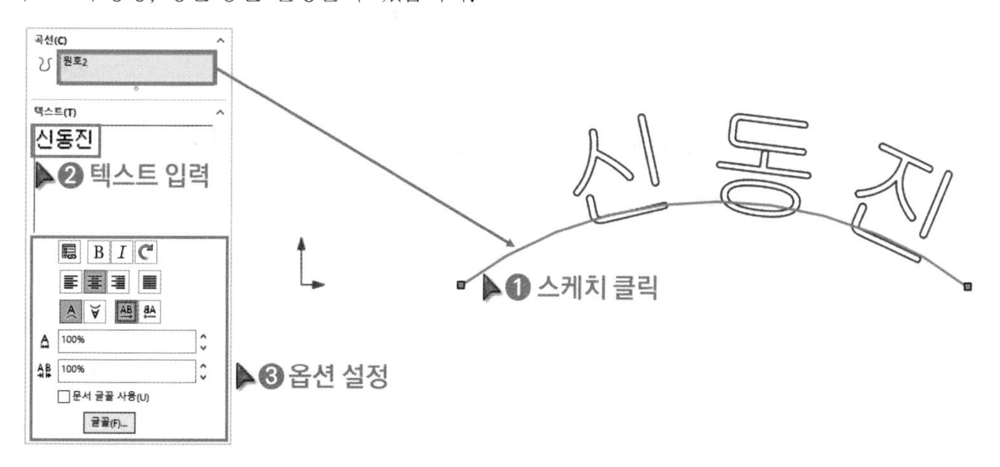

적절하게 구속조건 및 치수를 적용해서 스케치를 완전 상태로 작성하세요. 빨간색의 중심선은 제외하고 작성하세요.(C : 모따기, R : 반지름, Ø : 지름, A−ØB : 지름B의 원이 A개 있음)

연습도면 6-1

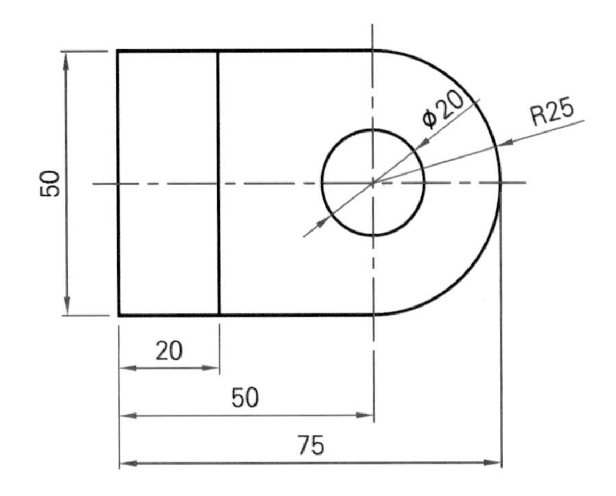

연습도면 6-2

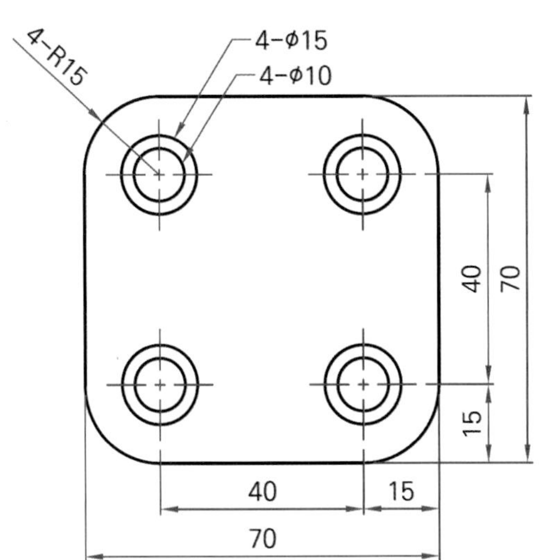

연습도면 6-3

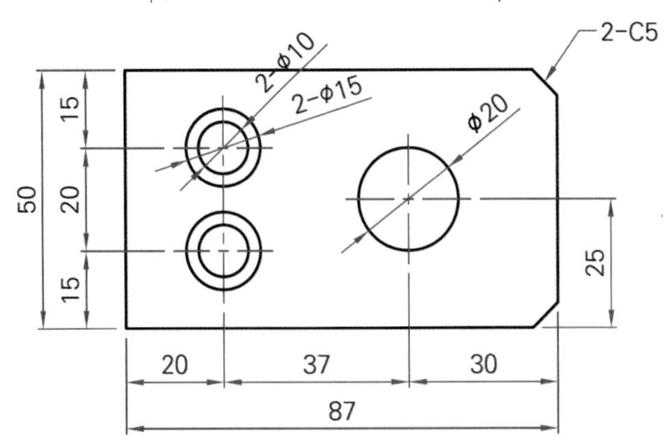

연습도면 7 〉 스케치 수정 (중급)

https://cafe.naver.com/dongjinc/2013

적절하게 구속조건 및 치수를 적용해서 스케치를 완전 상태로 작성하세요. 빨간색의 중심선은 제외하고 작성하세요.(C : 모따기, R : 반지름, Ø : 지름, A-ØB : 지름B의 원이 A개 있음)

연습도면 7-1

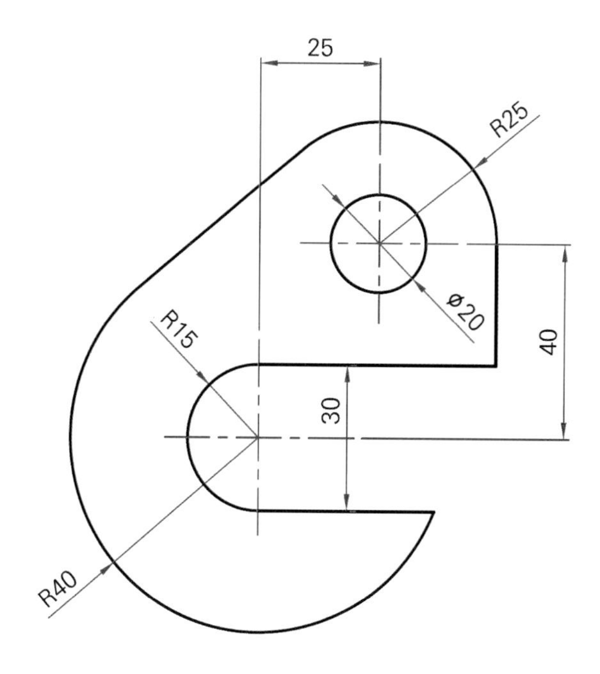

연습도면 7-2

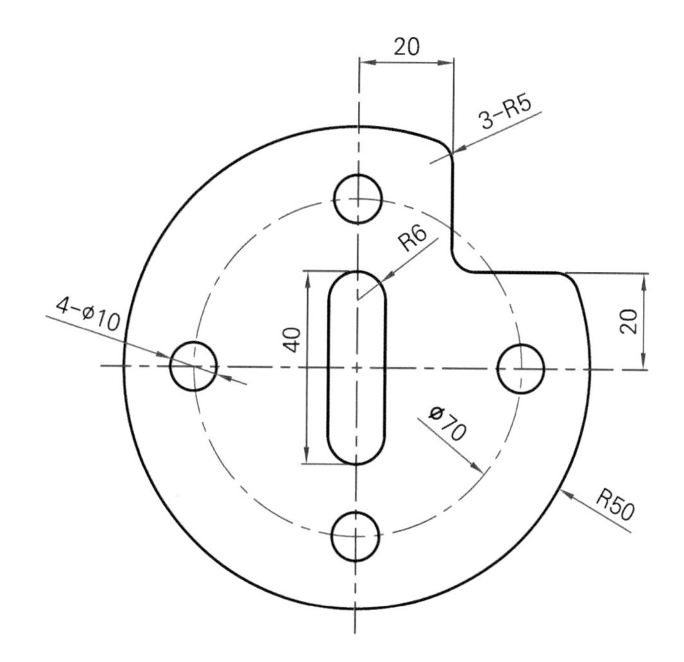

적절하게 구속조건 및 치수를 적용해서 스케치를 완전 상태로 작성하세요. 빨간색의 중심선은 제외하고 작성하세요.(C : 모따기, R : 반지름, Ø : 지름, A-ØB : 지름B의 원이 A개 있음)

연습도면 8-1

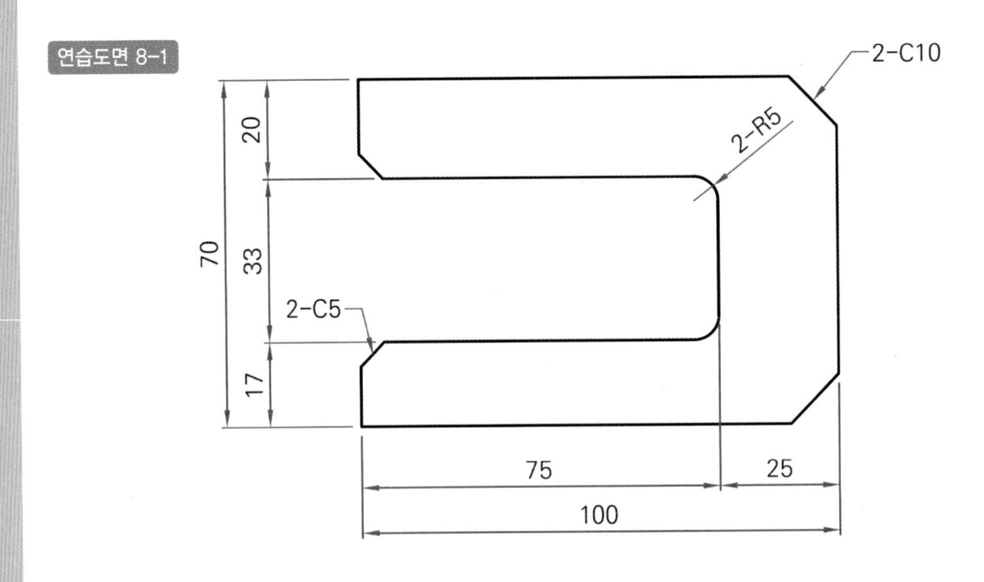

연습도면 8-2

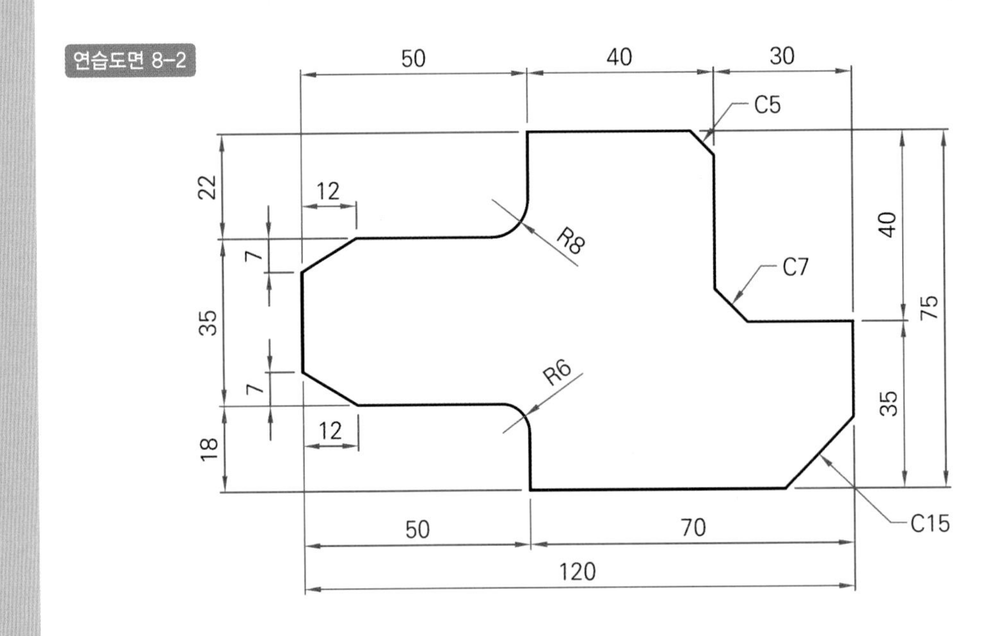

연습도면 9 스케치 수정 (중급)

https://cafe.naver.com/dongjinc/2015

적절하게 구속조건 및 치수를 적용해서 스케치를 완전 상태로 작성하세요. 빨간색의 중심선은 제외하고 작성하세요.(C : 모따기, R : 반지름, Ø : 지름, A-ØB : 지름B의 원이 A개 있음)

연습도면 9-1

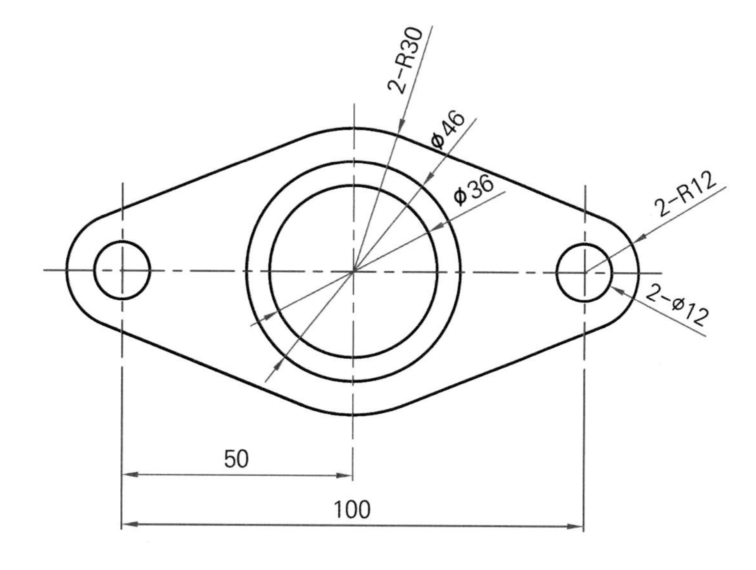

연습도면 9-2

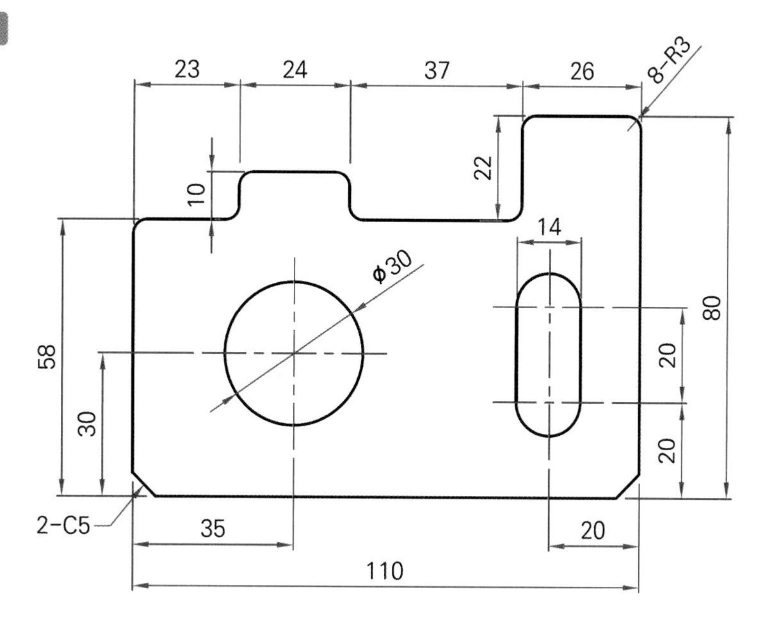

연습도면 10 스케치 수정 (중급)

적절하게 구속조건 및 치수를 적용해서 스케치를 완전 상태로 작성하세요. 빨간색의 중심선은 제외하고 작성하세요.(C : 모따기, R : 반지름, Ø : 지름, A−ØB : 지름B의 원이 A개 있음)

연습도면 10−1

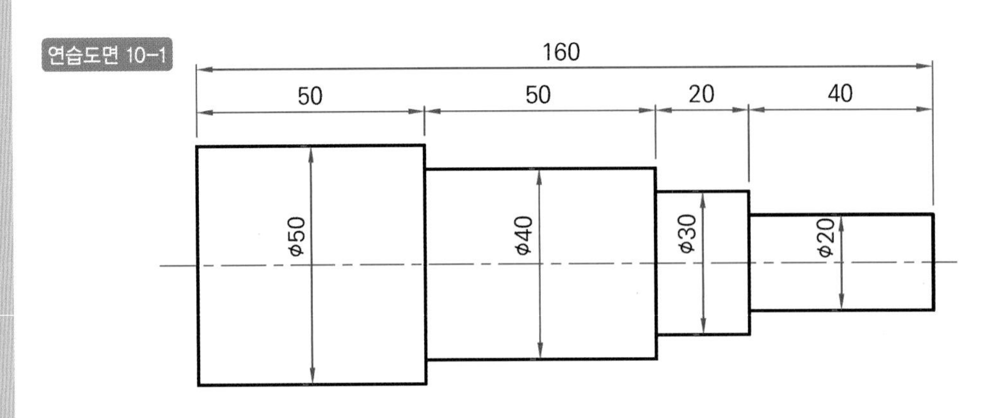

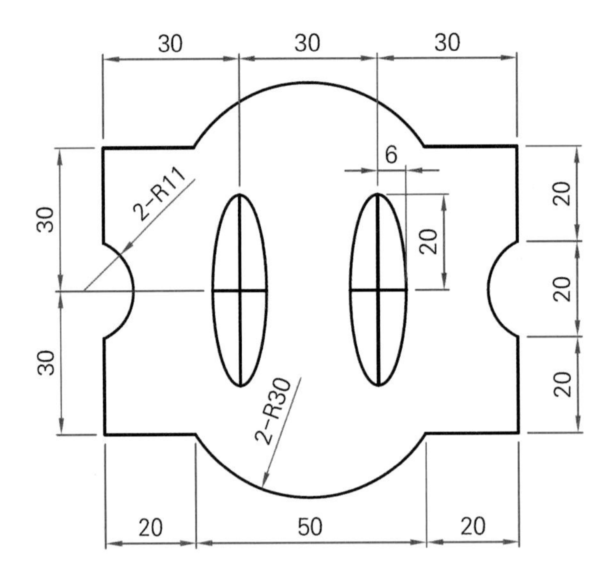

2 스케치 패턴 실습 Point

https://cafe.naver.com/dongjinc/2017

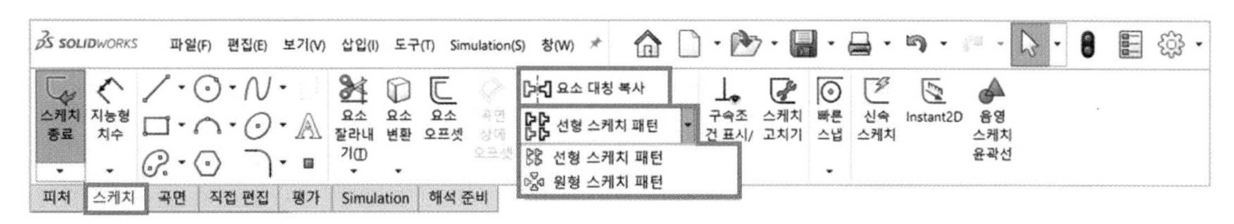

요소 대칭 복사

기준면 또는 선을 기준으로 선택한 객체를 대칭 복사하는 기능입니다.

1 원점으로부터 보조선, 원을 스케치합니다.

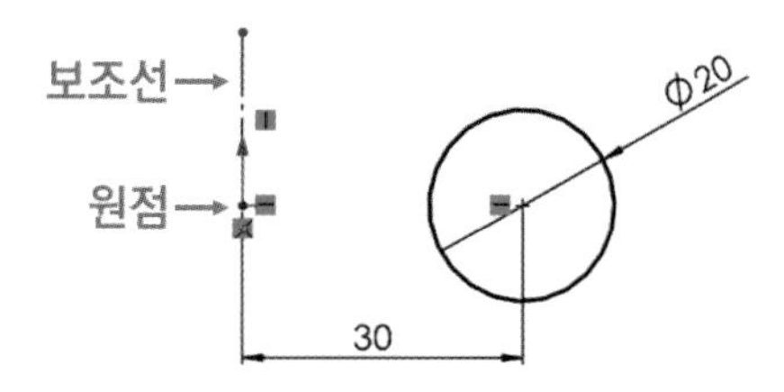

2 「 요소 대칭 복사」를 클릭합니다. 대칭 항목과 대칭 기준을 순서대로 클릭합니다.

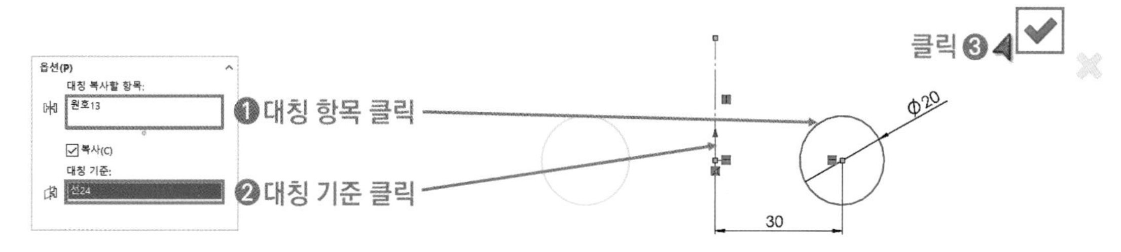

3 대칭 복사 후 원본 객체의 형태가 변하면 구속조건에 의해 대칭 복사된 객체의 형태도 변합니다.

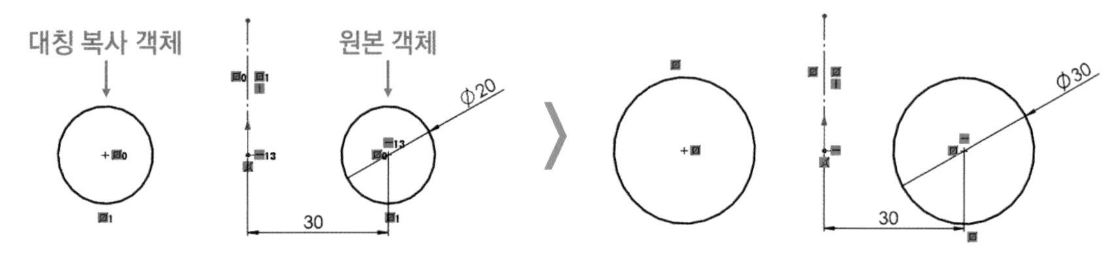

선형 스케치 패턴

객체를 X축(가로), Y축(세로)의 방향으로 복사하는 기능입니다.

1 원점에서 원을 스케치합니다.

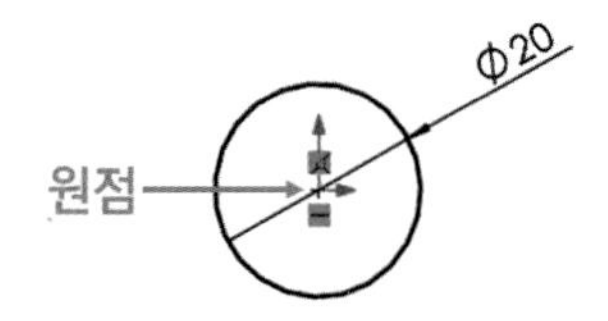

2 「선형 스케치 패턴」을 클릭합니다. 패턴 요소를 클릭하고 X축과 Y축의 거리, 수량, 각도를 입력하고 옵션을 모두 체크합니다. 옵션을 체크하면 수량, 치수가 표시되어 스케치를 수정하기 쉬우며 완전 상태로 구속할 수 있습니다.

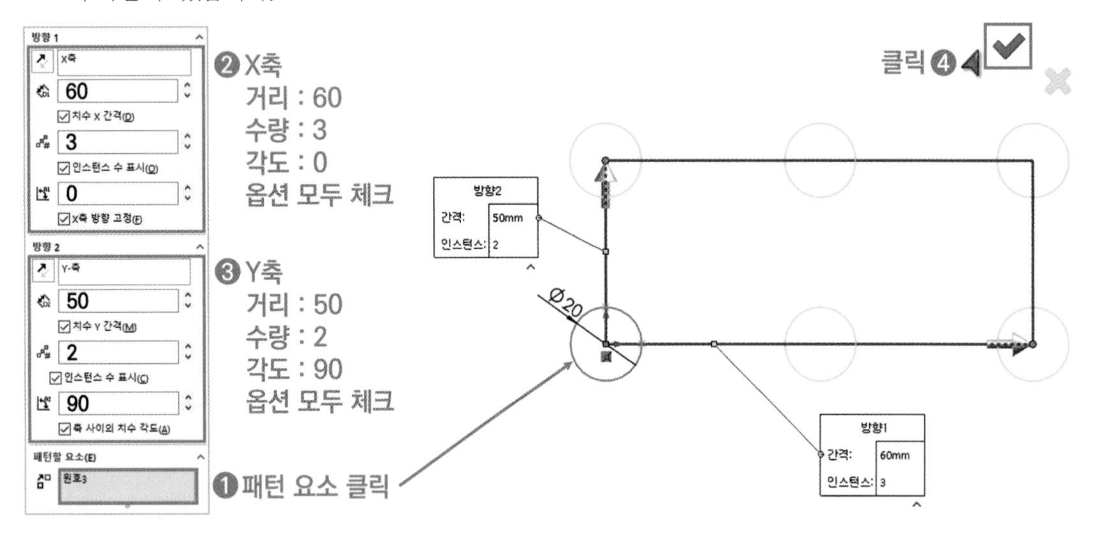

3 패턴 후 원본 객체의 형태가 변하면 구속조건에 의해 패턴 된 객체의 형태도 변합니다. 패턴 된 객체를 삭제하면 스케치가 불완전 상태로 바뀔 수 있습니다. 따라서 불필요한 객체는 「보조선」으로 변경하면 됩니다.(보조선에 대한 자세한 설명은 단원3 참고)

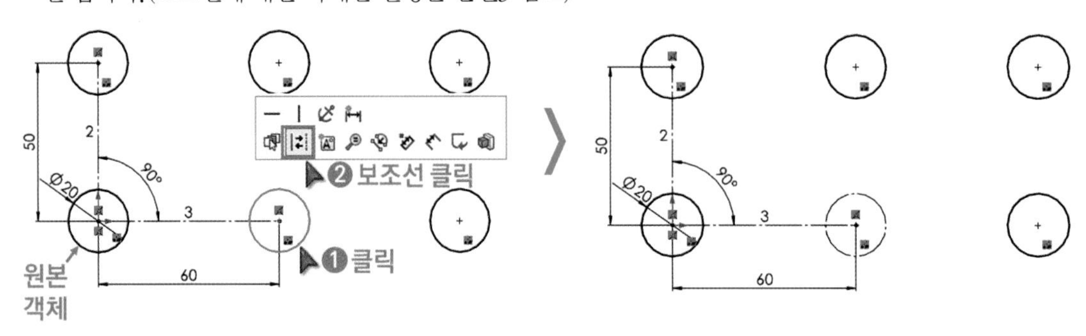

원형 스케치 패턴

객체를 원형으로 복사하는 기능입니다.

1 원점을 이용해서 원을 스케치합니다.

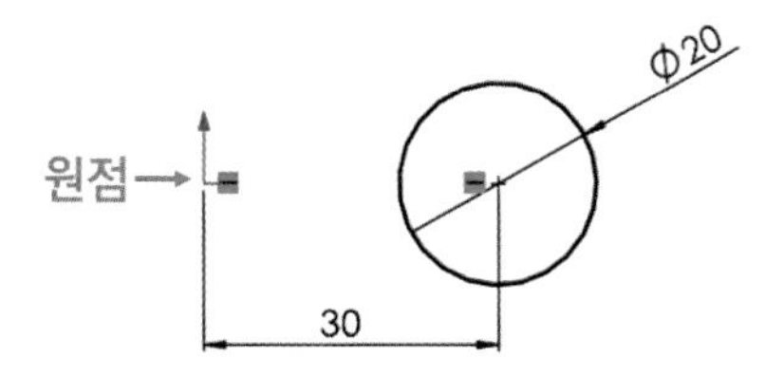

2 「 원형 스케치 패턴」을 클릭합니다. 원형패턴의 중심점은 자동으로 인식됩니다. 패턴 요소를 클릭하고 각도, 수량을 입력하고 옵션을 체크합니다.

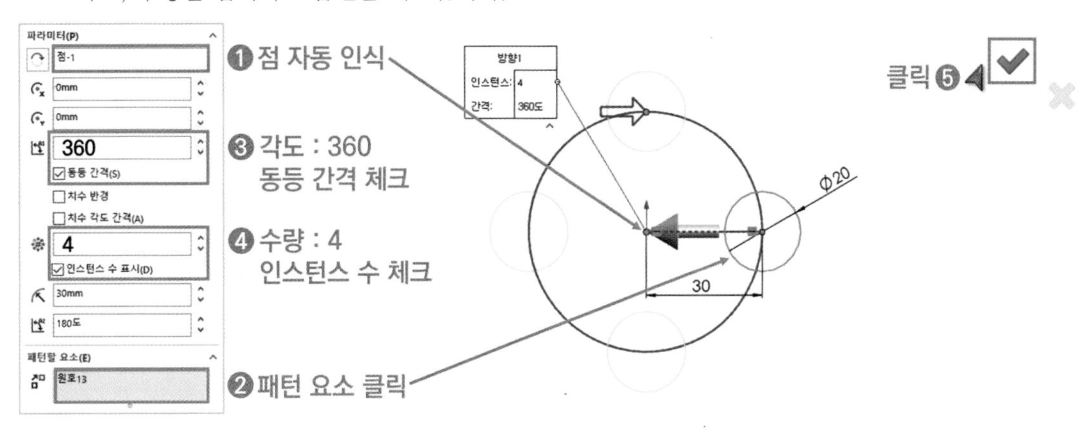

3 패턴 후 점의 위치가 구속되지 않아 스케치가 불완전 상태로 표시됩니다. 점을 드래그해서 원점으로 일치시키면 완전 상태로 구속할 수 있습니다. 다른 패턴 기능과 마찬가지로 원본 객체의 형태가 변하면 구속조건에 의해 패턴 된 객체의 형태도 변합니다.

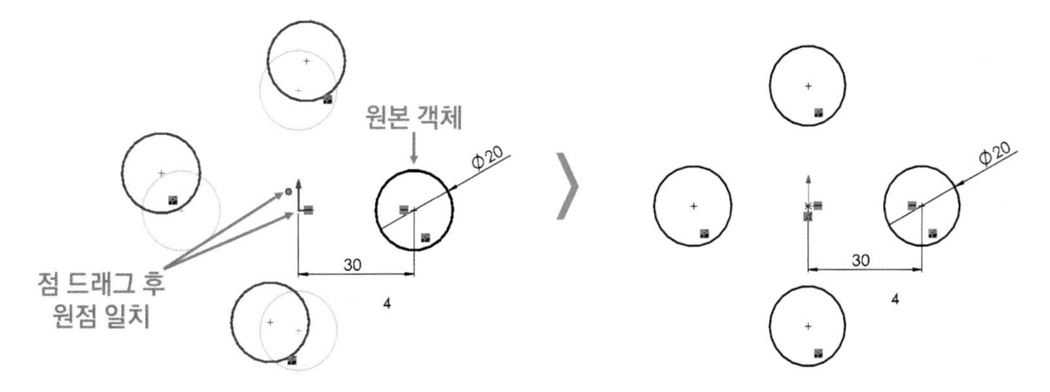

적절하게 구속조건 및 치수를 적용해서 스케치를 완전 상태로 작성하세요.

연습도면 11-1

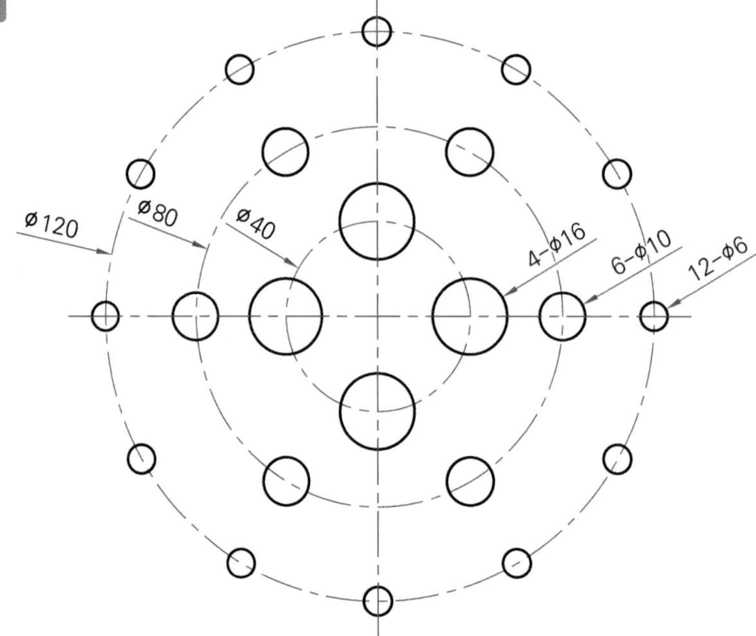

연습도면 11-2

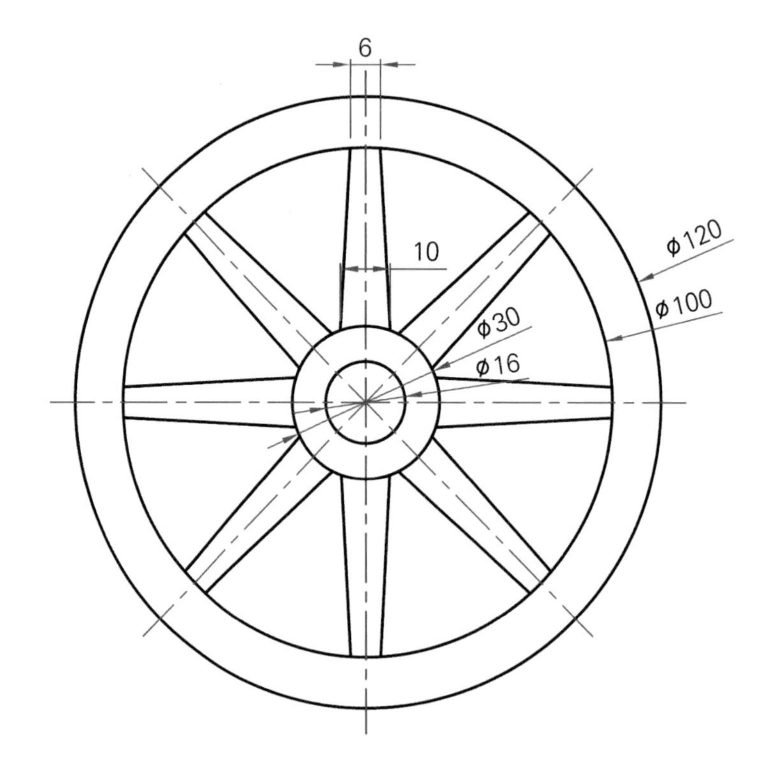

연습도면 12 스케치 패턴 (고급)

https://cafe.naver.com/dongjinc/2019

적절하게 구속조건 및 치수를 적용해서 스케치를 완전 상태로 작성하세요.

연습도면 12-1

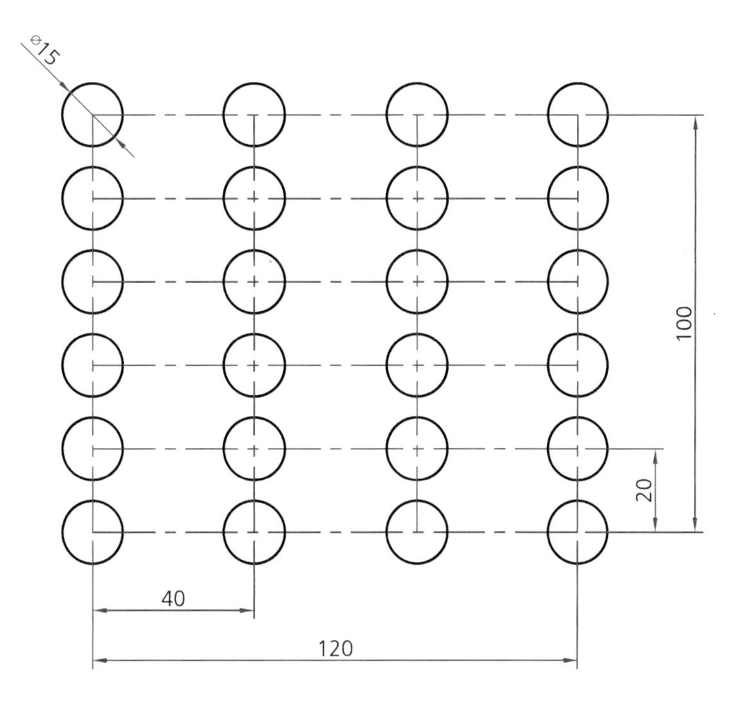

연습도면 12-2

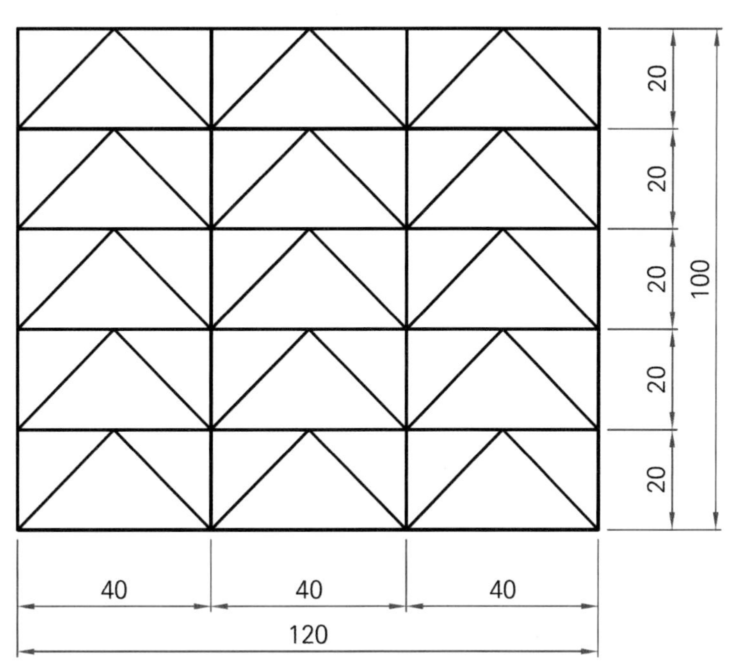

연습도면 13 〉 스케치 패턴 (고급)

https://cafe.naver.com/dongjinc/2020

적절하게 구속조건 및 치수를 적용해서 스케치를 완전 상태로 작성하세요.

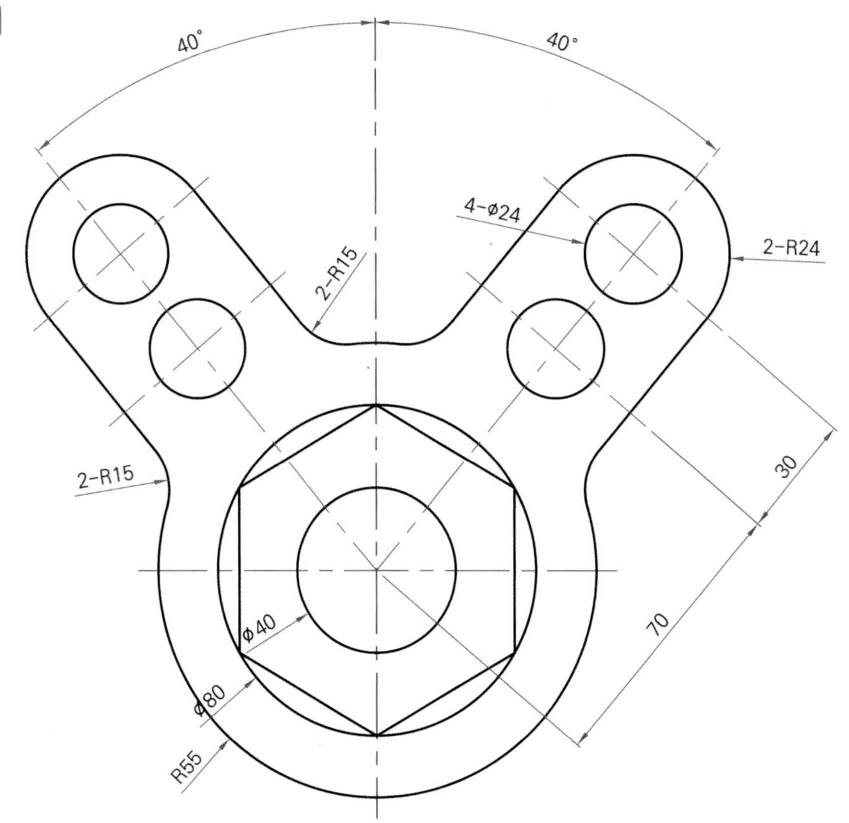

연습도면 13-2

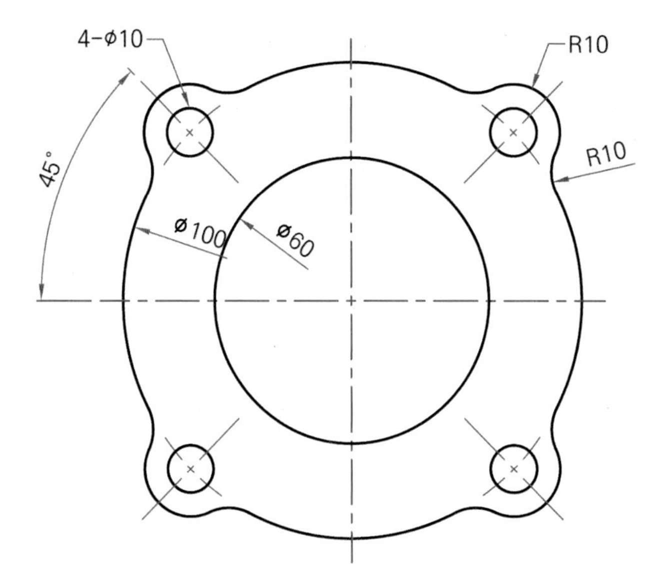

적절하게 구속조건 및 치수를 적용해서 스케치를 완전 상태로 작성하세요.

연습도면 14-1

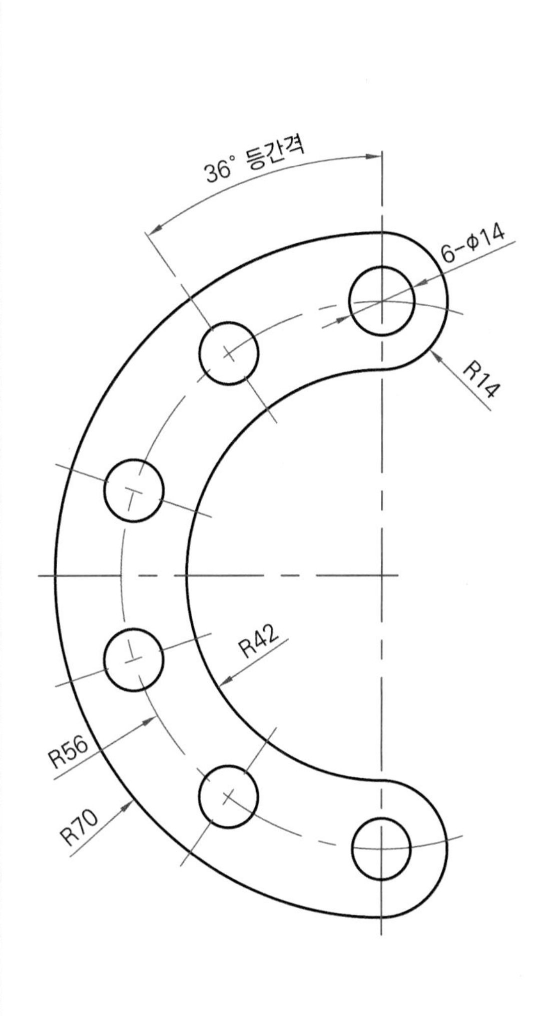

연습도면 14-2

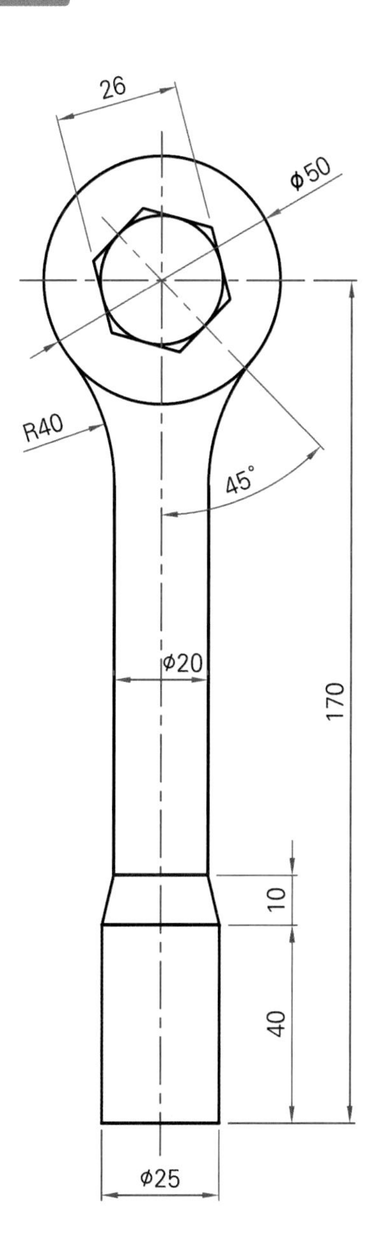

적절하게 구속조건 및 치수를 적용해서 스케치를 완전 상태로 작성하세요.

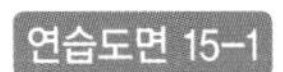

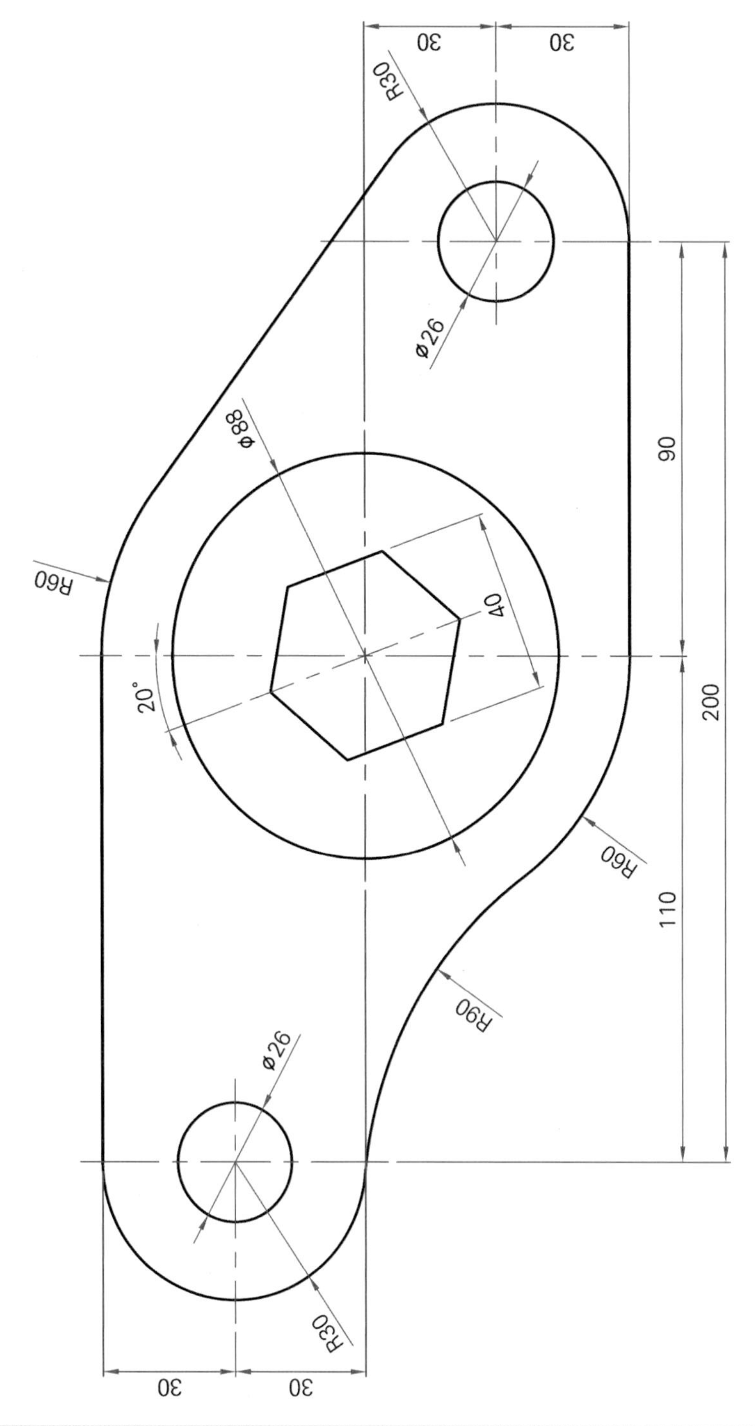

적절하게 구속조건 및 치수를 적용해서 스케치를 완전 상태로 작성하세요.

연습도면 16-1

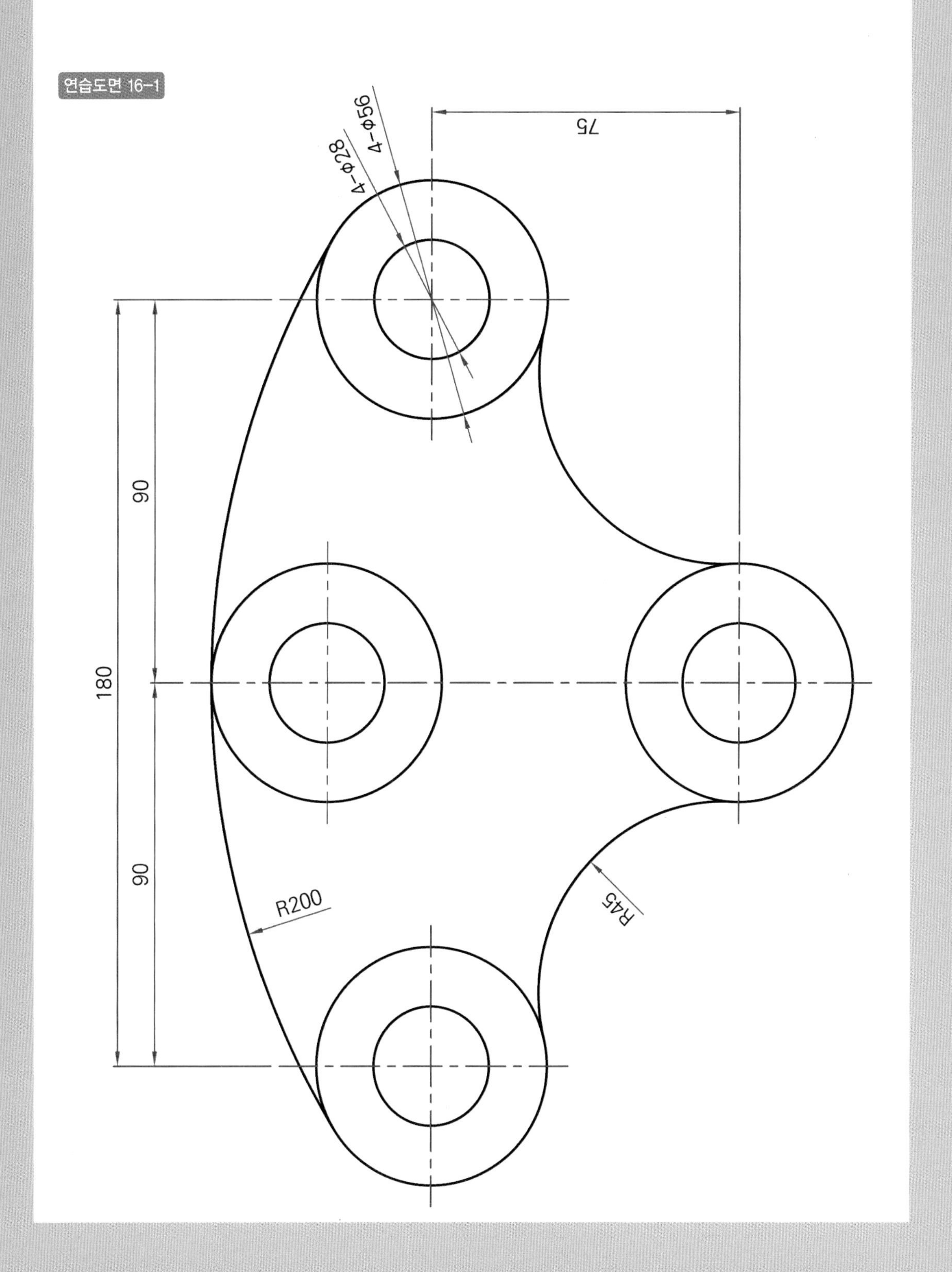

적절하게 구속조건 및 치수를 적용해서 스케치를 완전 상태로 작성하세요.

연습도면 17-1

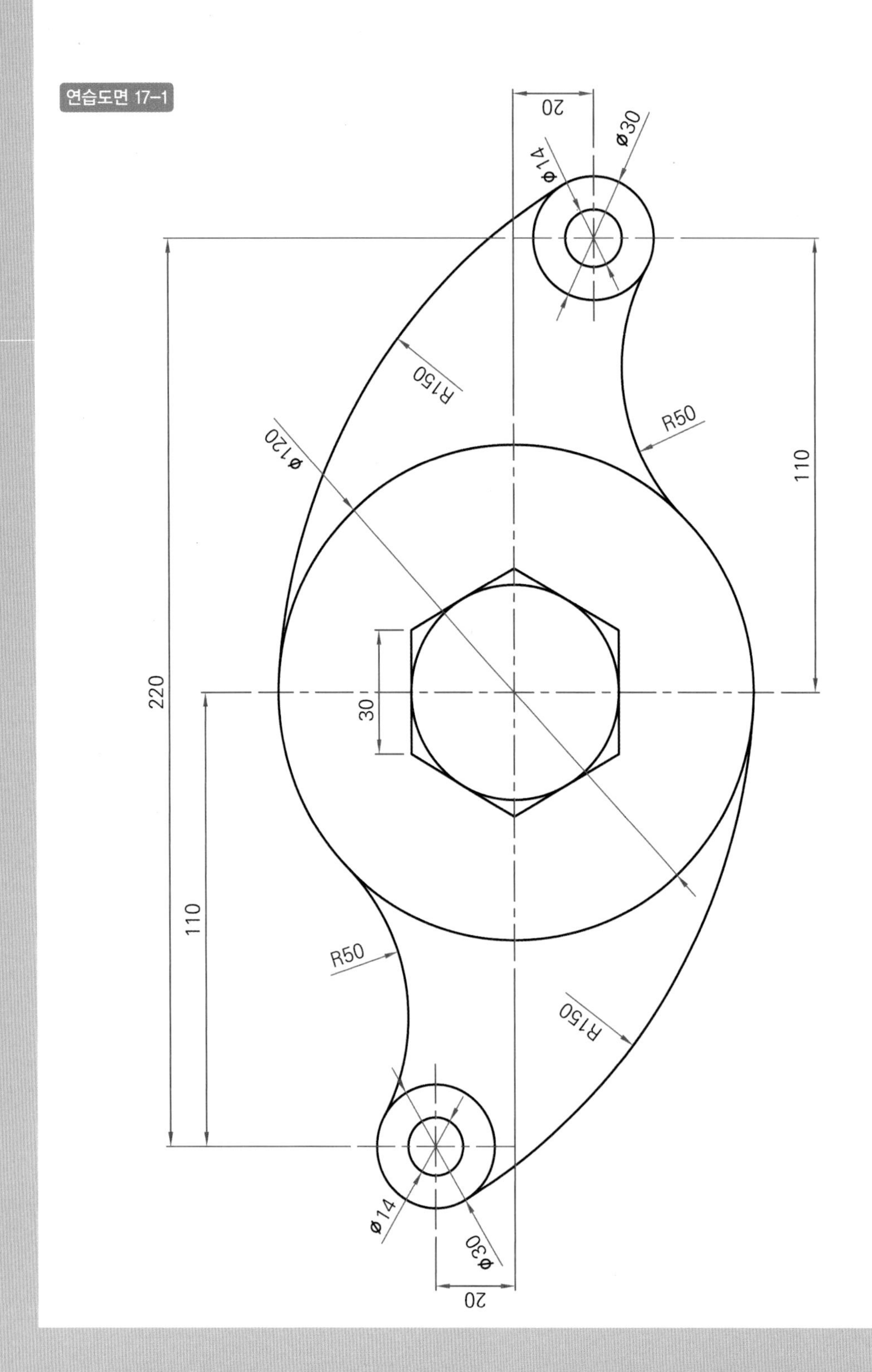

적절하게 구속조건 및 치수를 적용해서 스케치를 완전 상태로 작성하세요. (주서 : 도면 전체에 적용되는 사항)

연습도면 18-1

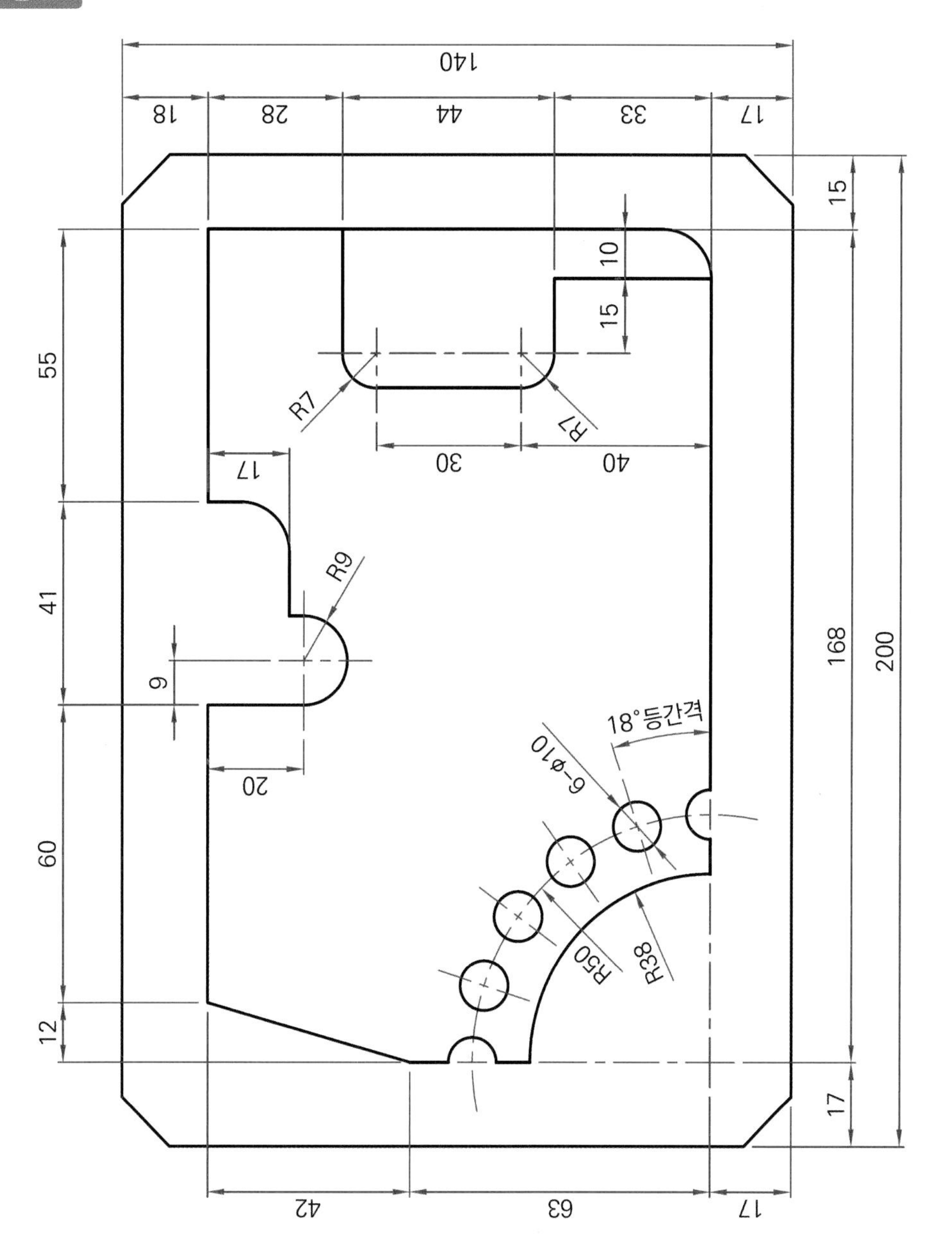

주서 : 도시되고 지시 없는 모따기는 C10, 모깎기는 R10으로 하시오.

PART

03

3D형상모델링 피처

SECTION

3.1 3D피처 생성

학습목표 • KS 및 ISO 관련 규격을 준수하여 형상을 모델링할 수 있다.
• 특징 형상 설계를 이용하여 요구되어지는 3D형상모델링을 완성할 수 있다.

1 피처 생성 순서 중요 Point 실습 Point

https://cafe.naver.com/dongjinc/2026

속이 꽉 찬 입체적인 형상을 피처 또는 솔리드 피처라고 합니다. 피처는 아래 순서에 따라 생성됩니다.

1 3개의 기준면(정면, 윗면, 우측면) 중 「정면」을 선택합니다.

2 선택한 기준면(정면)에 「스케치」를 합니다.

3 스케치를 돌출시켜 「피처」를 생성합니다. 처음 생성한 피처를 「베이스 피처」라고 합니다.

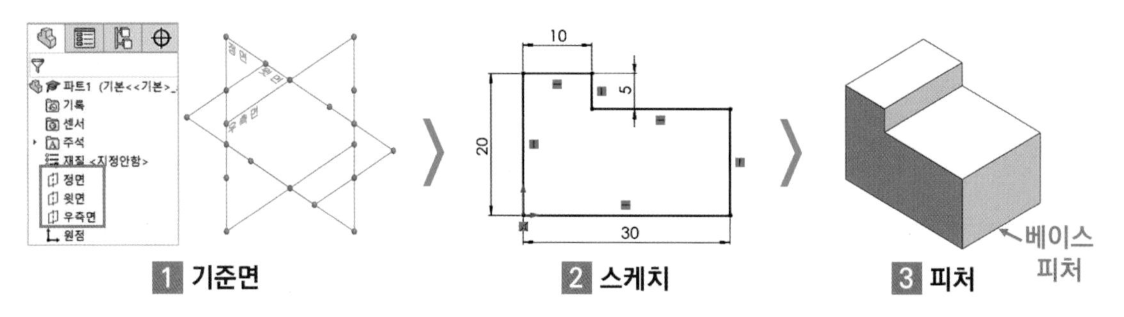

4 피처의 면을 선택합니다. 이때 피처의 모든 면을 「기준면」으로 사용할 수 있습니다.

5 선택한 기준면에 「스케치」를 합니다.

6 스케치를 돌출시켜 「피처」를 생성합니다. 추가로 생성한 피처를 「추가 피처」라고 하며 이와 같은 방법을 수차례 진행해서 복잡한 형상을 만듭니다.

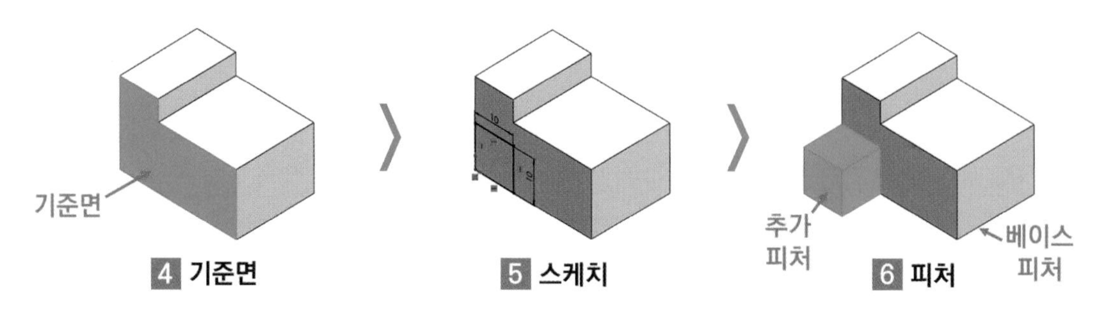

7 생성한 스케치와 피처는 작업한 순서에 따라 디자인트리에 기록됩니다. 모델링한 형상은 디자인트리를 통해 수정할 수 있기 때문에 디자인트리의 구성을 파악하는 것이 매우 중요합니다.

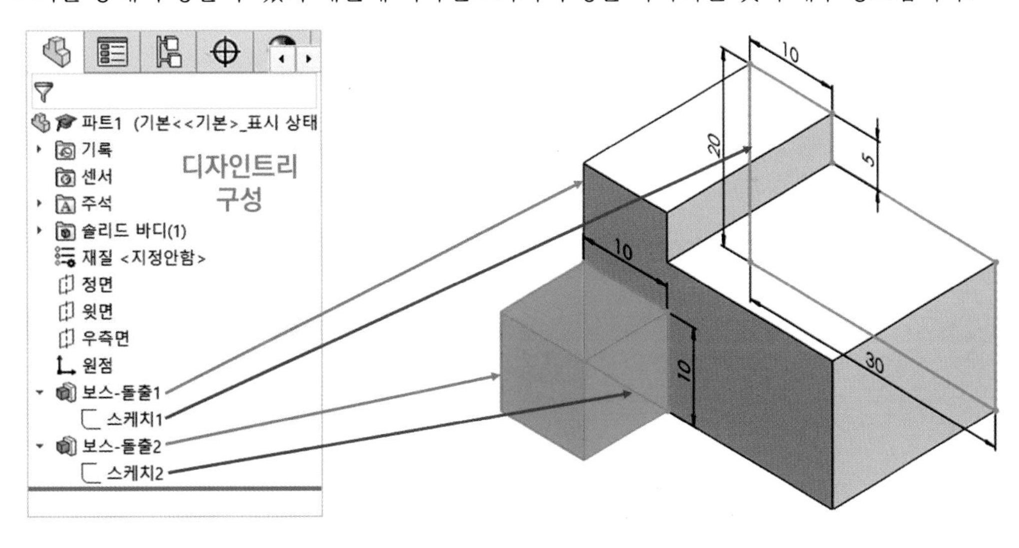

2 피처 생성 조건 중요 Point

https://cafe.naver.com/dongjinc/2027

1 스케치는「닫힌 영역(폐곡선)」으로 작성해야 합니다.「열린 영역(개곡선)」으로 작성할 경우 피처가 생성되지 않을 수 있습니다.

2 스케치는 선이「겹치지 않도록」작성해야 합니다. 선이「겹칠 경우」피처가 생성되지 않을 수 있습니다.

3 스케치는「완전 상태」로 작성해야 합니다.「불완전 상태」로 작성할 경우 모델링 오류의 원인이 됩니다.

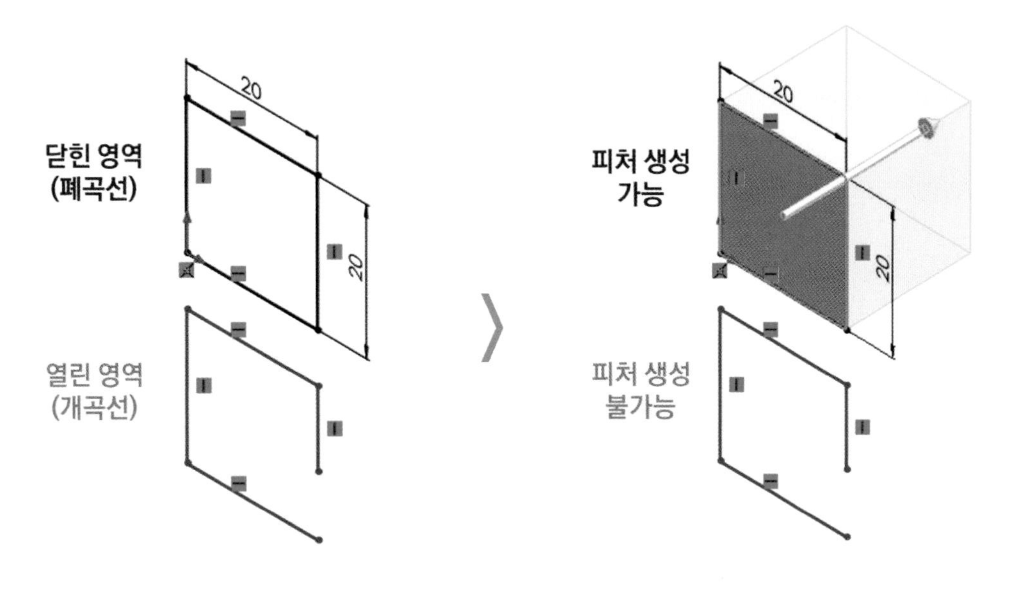

3 보조선 활용

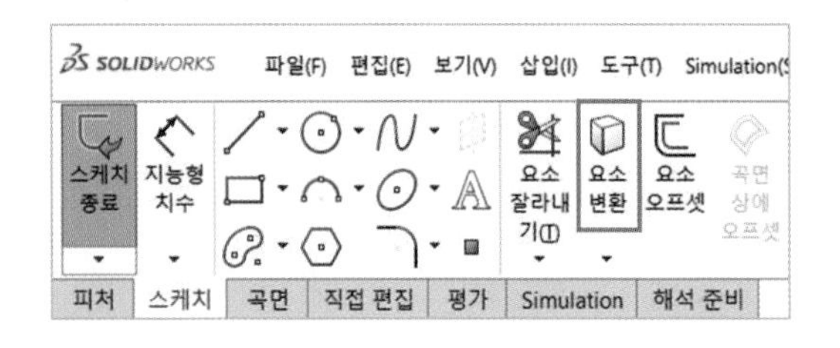

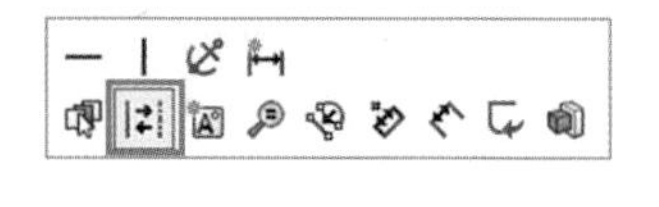

보조선

일반선을 보조선으로 변경하는 기능입니다. 일반선은 피처를 생성할 수 있지만, 보조선은 피처를 생성할 수 없습니다. 보조선은 치수를 기입하거나 보조로 활용할 때 사용합니다. 스케치 작성 시 일반선을 선택하고 「보조선」을 클릭하면 보조선으로 변경됩니다.

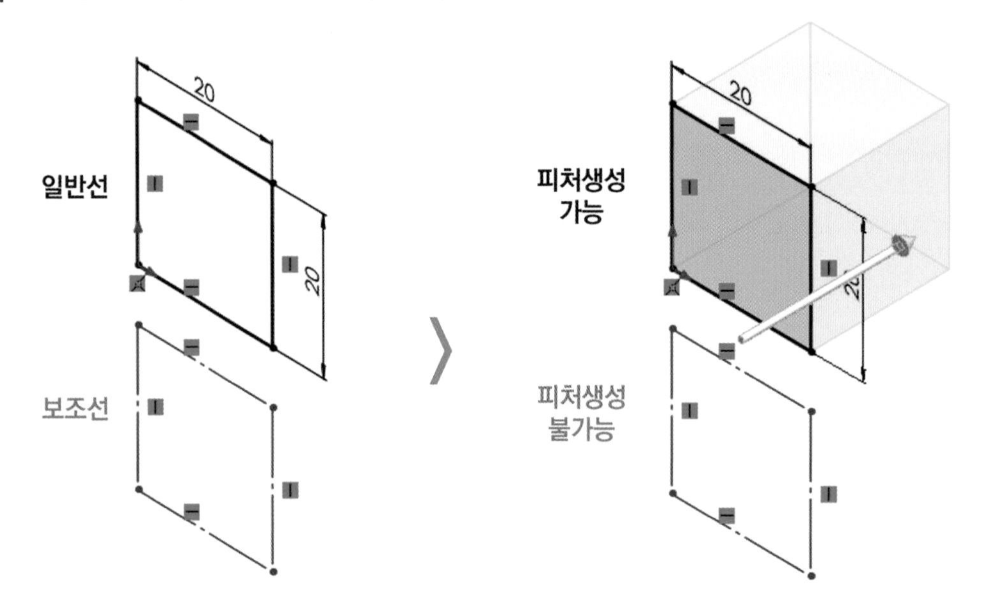

요소변환

피처의 점, 선, 면을 투영시켜 완전 상태의 점과 선을 생성하는 기능입니다. 요소변환된 점과 선을 사용해서 스케치하면 정확한 형상을 모델링할 수 있습니다. 스케치 작성 시 「요소변환」을 클릭하고 점, 선, 면을 클릭하면 됩니다.

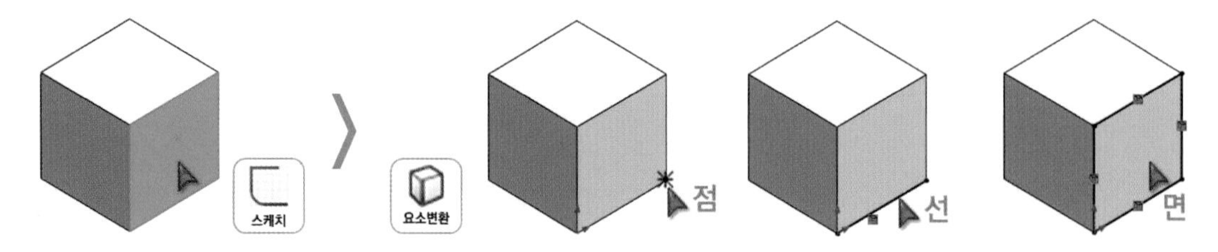

4 피처 생성-1 실습 Point

https://cafe.naver.com/dongjinc/2028

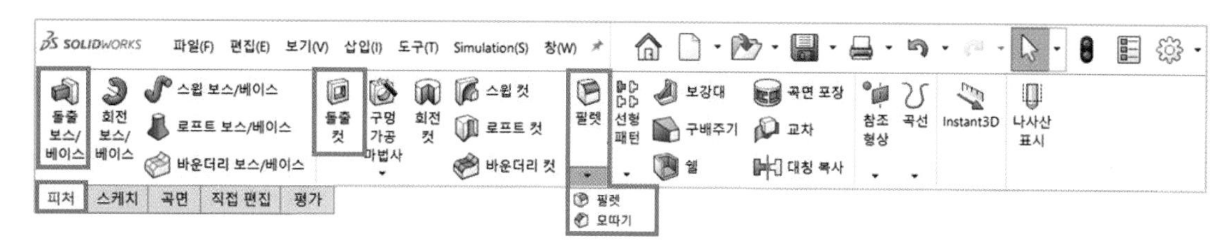

돌출

프로파일(스케치 영역)을 입력한 거리만큼 돌출시켜 피처를 생성하는 기능입니다.

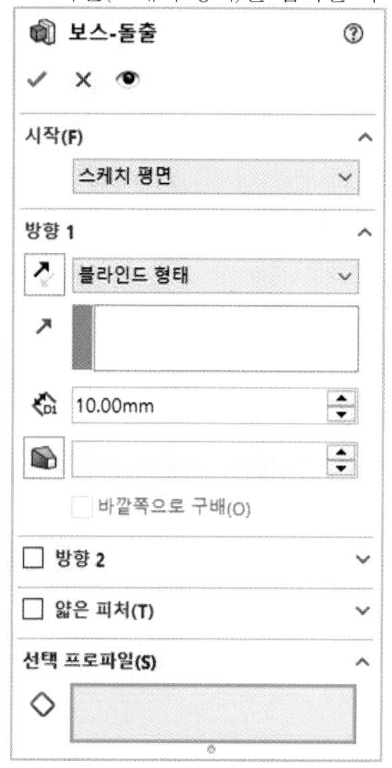

	시작	돌출 시작 위치를 지정
	스케치 평면	스케치 평면에서 돌출 시작
	면/평면 선택	선택한 면에서 돌출 시작
	꼭짓점	선택한 점에서 돌출 시작
	오프셋	지정 거리만큼 떨어진 면에서 돌출 시작
	방향 1	돌출 방법을 지정
	반대 방향	돌출 방향 변경
	블라인드 형태	거리 값을 입력해서 돌출
	관통	피처의 가장 끝 면까지 돌출
	꼭짓점까지	선택한 점까지 돌출
	곡면까지	선택한 면까지 돌출
	오프셋	선택한 면으로부터 거리 값까지 돌출
	중간 평면	스케치 평면으로부터 양쪽으로 돌출
	깊이	돌출 거리 값 입력
	구배	피처에 기울기 적용
	얇은 피처	두께를 갖는 피처 생성
	선택 프로파일	돌출 영역 선택

1 디자인트리의 「정면」을 선택하고 「스케치」를 클릭합니다. 사각형을 스케치합니다.

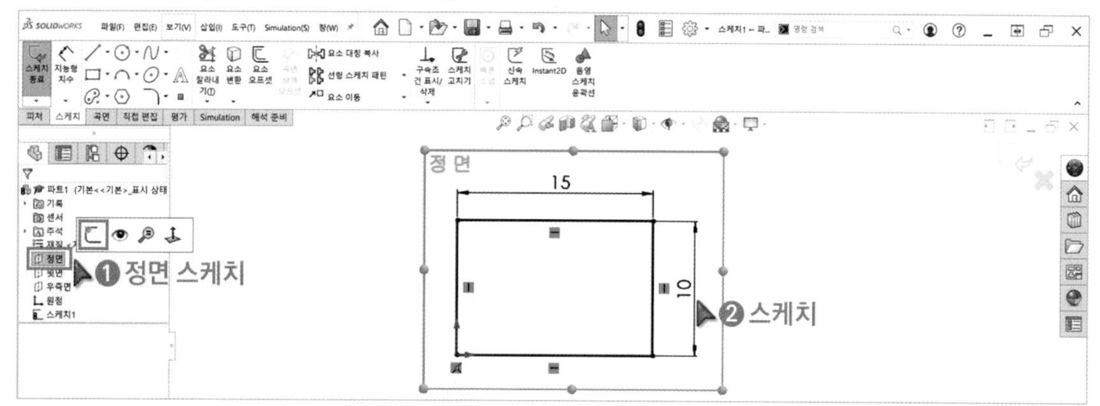

2 피처 도구모음의 「 돌출」을 클릭하고 프로파일(스케치 영역)을 클릭합니다. 영역이 한 개일 경우 자동으로 영역이 인식되며 입력한 값에 따라 기준면(정면)의 수직방향으로 돌출 피처가 생성됩니다.

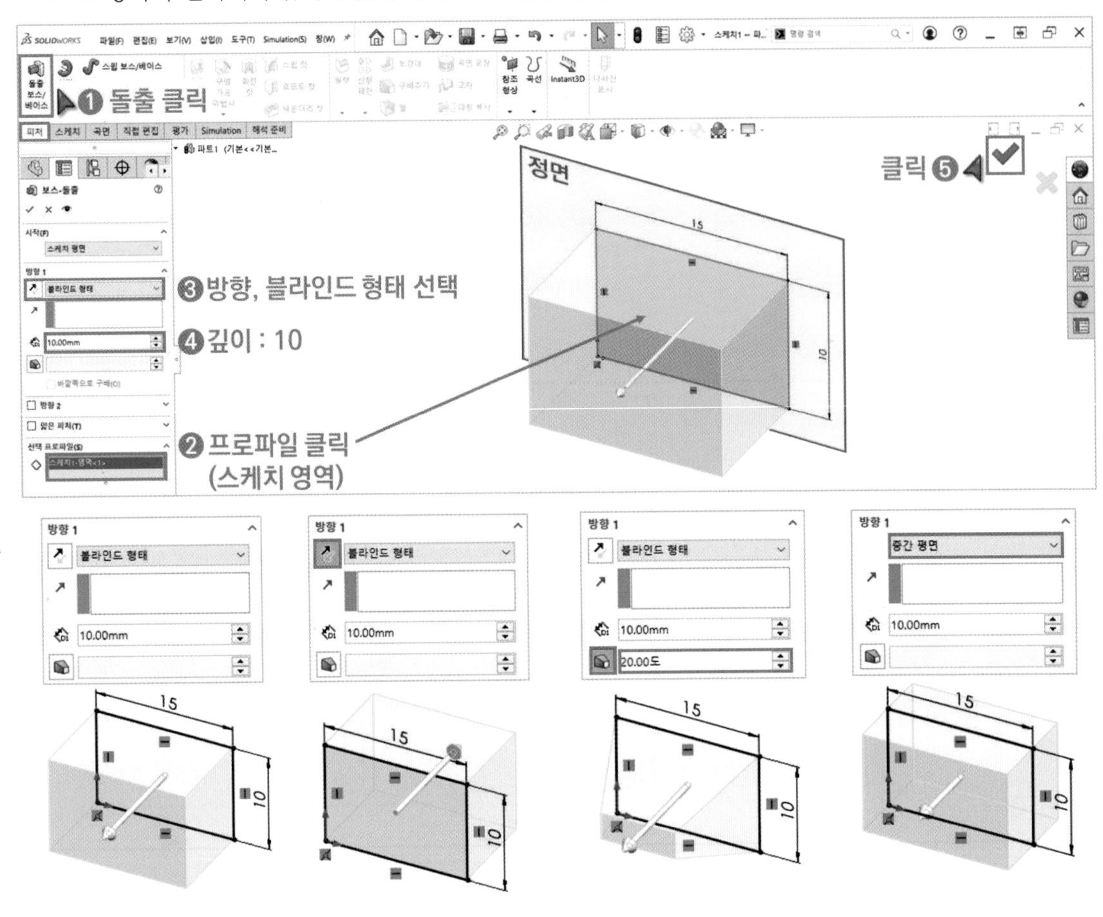

3 디자인트리의 작업내용을 파악합니다. 피처의 앞면을 클릭하고 도구모음 또는 바로가기 바의 「 스케치」를 클릭합니다. 피처의 모든 면은 기준면으로 사용할 수 있습니다.

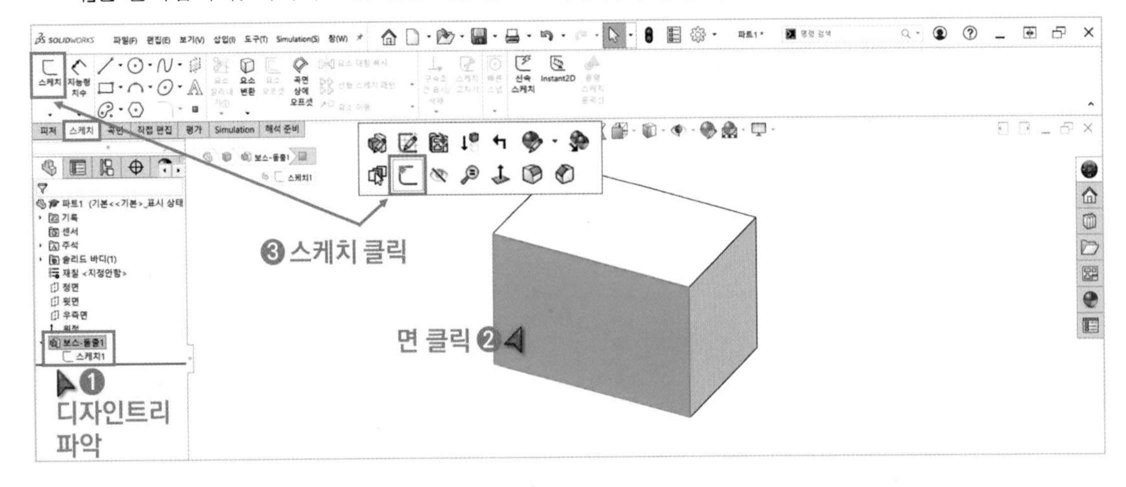

4 「 요소변환」을 클릭합니다. 피처의 면을 클릭해서 완전 상태의 선을 생성합니다.

5 요소변환 선의 끝점에 원을 스케치합니다. 요소변환을 하지 않더라도 피처의 끝점에서 원을 스케치할 수 있습니다.

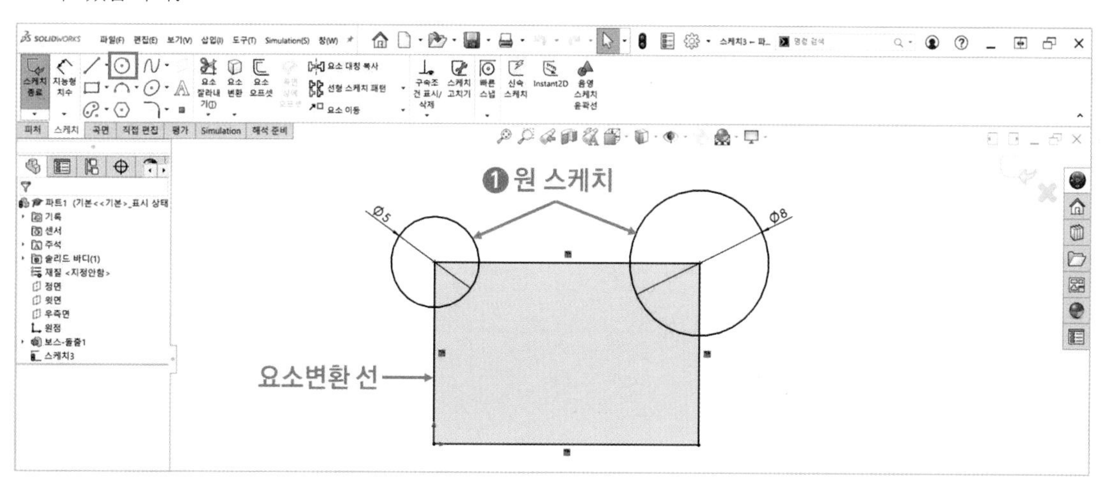

6 「 음영 스케치 윤곽선」을 클릭하면 닫힌 영역의 스케치는 음영 처리됩니다.

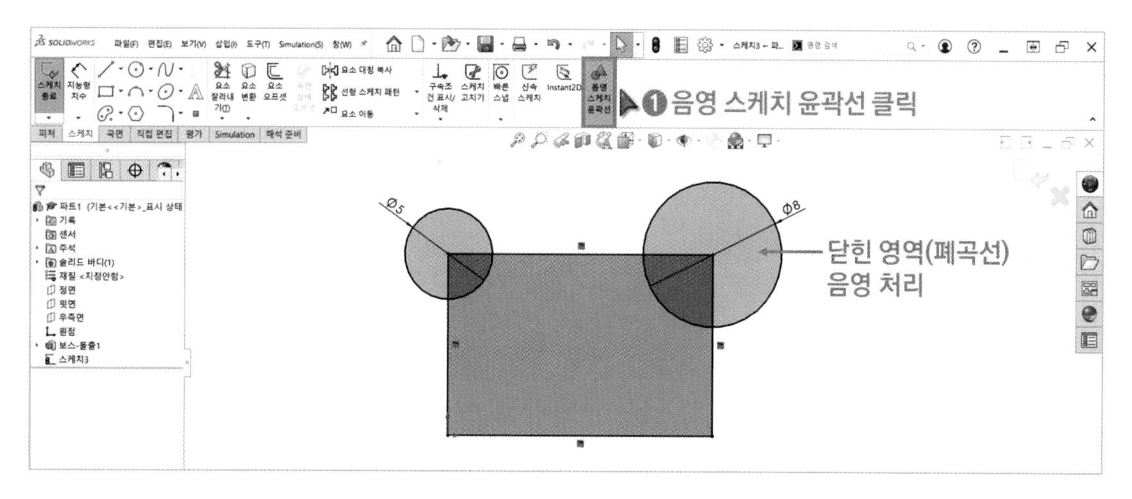

7 「돌출」을 클릭하고 프로파일(스케치 영역)을 클릭합니다. 영역이 두 개 이상일 경우 직접 영역을 클릭해서 선택해야 합니다. 「반대 방향」을 클릭하면 돌출 방향을 변경할 수 있고 방향1의 관통 을 선택하면 피처의 끝 면까지 돌출할 수 있습니다.

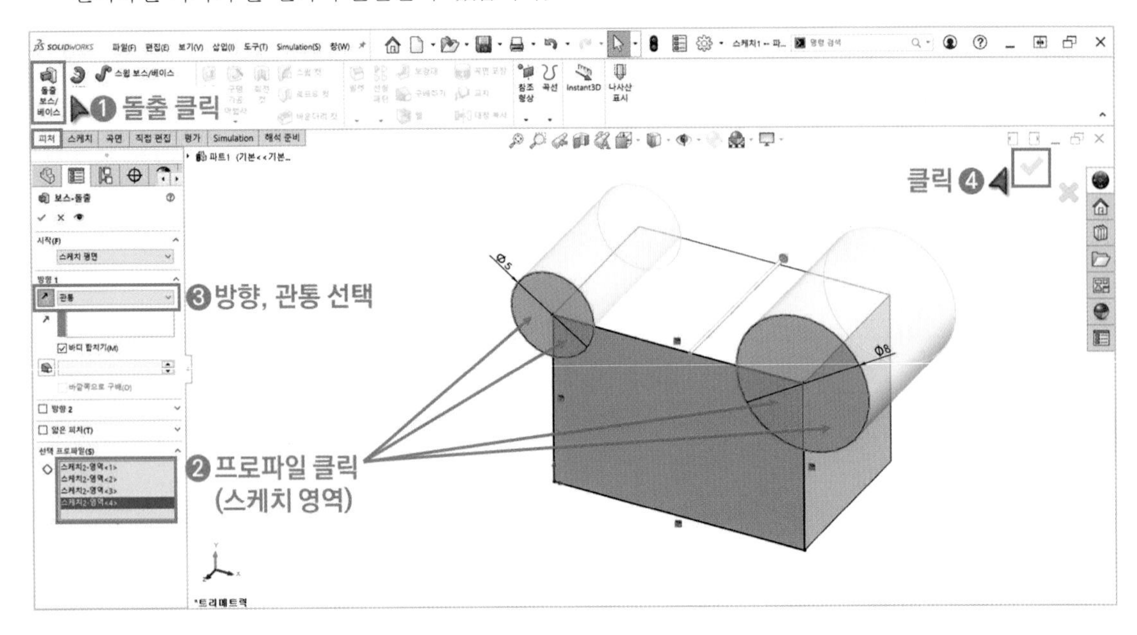

8 돌출 후 디자인트리를 파악합니다. 「Ctrl + Z」를 눌러 스케치 상태로 돌아옵니다.

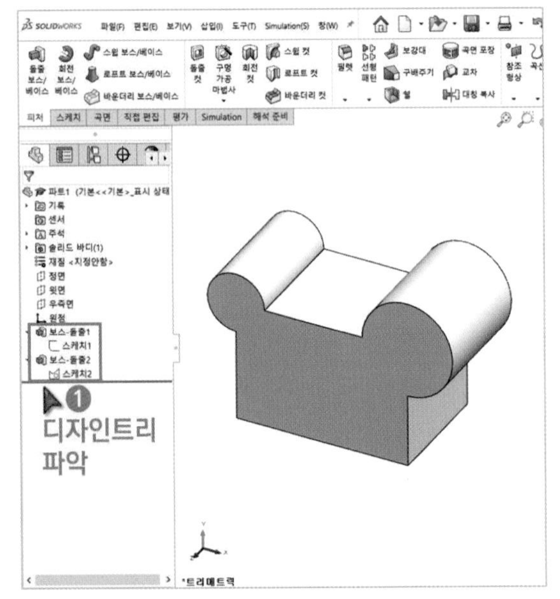

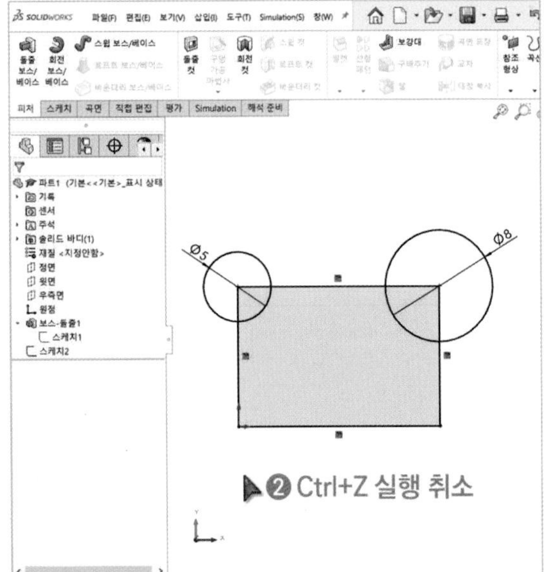

돌출 컷

돌출 피처의 형태로 잘라내는 기능입니다. 사용 방법은「 돌출」기능과 동일합니다.

1 「 돌출 컷」을 클릭하고 프로파일(스케치 영역)을 클릭합니다. 돌출 컷 방향과 관통을 선택합니다.

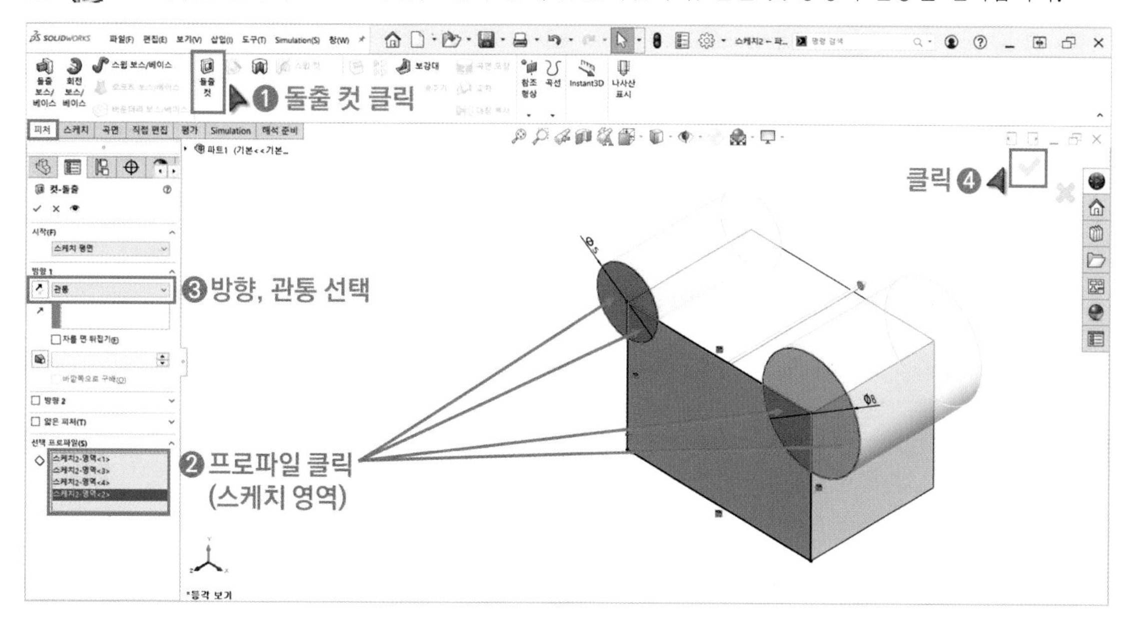

2 돌출 컷 후 디자인트리의 작업내용을 파악합니다.

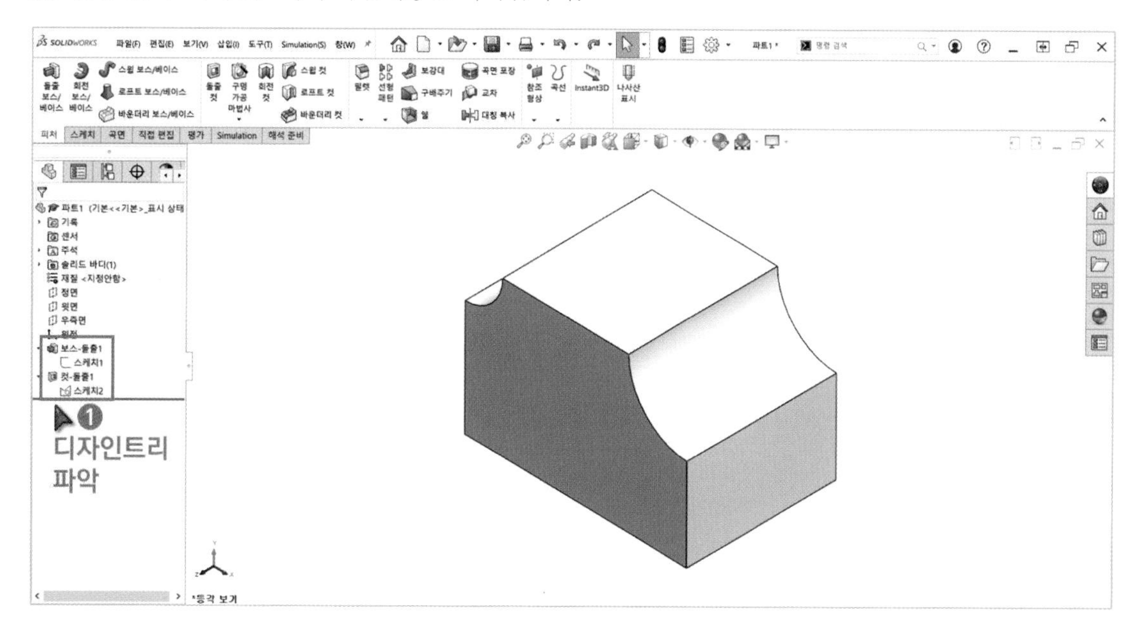

필렛(모깎기)

피처의 뾰족한 모서리를 둥글게 하는 기능입니다. 피처의 모서리를 클릭해서 만들 수 있습니다.

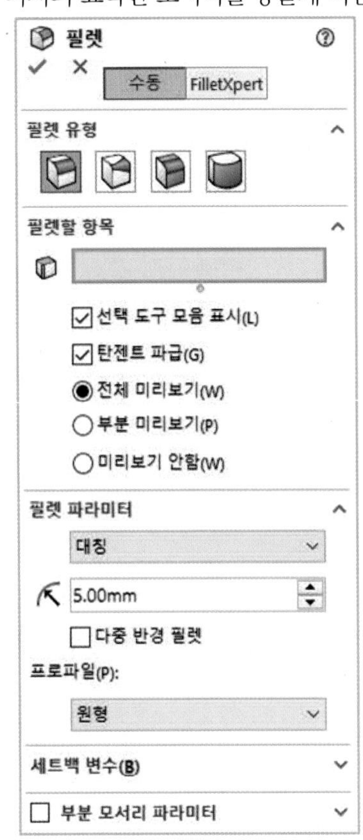

필렛 유형	필렛 형태 지정
고정 크기	고정된 반지름 값의 필렛
가변 크기	서로 다른 반지름 값의 필렛
면	인접하지 않은 2개의 면 필렛
둥근	3개의 면 필렛
필렛할 항목	필렛 항목 선택 및 표시
요소 선택	선, 면을 선택
선택 도구모음	바로가기 도구모음 표시
탄젠트 파급	접하는 모든 선에 필렛을 연장
전체 미리보기	모든 필렛의 미리보기 표시
부분 미리보기	첫 번째 필렛만 미리보기 표시
미리보기 안함	필렛 표시 안함
필렛 파라미터	필렛 크기를 지정
대칭	고정된 반지름 값으로 필렛 생성
반경	필렛의 반지름 값 입력
다중 반경	선마다 다른 반지름 값의 필렛 생성
프로파일	필렛의 단면 모양을 정의
세트백 변수	여러 선이 만나는 점에 다른 값의 필렛 생성
부분 모서리	지정된 길이의 부분 필렛 생성

1 피처 도구모음의 「필렛」을 클릭합니다. 피처의 선을 클릭하고 반지름 값을 입력합니다. 피처의 선을 선택할 때 마우스로 영역을 만들어서 선택하거나 마우스 우클릭으로 루프를 선택할 수 있습니다.

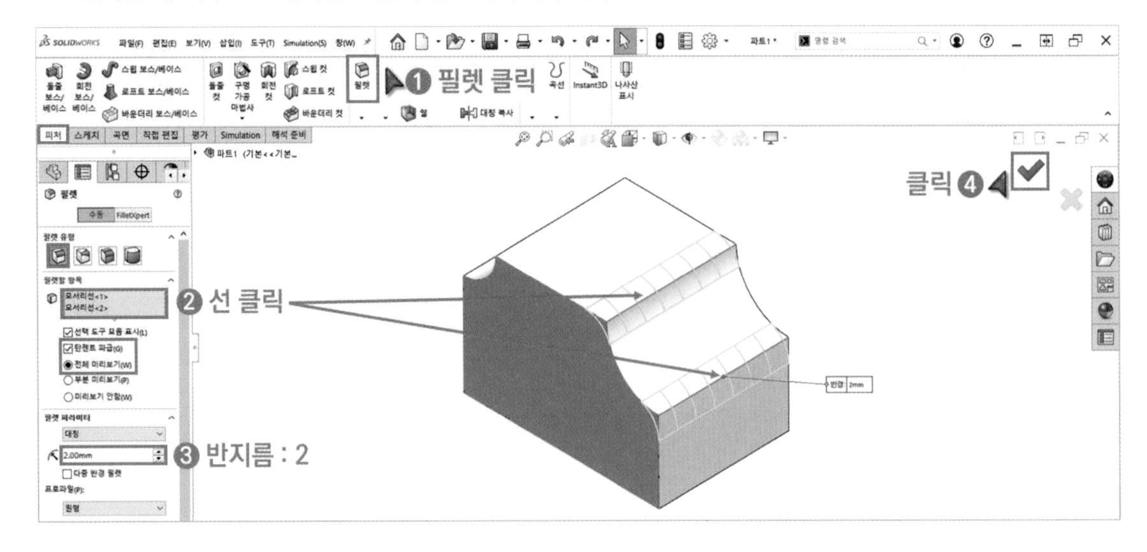

모따기(챔퍼)

피처의 뾰족한 모서리를 45°의 각도로 자르는 기능입니다. 피처의 모서리를 클릭해서 만들 수 있습니다.

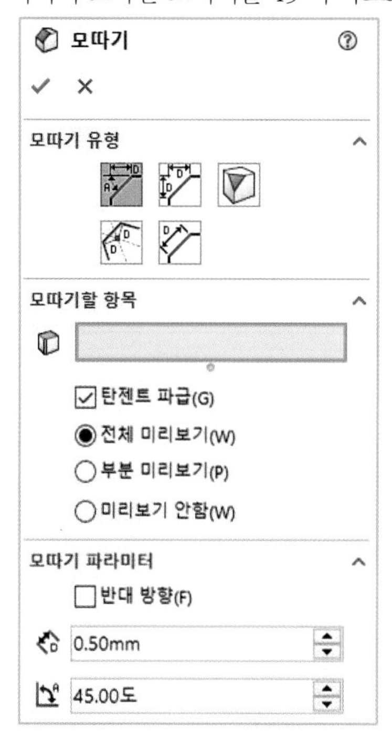

모따기 유형	모따기 형태 지정
각도 거리	각도와 거리로 모따기
거리 거리	대칭 또는 비대칭 거리로 모따기
꼭짓점	점 모따기
오프셋면	오프셋 면을 계산한 모따기
면 면	인접하지 않는 2개의 면 모따기
모따기할 항목	**모따기 항목 선택 및 표시**
요소 선택	선, 면을 선택
탄젠트 파급	접하는 모든 선에 모따기를 연장
전체 미리보기	모든 모따기의 미리보기 표시
부분 미리보기	첫 번째 모따기만 미리보기 표시
미리보기 안함	모따기 표시 안함
모따기 파라미터	**모따기 크기를 지정**
거리	모따기 거리 값 입력
각도	모따기 각도 값 입력

1 피처 도구모음의 「모따기」를 클릭합니다. 피처의 선을 클릭하고 모따기 값을 입력합니다. 마우스로 영역을 만들어서 선을 선택하거나 마우스 우클릭으로 루프를 선택할 수 있습니다.

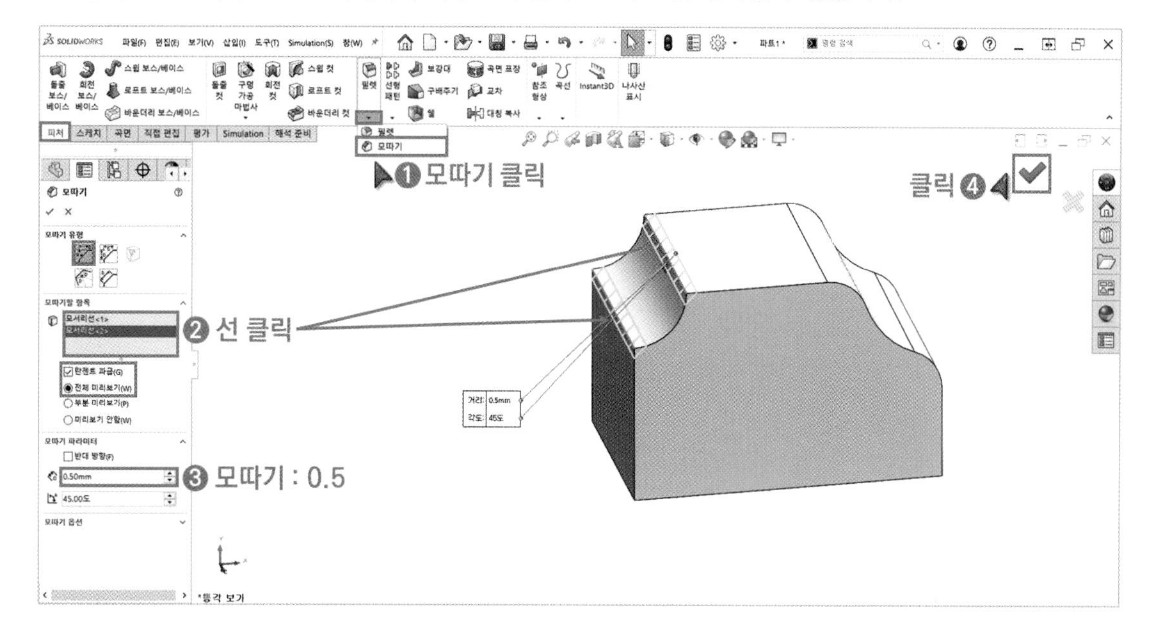

2 디자인트리의 작업내용을 파악합니다.

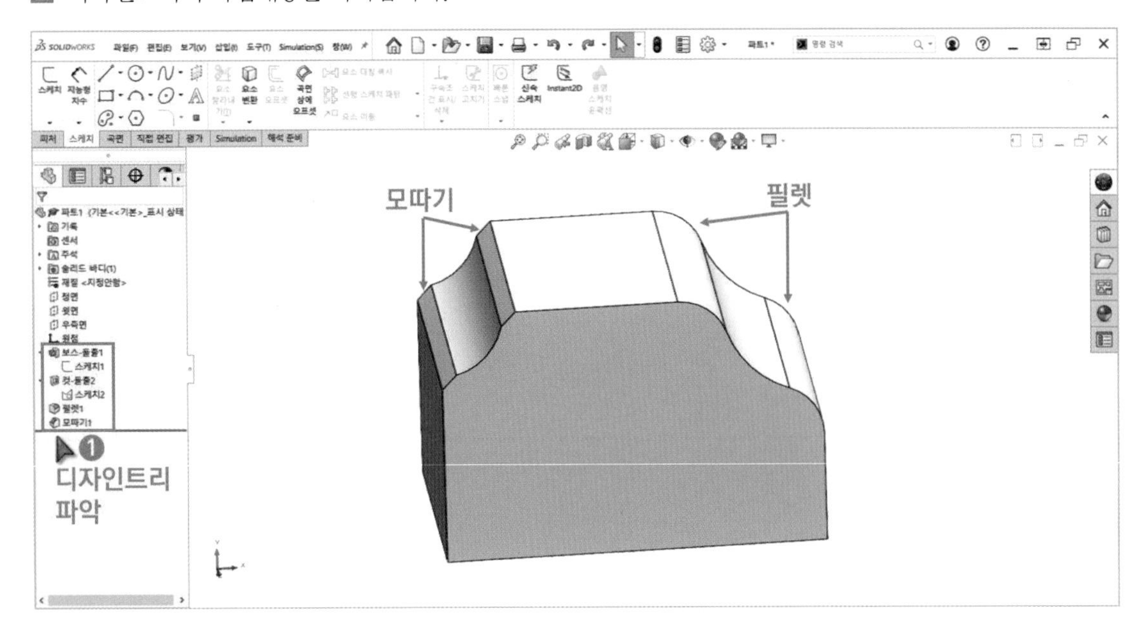

3 「피처 편집」을 클릭하면 피처 형상을 수정할 수 있습니다.

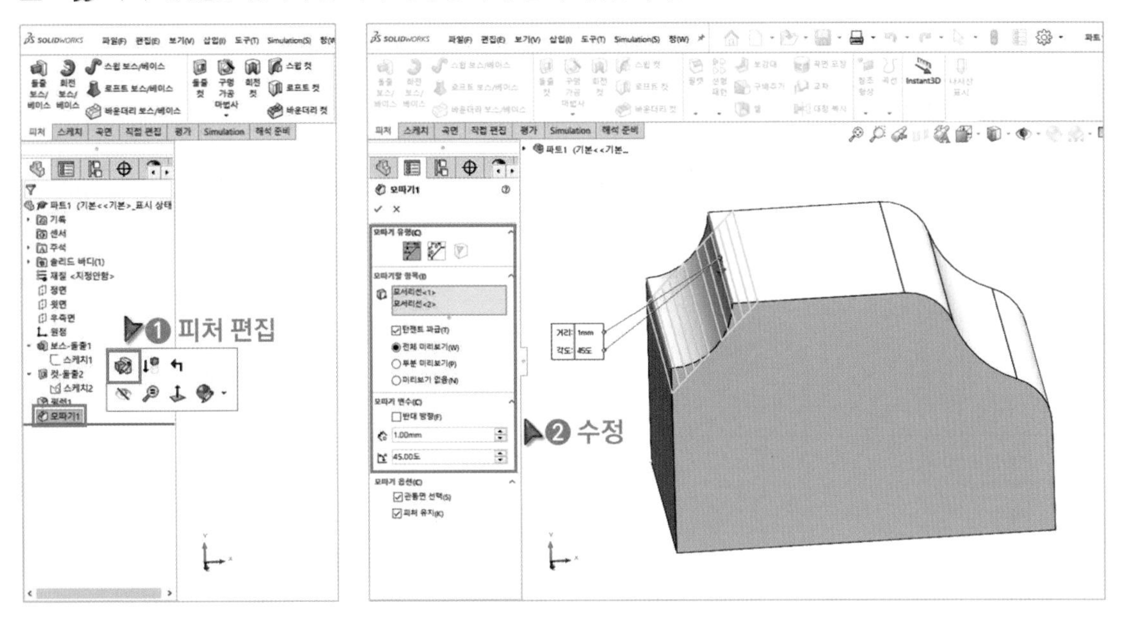

4 「뷰 방향」 또는 스페이스바 를 클릭합니다. 「네 개의 뷰」를 클릭하면 제3각법으로 형상을 확인할 수 있습니다. 「단일 뷰」를 클릭하면 하나의 형상을 확인할 수 있습니다. (제3각법 설정 방법 : 옵션 → 시스템 옵션(S) → 표시 → 제3각법)

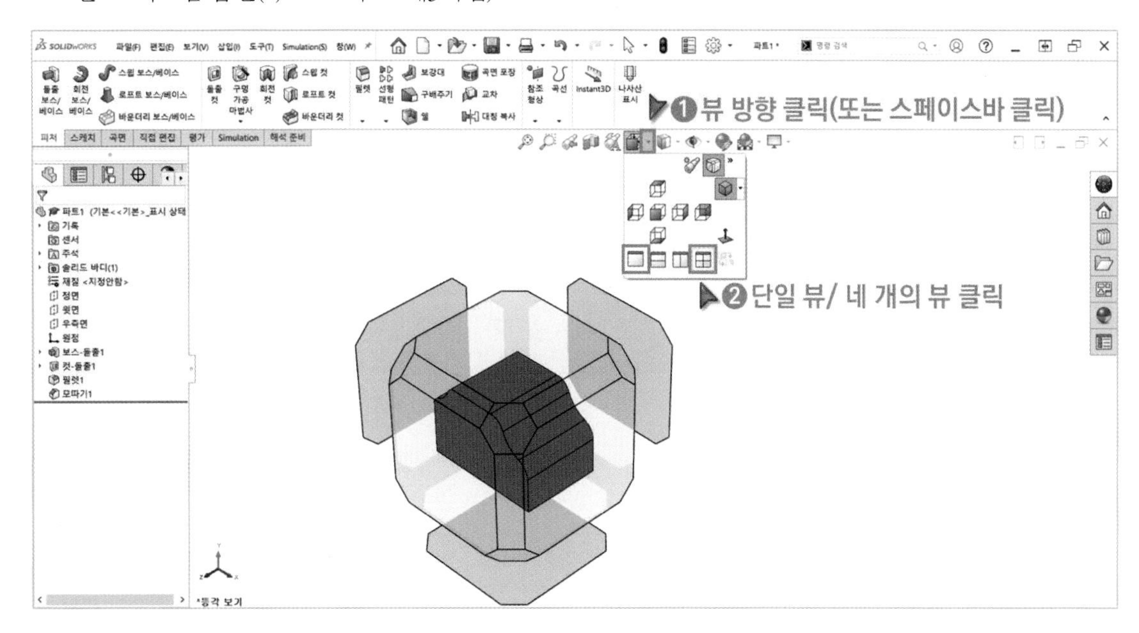

5 「네 개의 뷰」 상태에서 형상을 파악합니다.

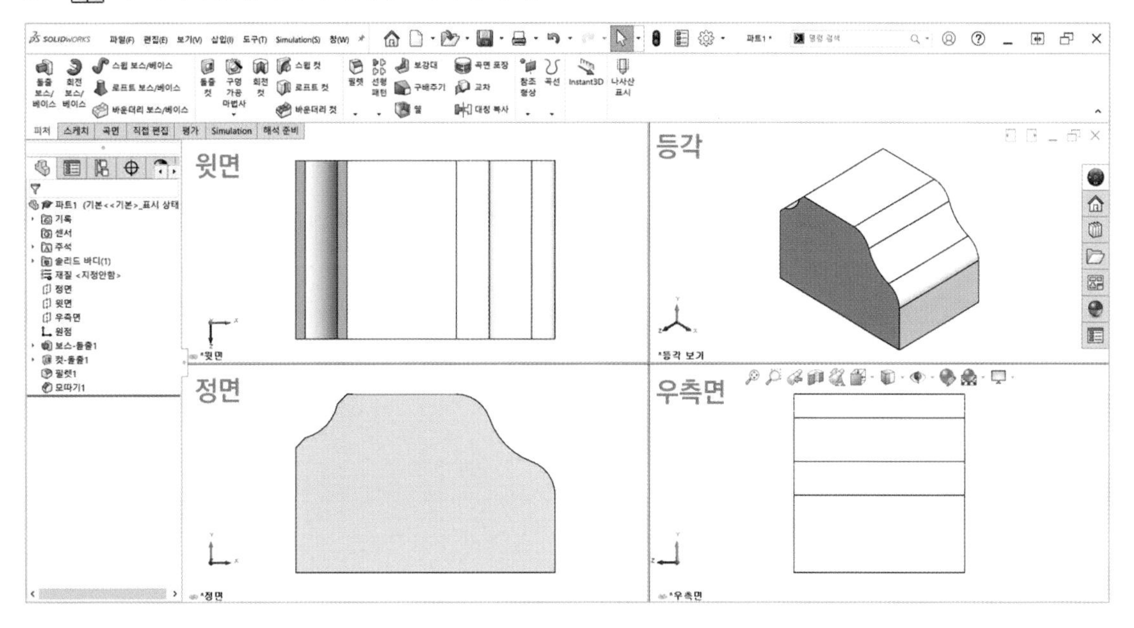

5 효율적인 모델링 방법 중요 Point

https://cafe.naver.com/dongjinc/2029

모델링을 효율적으로 한다면 작업 시간을 단축시키고 설계 오류를 감소시킬 수 있습니다.

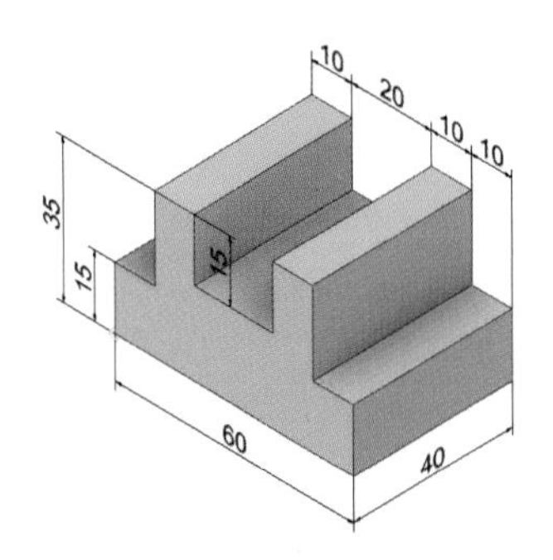

1. 효율적인 모델링을 위해서 어느 기준면에 어떻게 스케치할지 작업순서를 구상합니다. 스케치를 작성할 때 보이는 모든 선을 스케치하지 않고 형상의 외형만 스케치합니다.

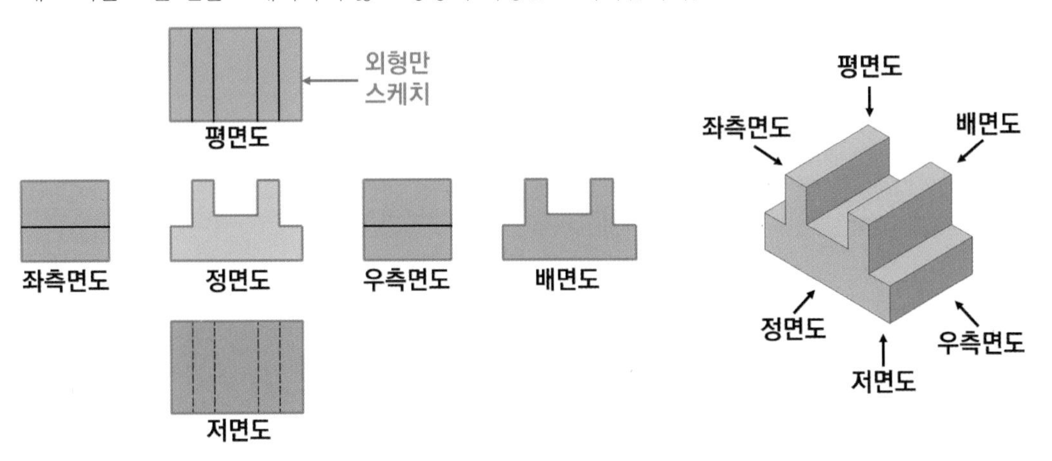

2. 동일한 형상을 모델링 하더라도 기준면 선택에 따라 스케치 형태가 달라집니다. 어떤 기준면을 선택하고 스케치를 하느냐에 따라 작업 효율이 달라집니다.

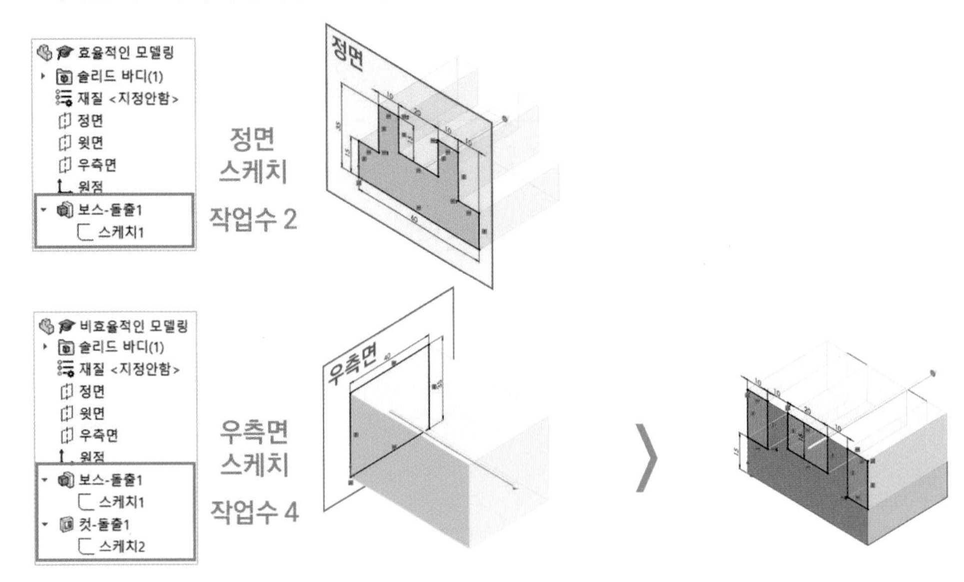

돌출 피처 활용을 위한 연습도면입니다. 각 투상도의 파란색 선을 참고해서 베이스 피처의 스케치를 작성하세요.

연습도면 19-1

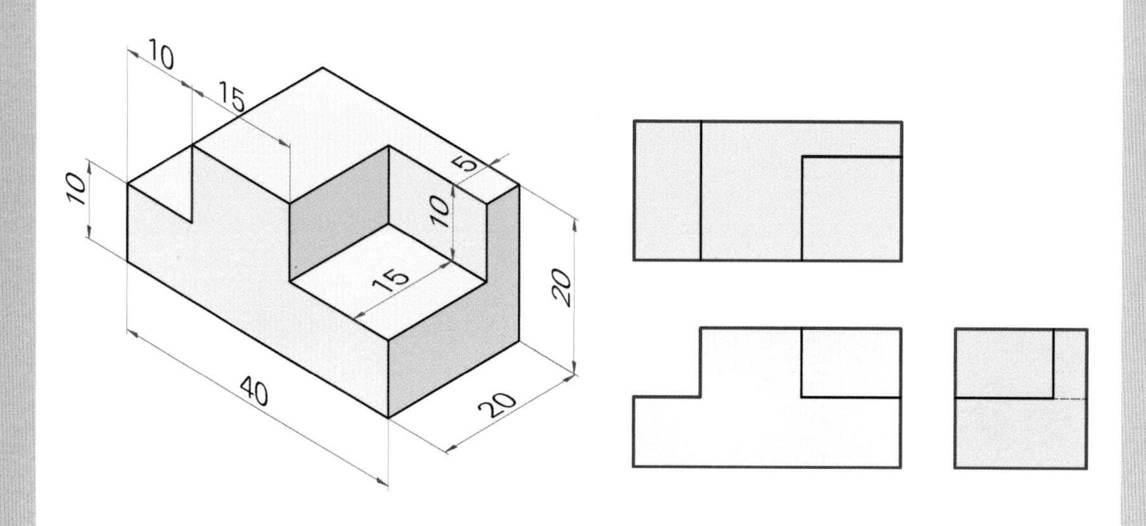

연습도면 19-2

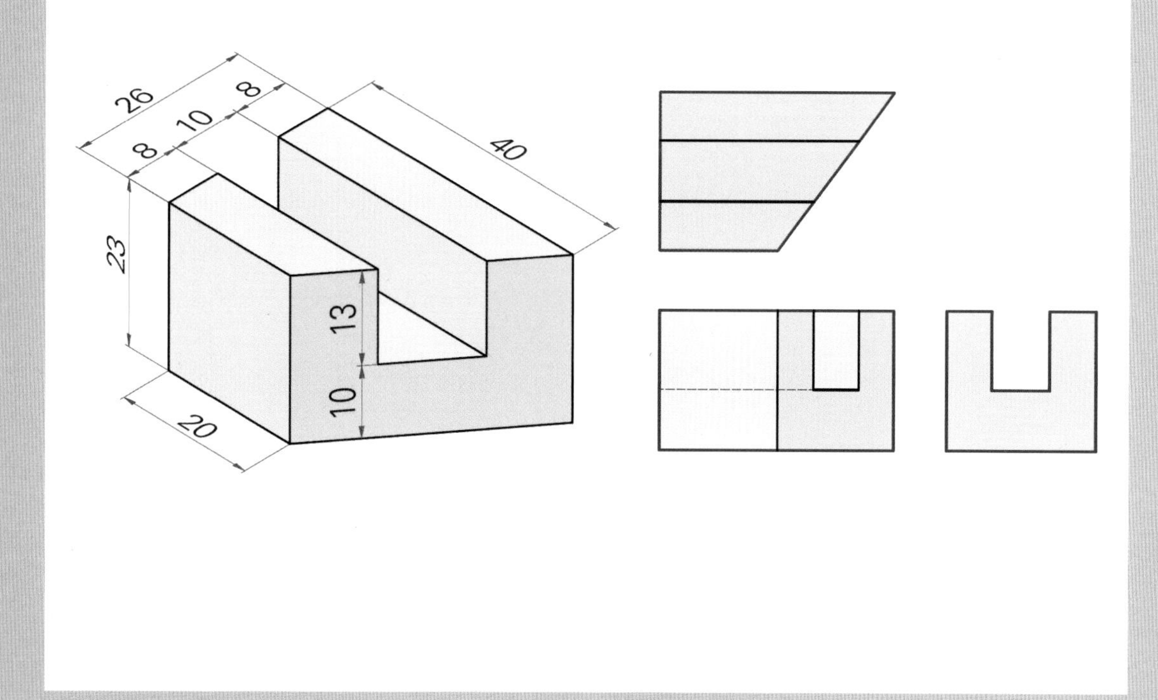

연습도면 20 > **피처 생성** (초급) https://cafe.naver.com/dongjinc/2031

돌출 피처 활용을 위한 연습도면입니다. 각 투상도의 파란색 선을 참고해서 베이스 피처의 스케치를 작성하세요.

연습도면 20-1

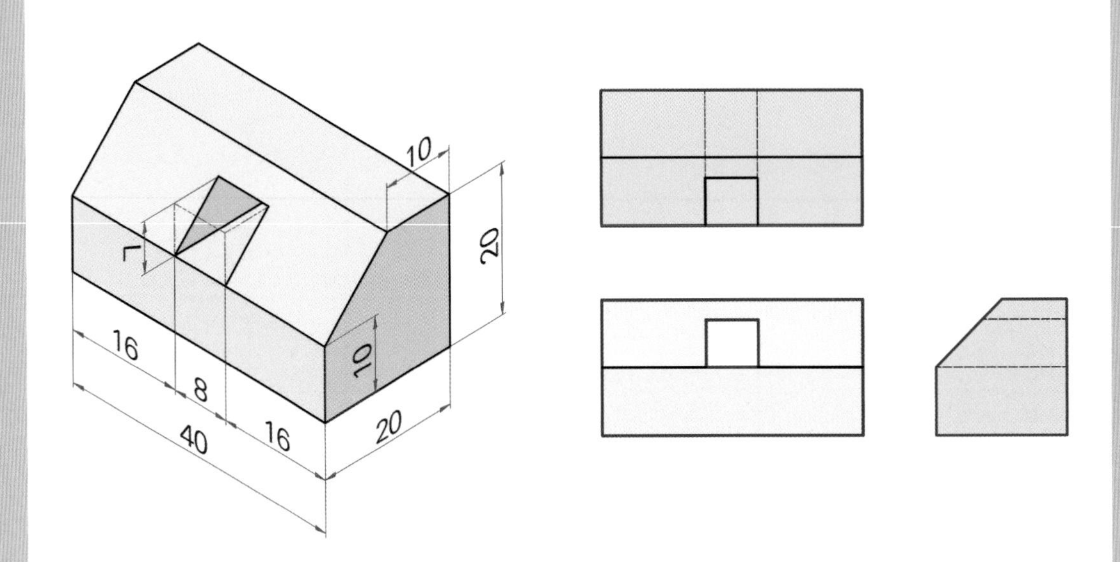

연습도면 20-2

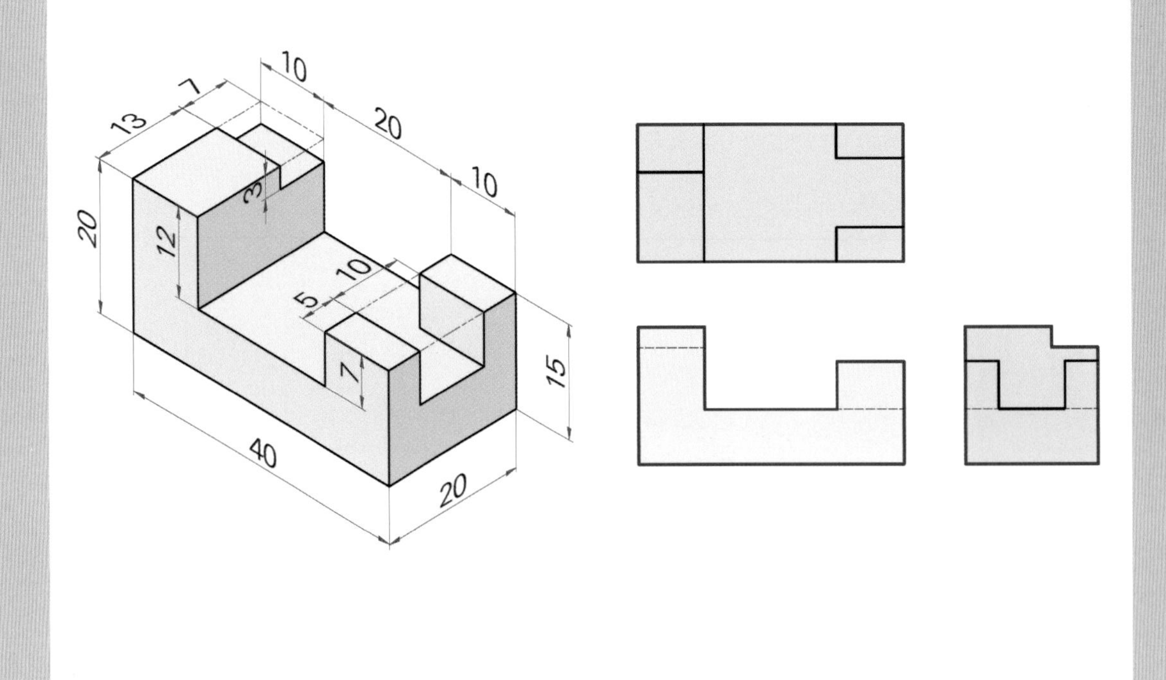

연습도면 21 〉 피처 생성 (초급)

https://cafe.naver.com/dongjinc/2032

돌출 피처 활용을 위한 연습도면입니다. 각 투상도의 파란색 선을 참고해서 베이스 피처의 스케치를 작성하세요.

연습도면 21-1

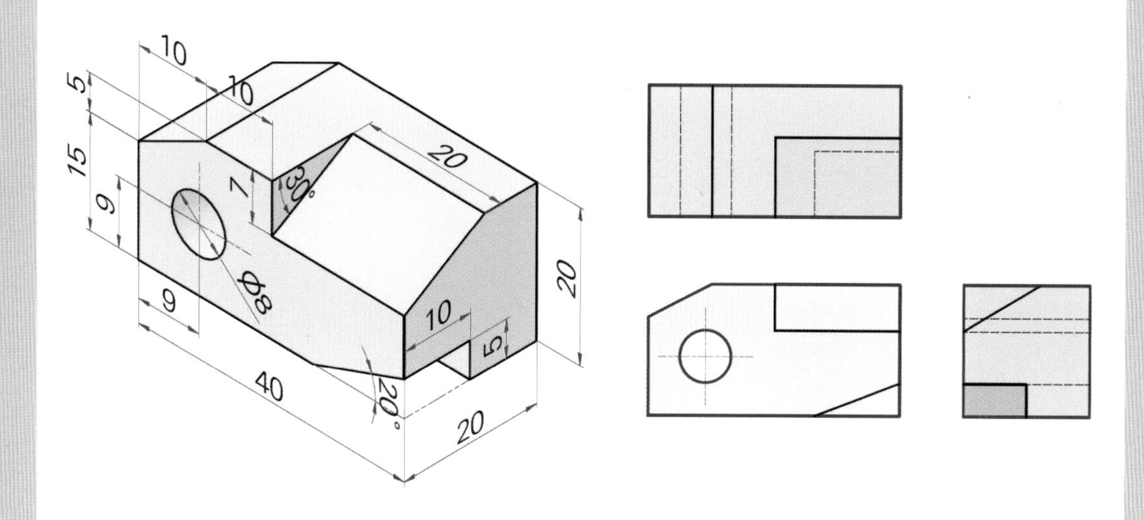

연습도면 21-2

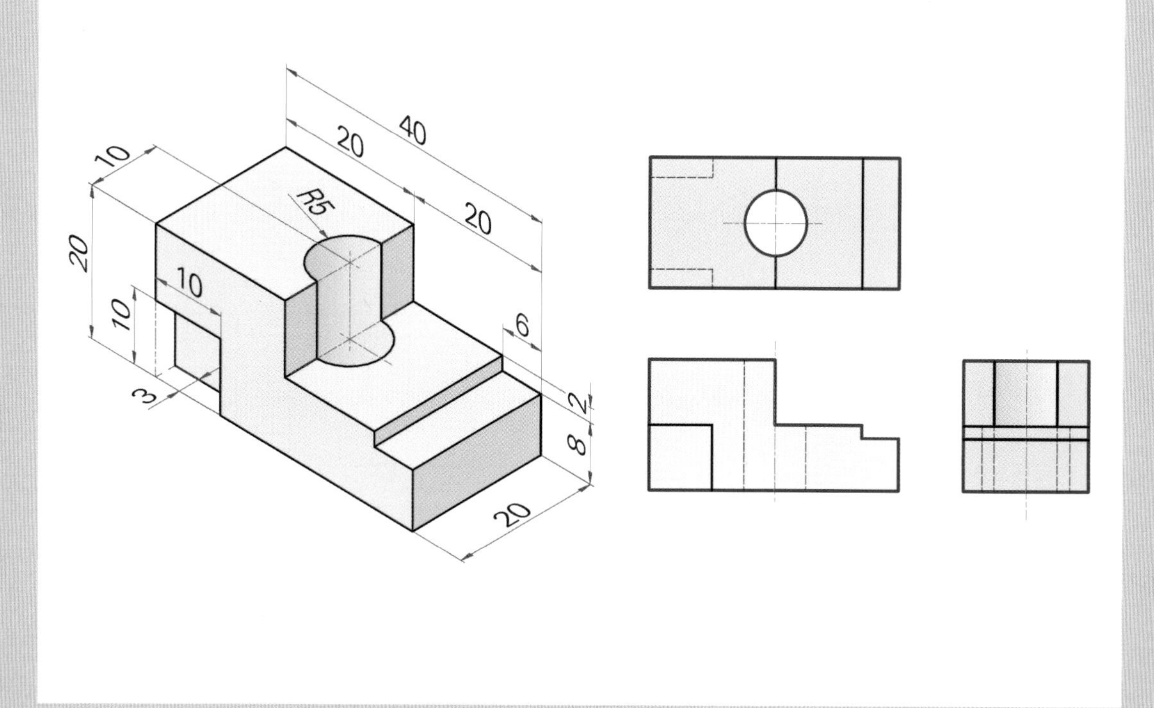

돌출 피처 활용을 위한 연습도면입니다. 투상도의 파란색 선을 참고해서 베이스 피처의 스케치를 작성하세요.

연습도면 22-1

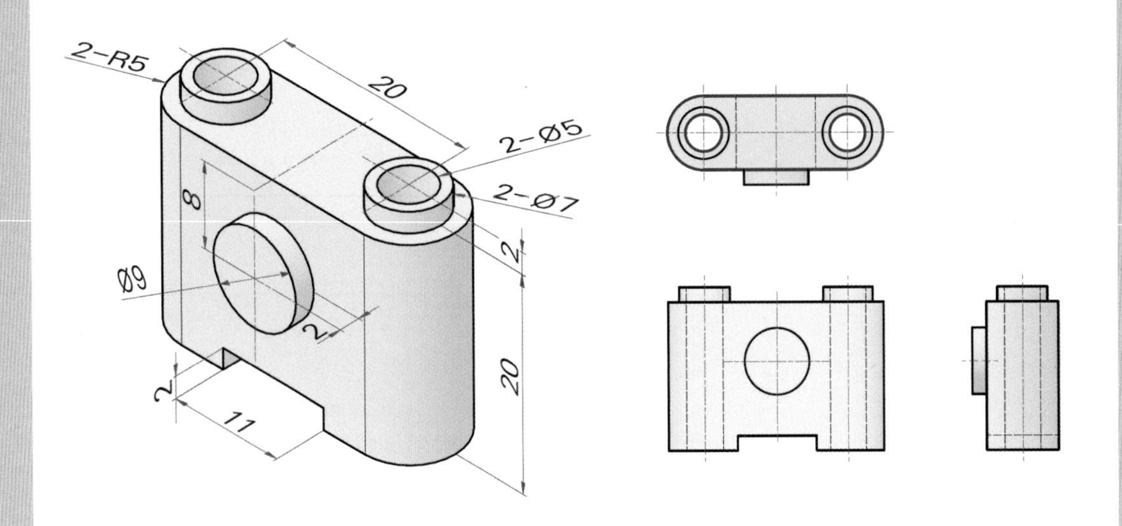

연습도면 22-2

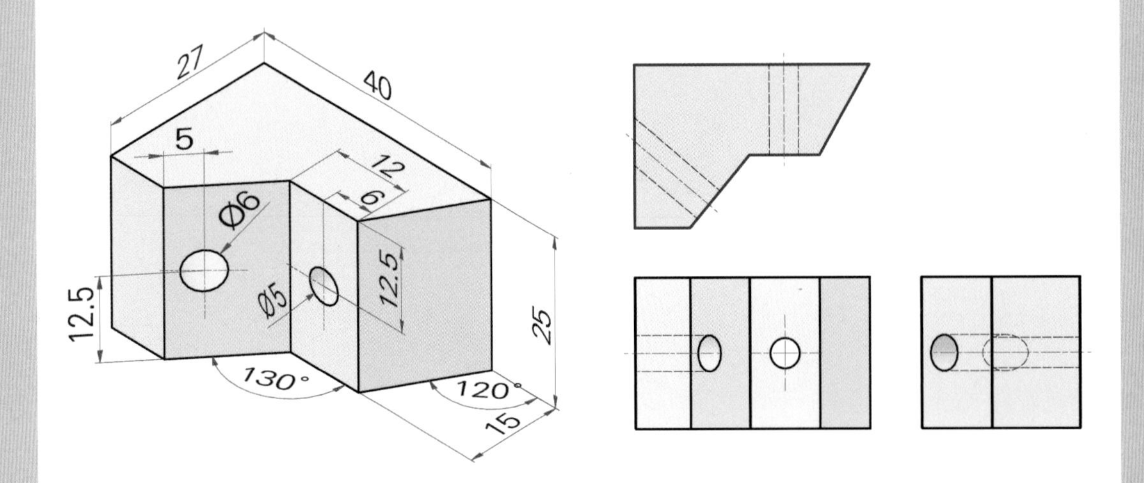

연습도면 23 피처 생성 (초급) https://cafe.naver.com/dongjinc/2034

돌출, 모따기, 필렛 피처 활용을 위한 연습도면입니다. 투상도의 파란색 선을 참고해서 베이스 피처의 스케치를 작성하세요.

연습도면 23-1

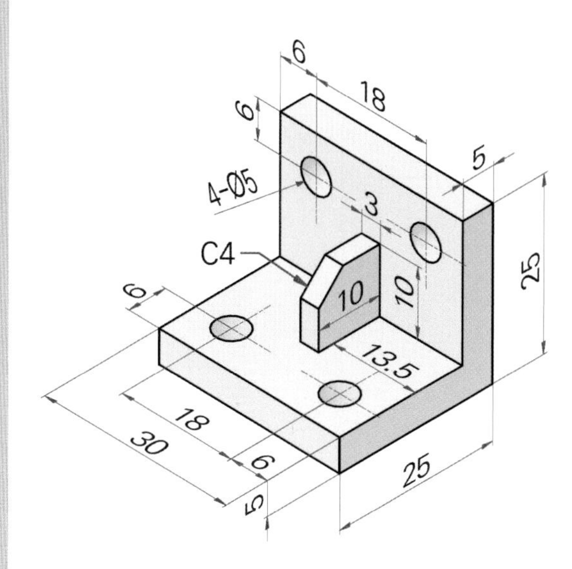

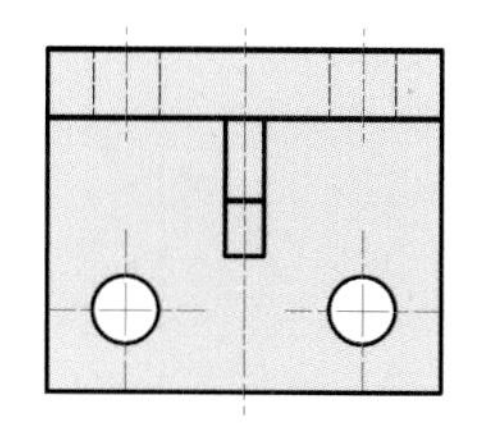

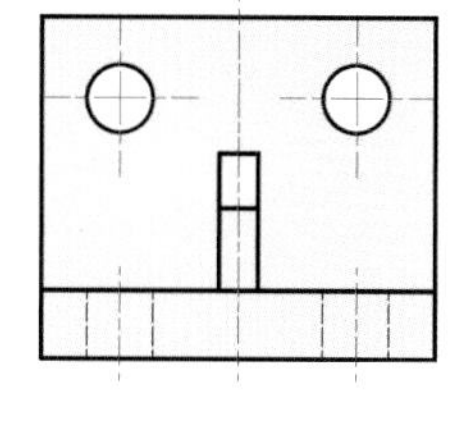

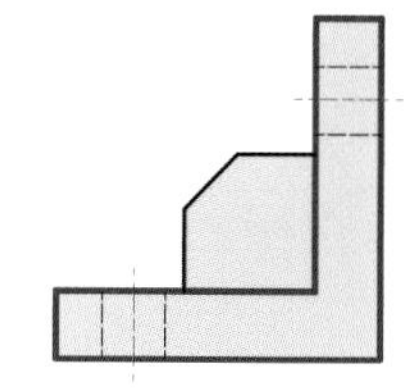

연습도면 23-2

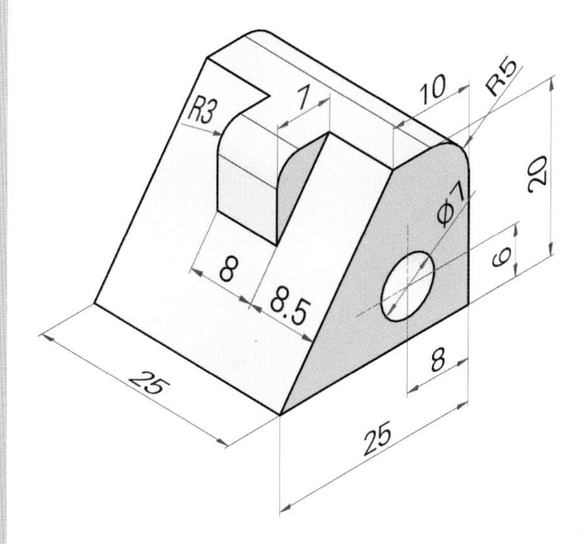

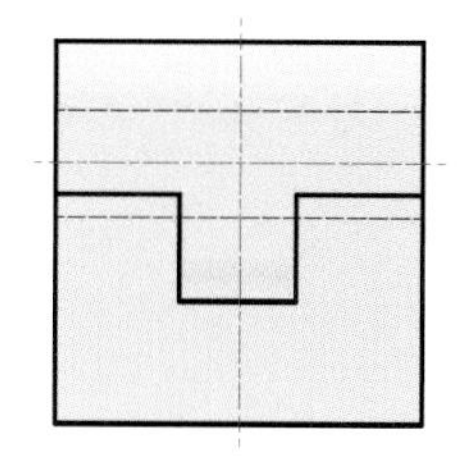

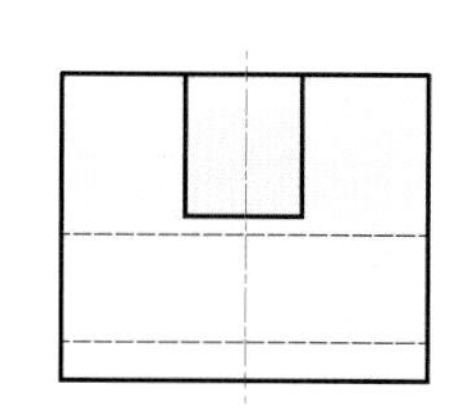

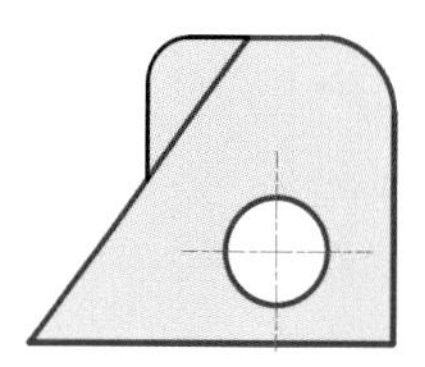

연습도면 24 피처 생성 (초급)

https://cafe.naver.com/dongjinc/2035

돌출, 모따기, 필렛 피처 활용을 위한 연습도면입니다. 효율적인 모델링을 위해 기준면, 원점, 스케치 등을 구상하고 모델링하세요.

연습도면 24-1

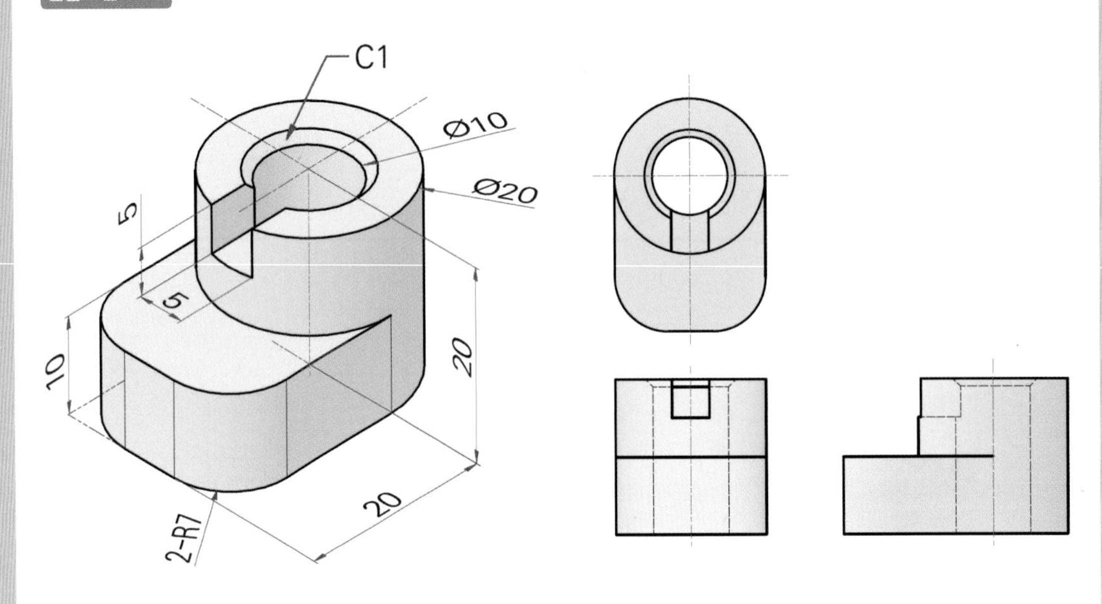

연습도면 24-2

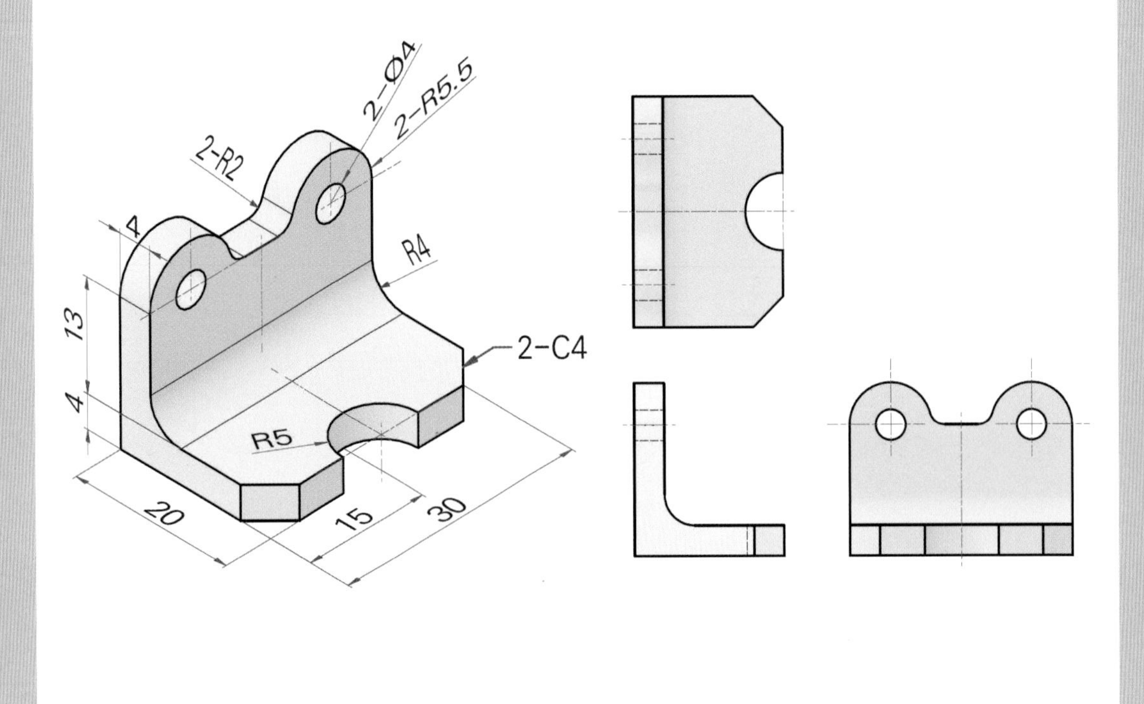

연습도면 25 피처 생성 (초급)

https://cafe.naver.com/dongjinc/2036

돌출, 모따기, 필렛 피처 활용을 위한 연습도면입니다. 효율적인 모델링을 위해 기준면, 원점, 스케치 등을 구상하고 모델링하세요.

연습도면 25-1

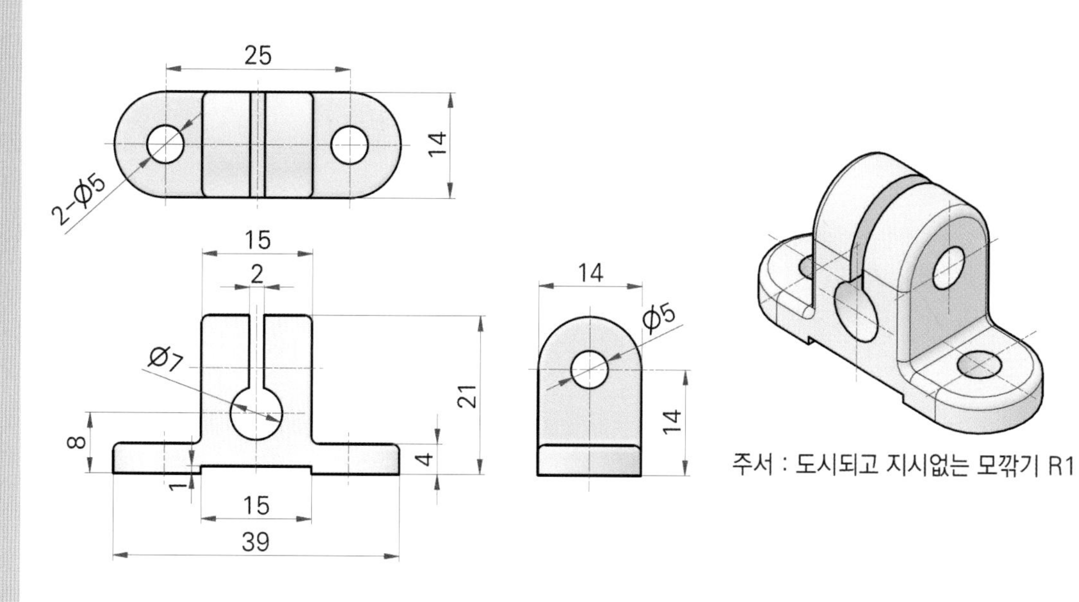

연습도면 25-2

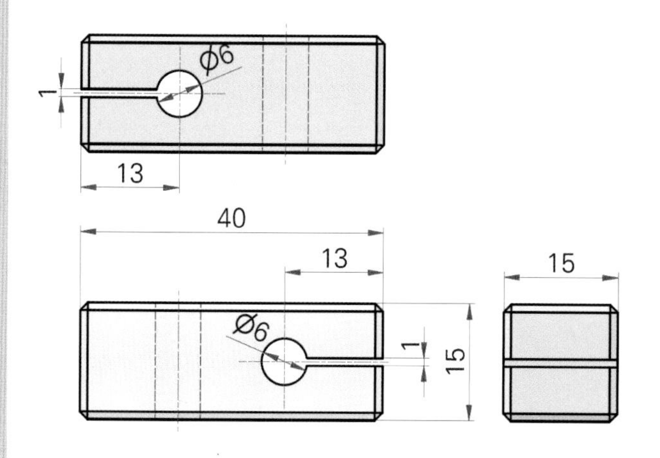

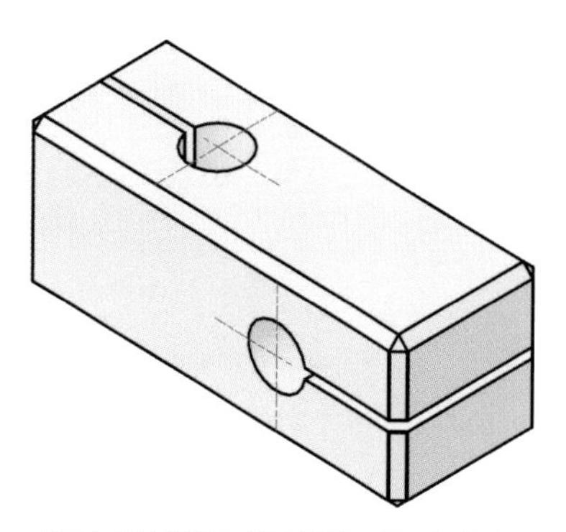

주서:도시되고 지시없는 모따기 C1

돌출, 모따기, 필렛 피처 활용을 위한 연습도면입니다. 효율적인 모델링을 위해 기준면, 원점, 스케치 등을 구상하고 모델링하세요.(t : 두께)

연습도면 26-1

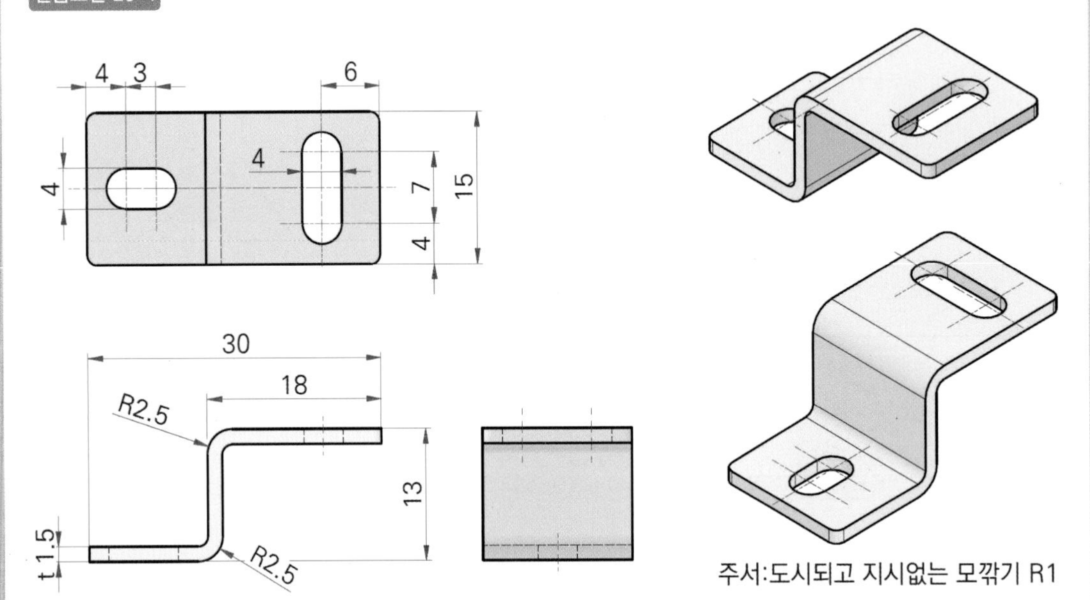

연습도면 26-2

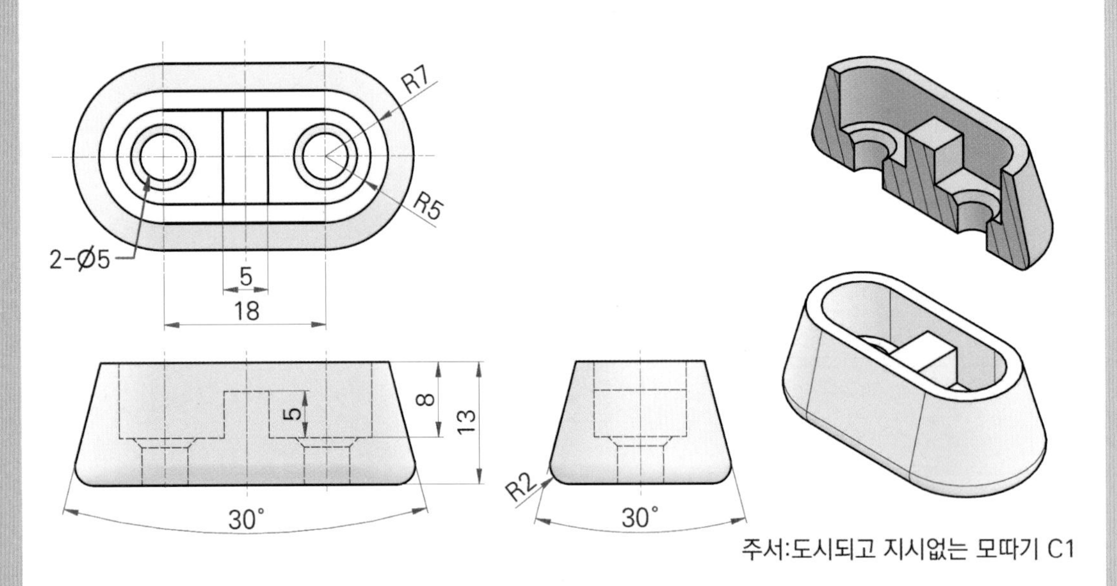

6 피처 생성-2 실습 Point

https://cafe.naver.com/dongjinc/2038

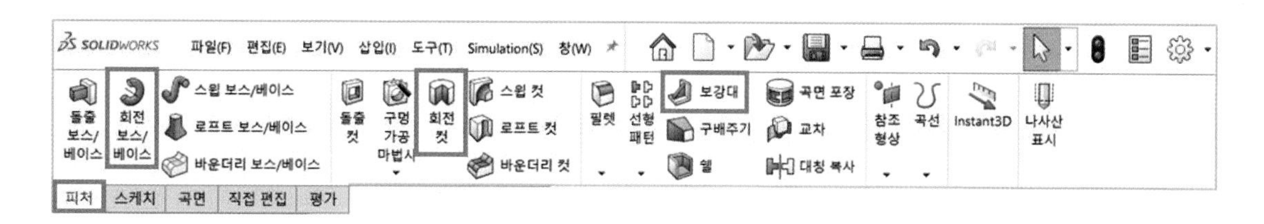

회전

프로파일(스케치 영역)을 입력한 각도만큼 회전시켜 피처를 생성하는 기능입니다.

회전 축	회전의 기준 축 선택
방향 1	회전 방법을 지정
반대 방향	회전 방향 변경
블라인드 형태	각도 값을 입력해서 회전
꼭짓점까지	선택한 점까지 회전
곡면까지	선택한 면까지 회전
중간 평면	스케치 평면으로부터 양쪽으로 회전
각도	회전 각도 값 입력
얇은 피처	두께를 갖는 피처 생성
선택 프로파일	회전 영역 선택

1 디자인트리의 「정면」을 선택하고 「스케치」를 클릭합니다. 사각형을 스케치합니다.

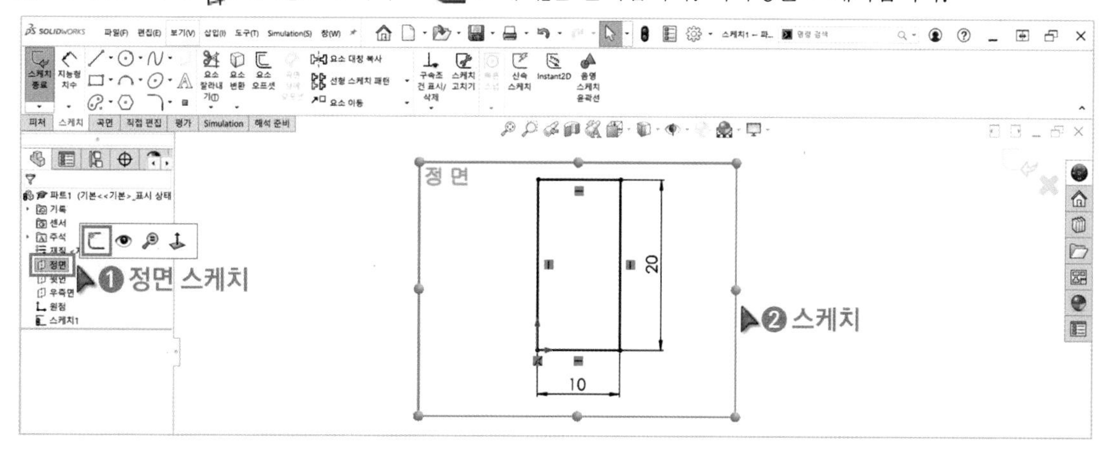

2 피처 도구모음의 「 회전」을 클릭합니다. 회전 축, 프로파일(스케치 영역)을 클릭하고 방향 및 각도를 설정합니다.

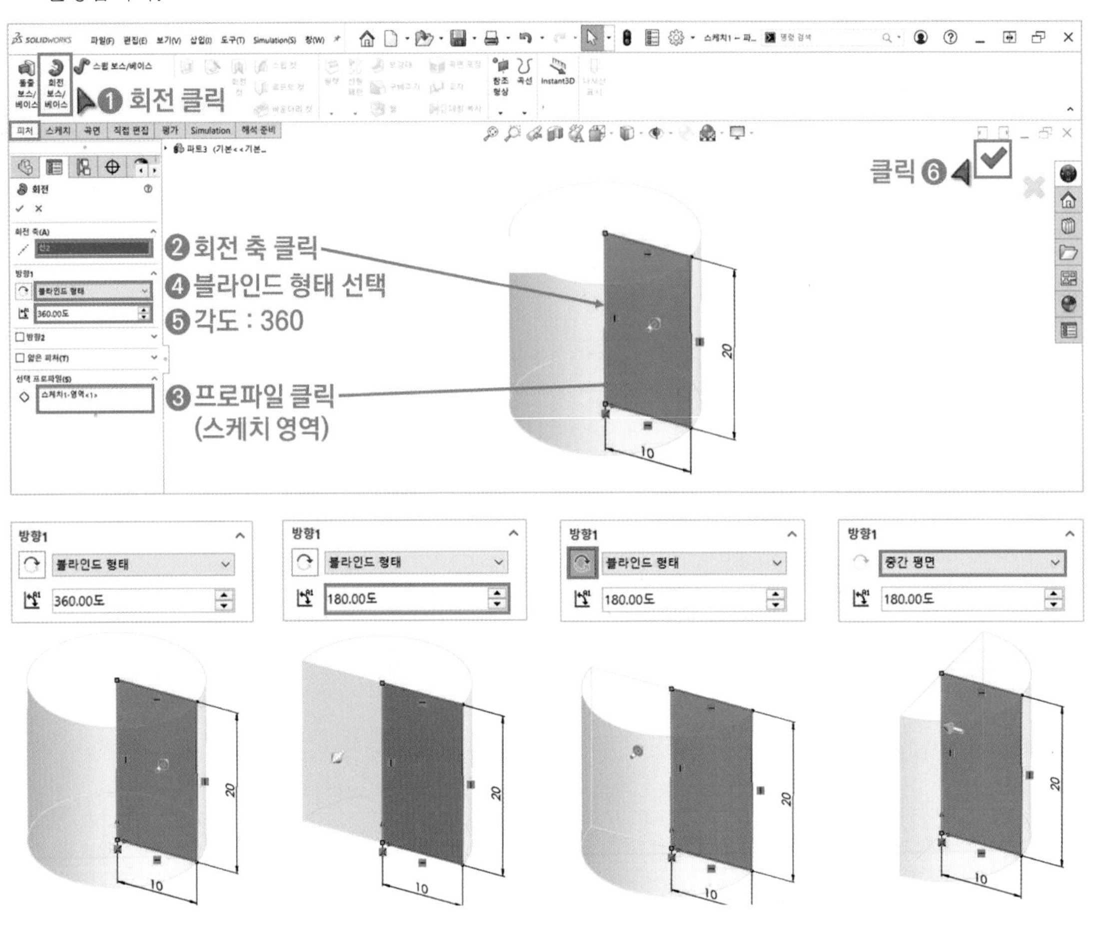

3 디자인트리의 회전 피처를 클릭하고 Del 키를 눌러 삭제합니다. 「☑ 흡수 피처 삭제」 옵션을 체크하면 회전 피처에 종속된 스케치도 함께 삭제할 수 있습니다.

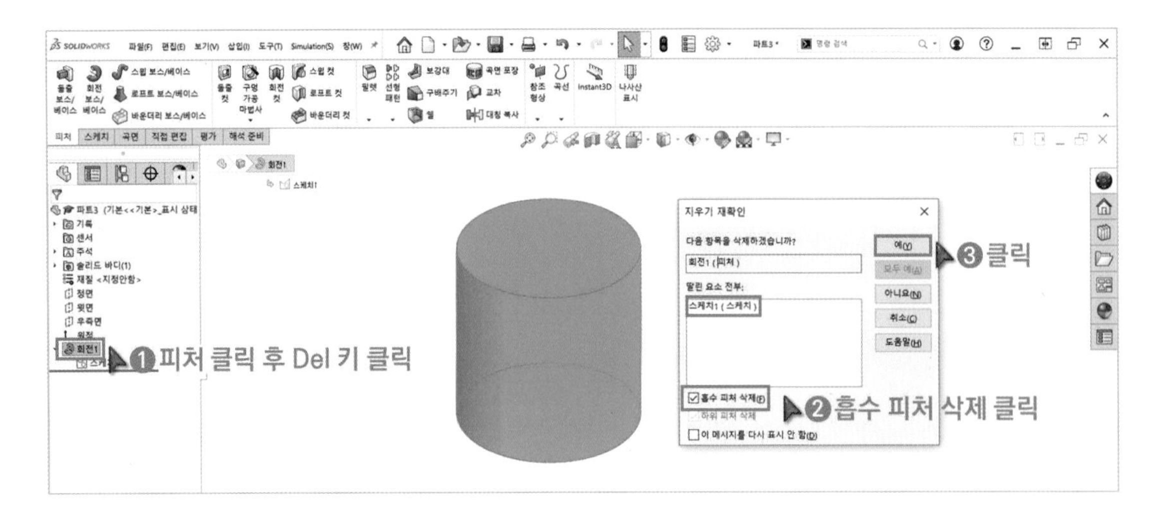

4 「디자인트리의「 정면」을 선택하고「 스케치」를 클릭합니다. 보조선과 사각형을 스케치합니다.

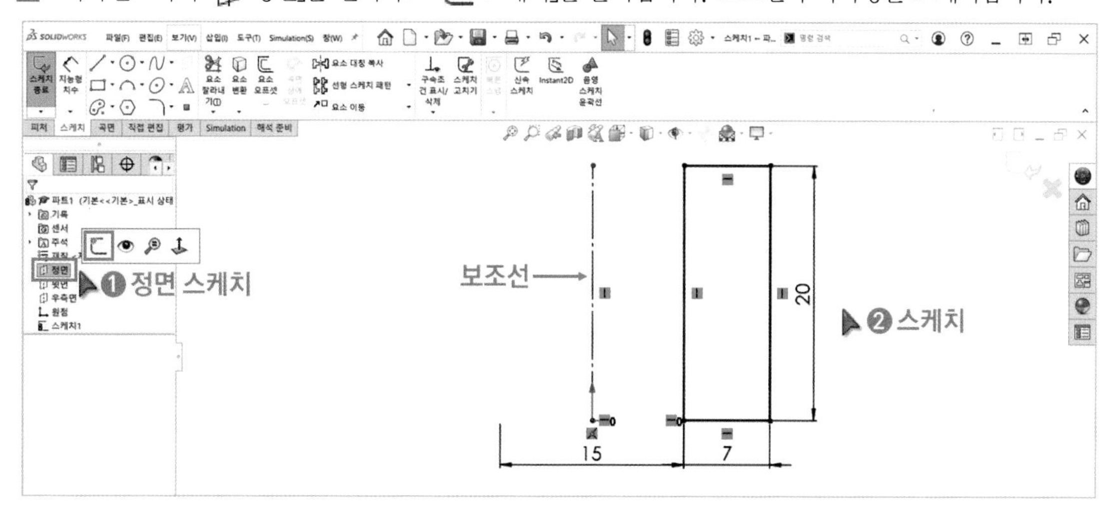

5 피처 도구모음의「 회전」을 클릭하고 프로파일(스케치 영역)을 클릭합니다. 스케치에 보조선이 있을 경우 회전 축이 자동으로 인식됩니다. 회전 축의 위치에 따라 회전 피처의 형태가 달라집니다.

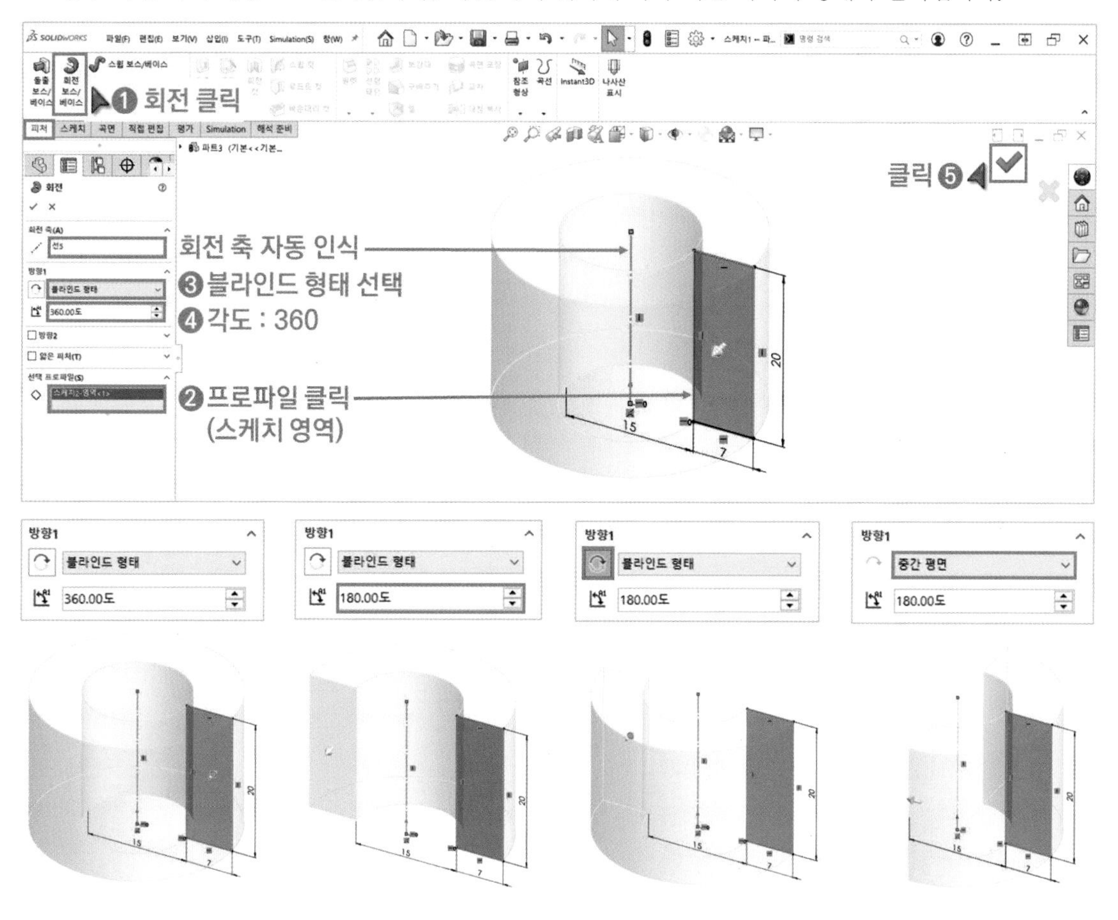

6 회전 피처는 회전체의 단면과 회전축을 고려해서 스케치합니다.

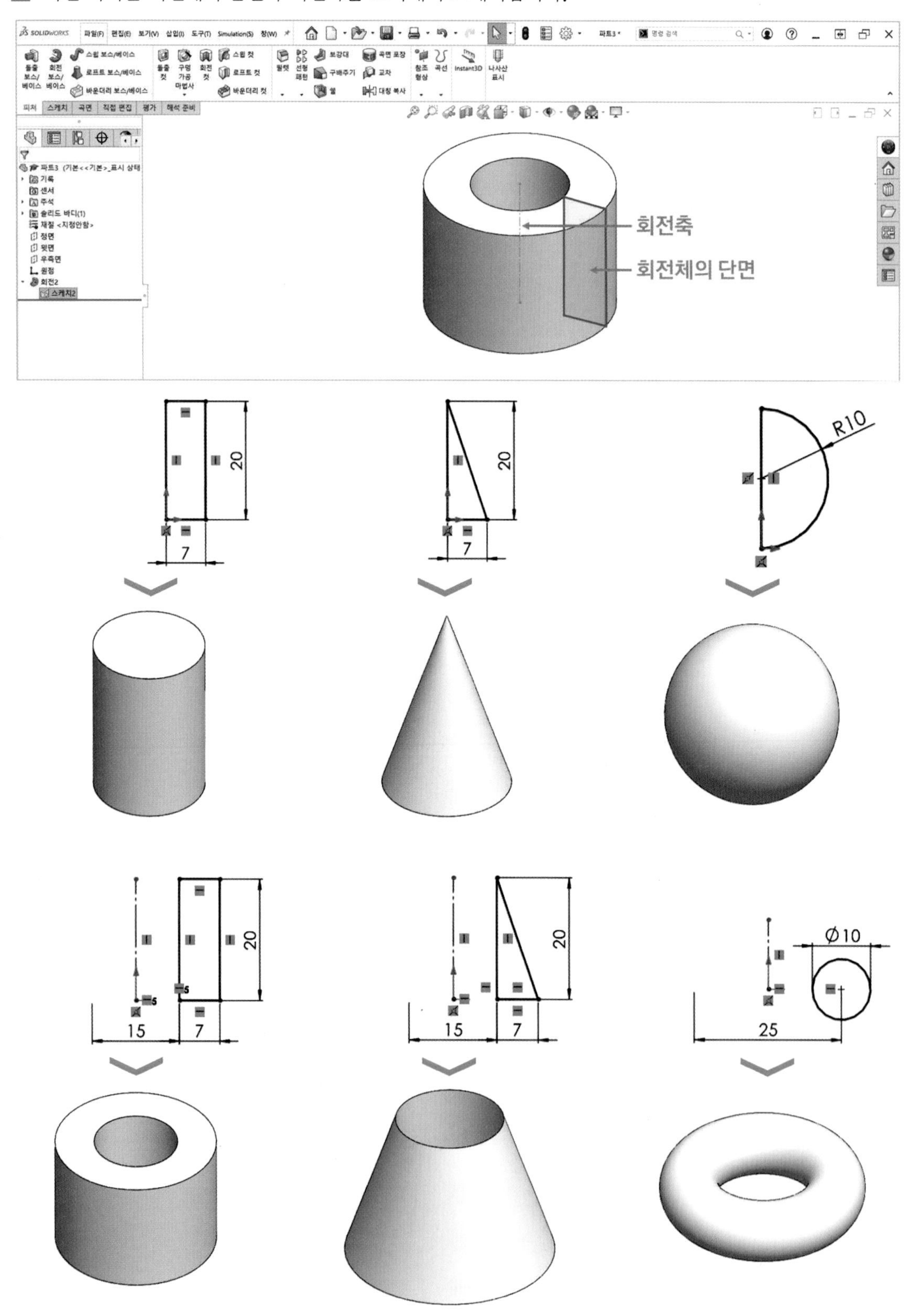

회전 컷

프로파일(스케치 영역)을 입력한 각도만큼 회전시켜 피처를 잘라내는 기능입니다. 사용방법은「회전」기능과 동일합니다.

1 아래 스케치를 참고해서 회전 피처를 생성합니다.

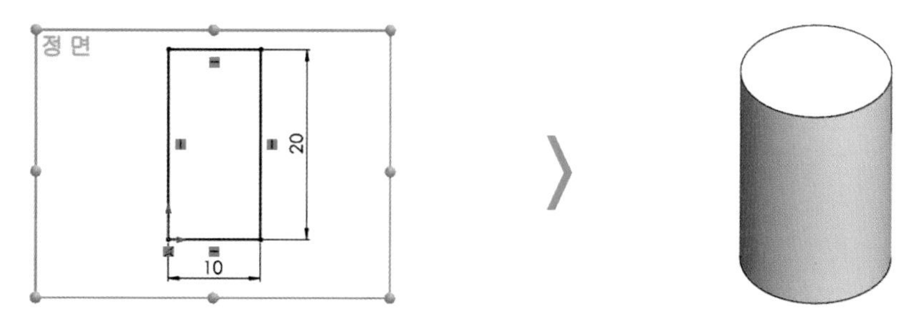

2 정면에 보조선과 원을 스케치합니다.

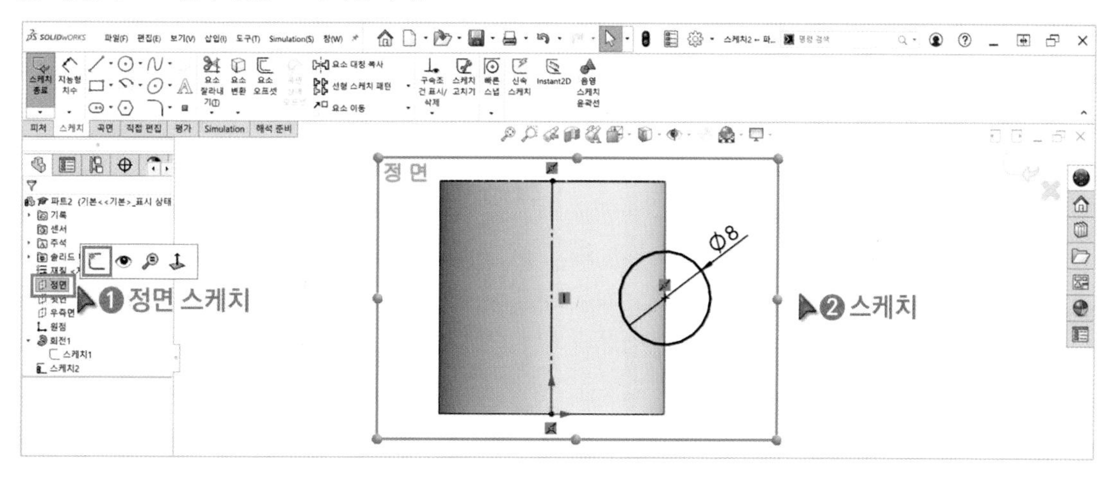

3 피처 도구모음의「회전 컷」을 클릭하고 작업 완료 후 형상과 디자인트리를 파악합니다.

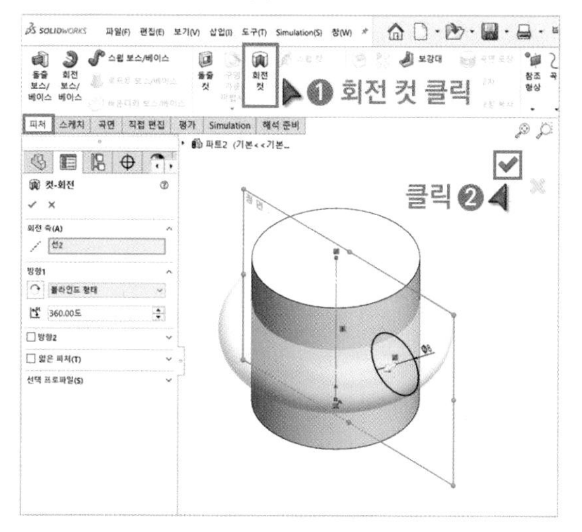

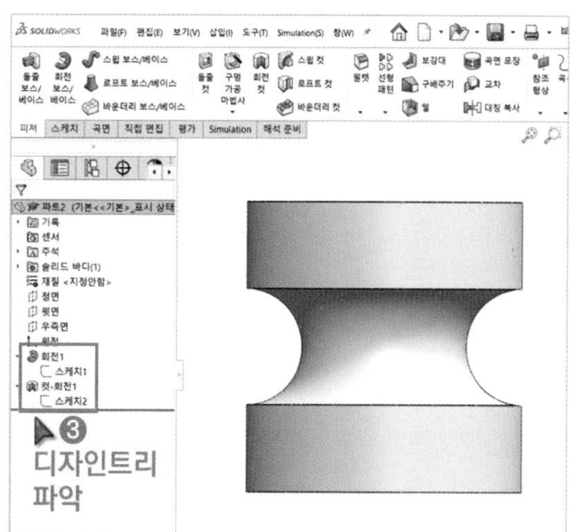

보강대(리브)

열린 영역의 스케치를 사용해서 보강대(리브)를 생성하는 기능입니다.

파라미터	보강대 생성 방법을 지정
방향	보강대 두께의 방향
두께	보강대 두께 값
스케치에 평행	스케치에 평행하게 보강대 생성
스케치에 수직	스케치에 수직으로 보강대 생성
뒤집기	보강대 돌출 방향을 변경
구배	보강대 기울기 적용
선택 프로파일	**열린 영역 선택**

1 아래 스케치를 참고해서 회전 피처를 생성합니다.

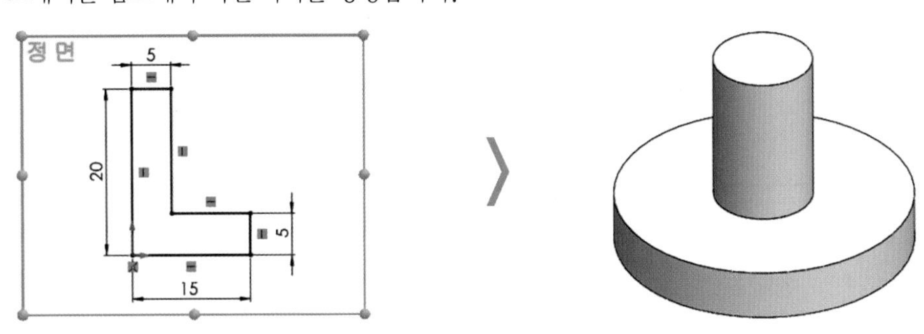

2 정면에 2개의 선을 스케치합니다.

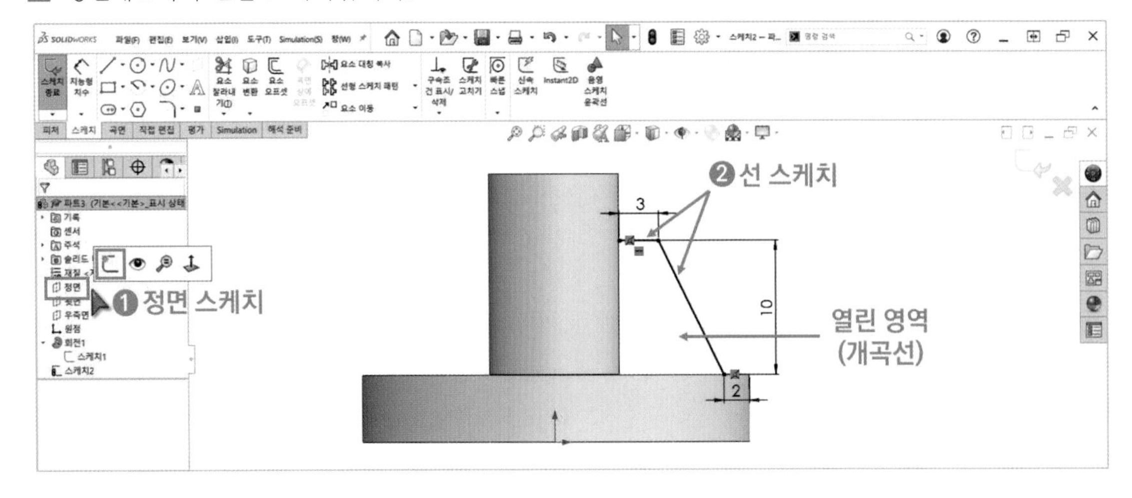

3 디자인트리의 회전 피처를 클릭하고「 보이기/숨기기」를 클릭합니다. 방금 작성한 스케치가 열린 영역으로 작성된 것을 확인합니다.

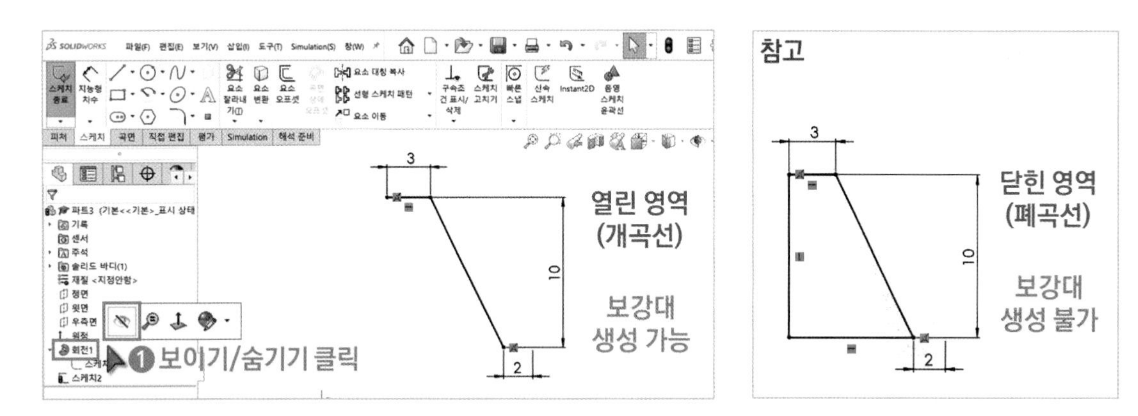

4 피처 도구모음의「 보강대」를 클릭합니다. 프로파일, 두께, 방향을 설정합니다. 두께와 방향에 따라 보강대의 형태가 달라집니다.

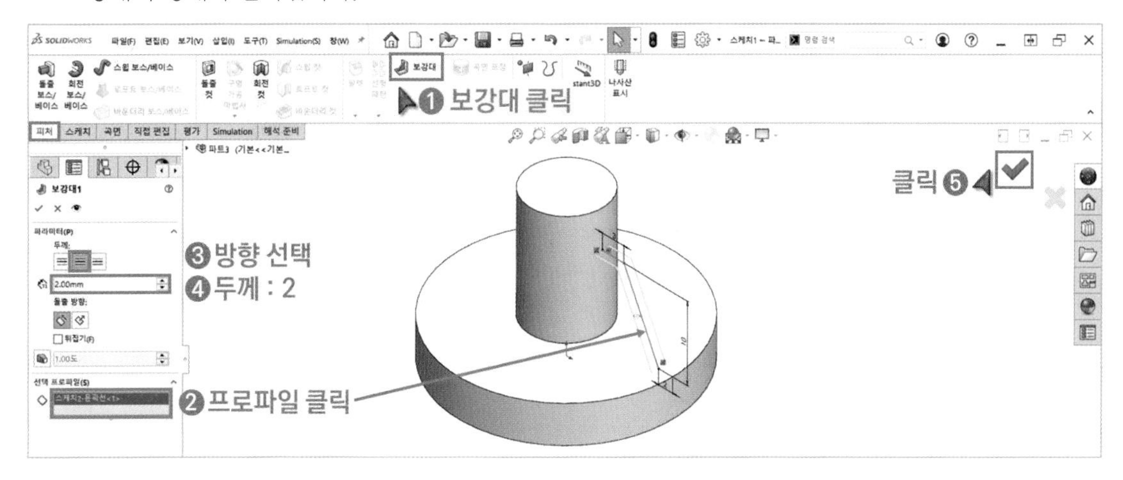

5 작업 완료 후 디자인트리를 파악합니다. 보강대를 생성하기 위한 조건은 첫째, 스케치는 열린 영역으로 작성되어야 합니다. 둘째, 스케치 선의 끝점은 피처와 일치해야 합니다.

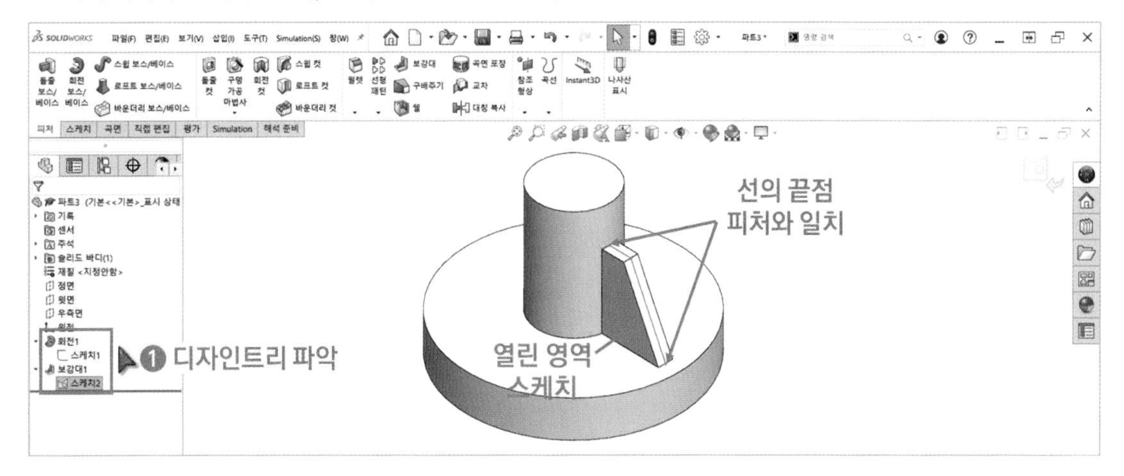

연습도면 27 > **피처 생성** (초급)

https://cafe.naver.com/dongjinc/2039

회전 피처 활용을 위한 연습도면입니다. 회전체의 단면을 스케치해서 모델링하세요.

연습도면 27-1

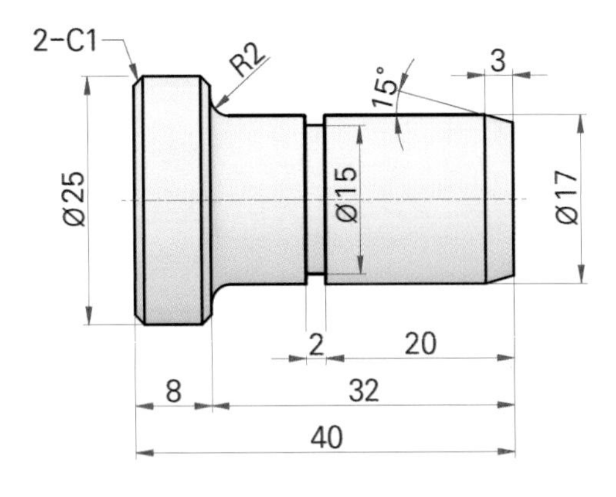

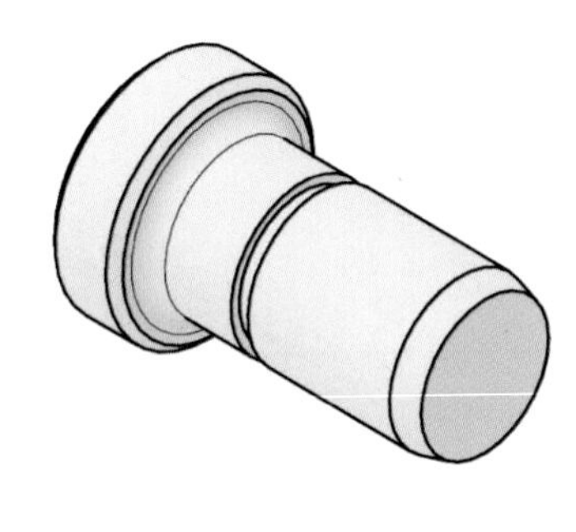

연습도면 27-2

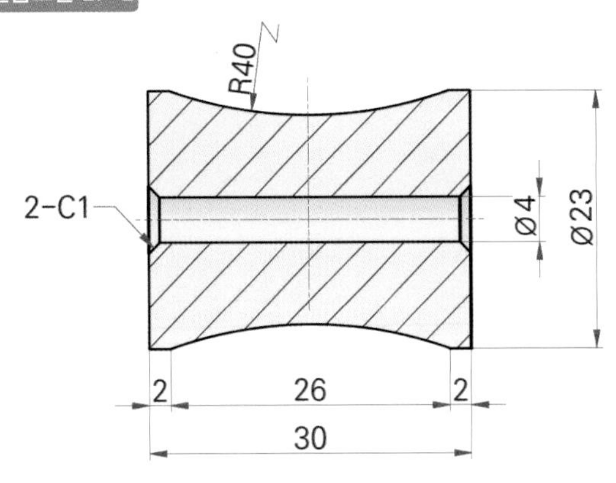

연습도면 27-3

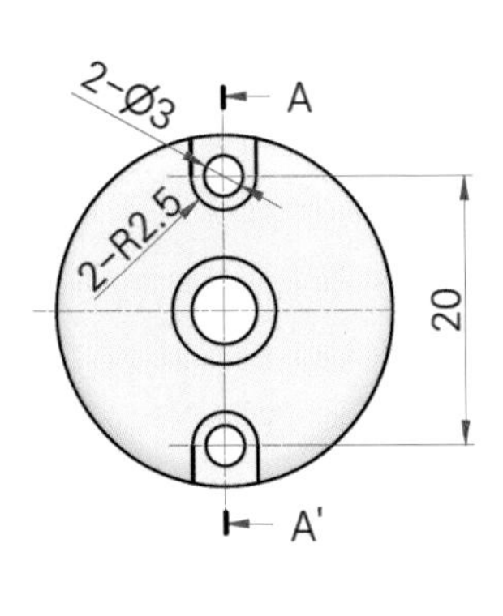

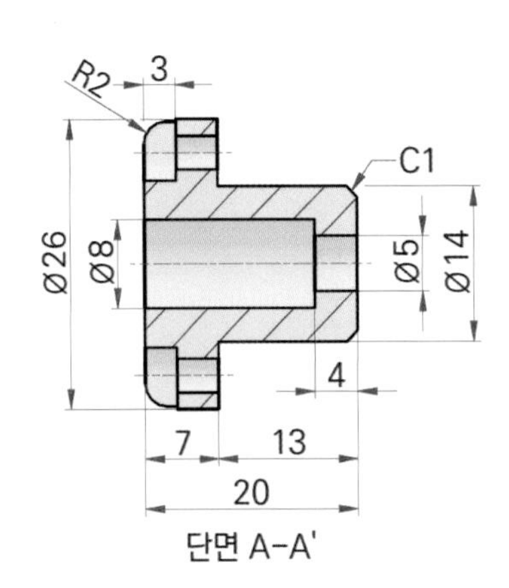

단면 A-A'

회전 피처 활용을 위한 연습도면입니다. 회전체의 단면을 스케치해서 모델링하세요.

연습도면 28-1

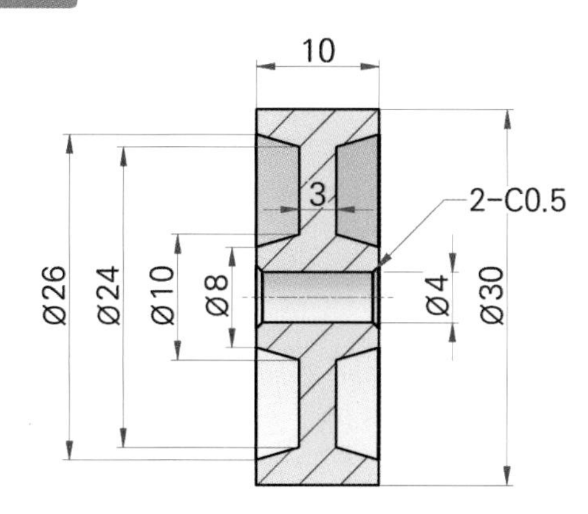

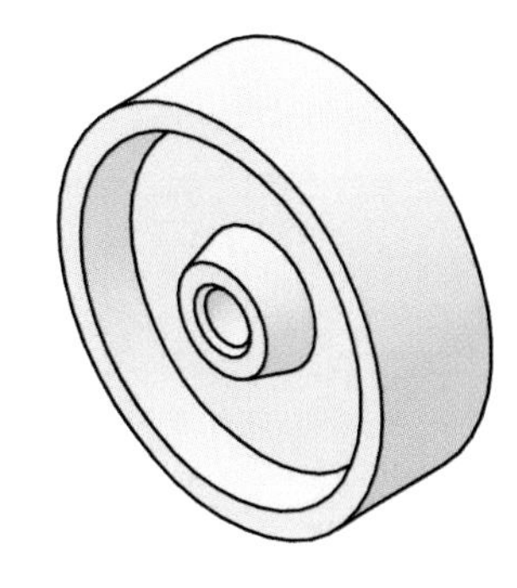

연습도면 28-2

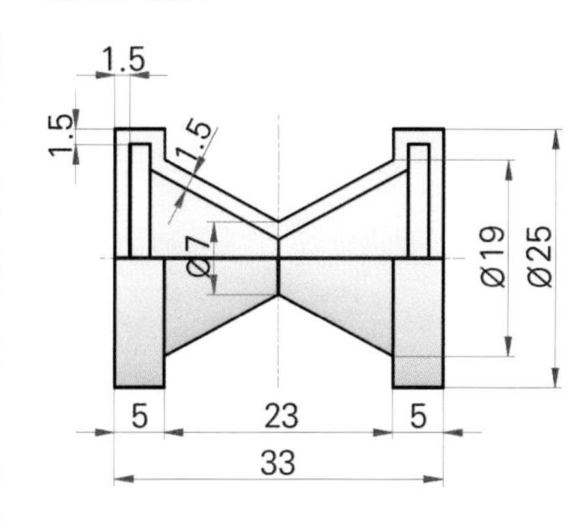

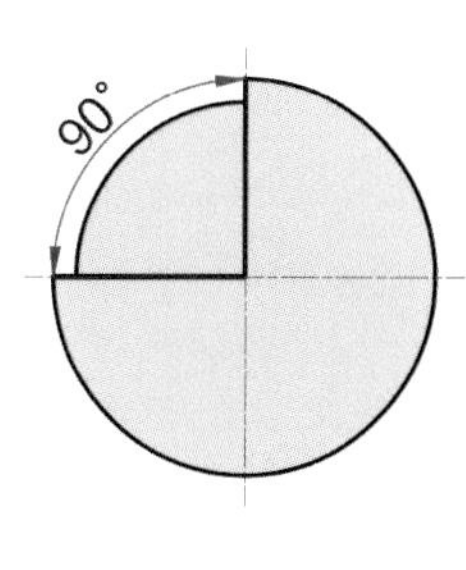

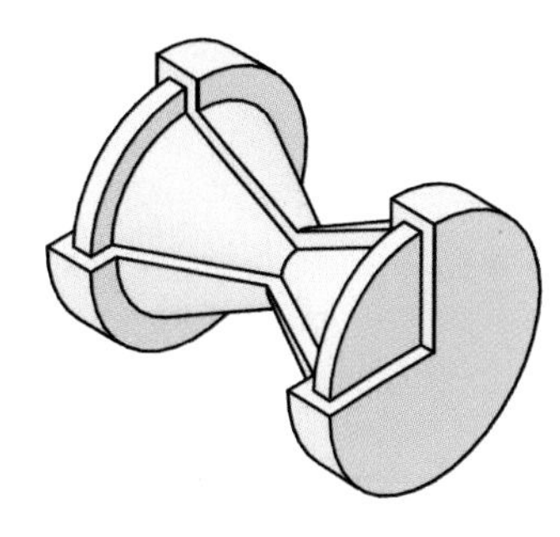

연습도면 28-3

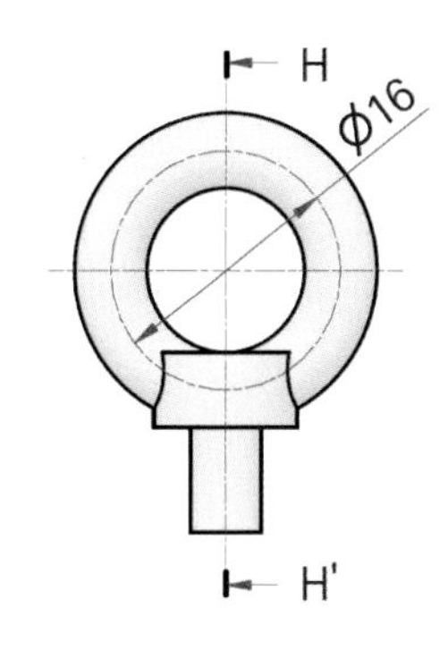

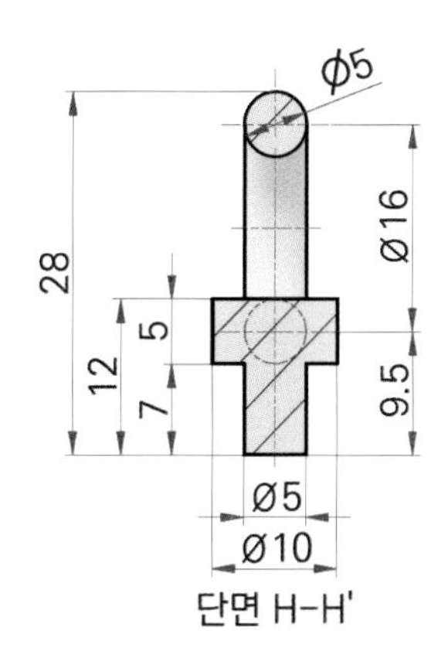

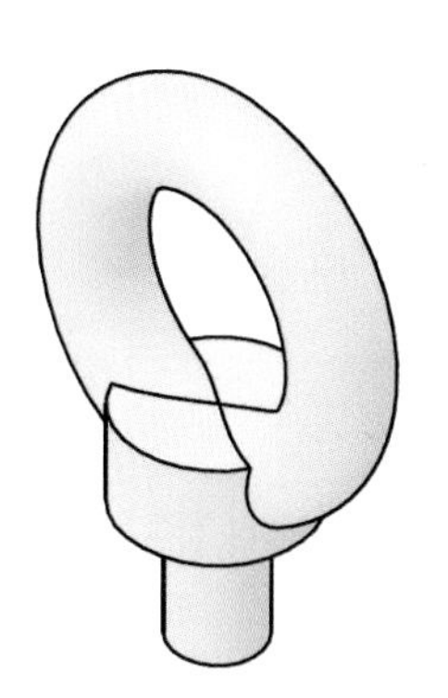

보강대 피처 활용을 위한 연습도면입니다. 보강대의 형상을 파악하고 열린 영역을 스케치해서 모델링 하세요.

연습도면 29-1

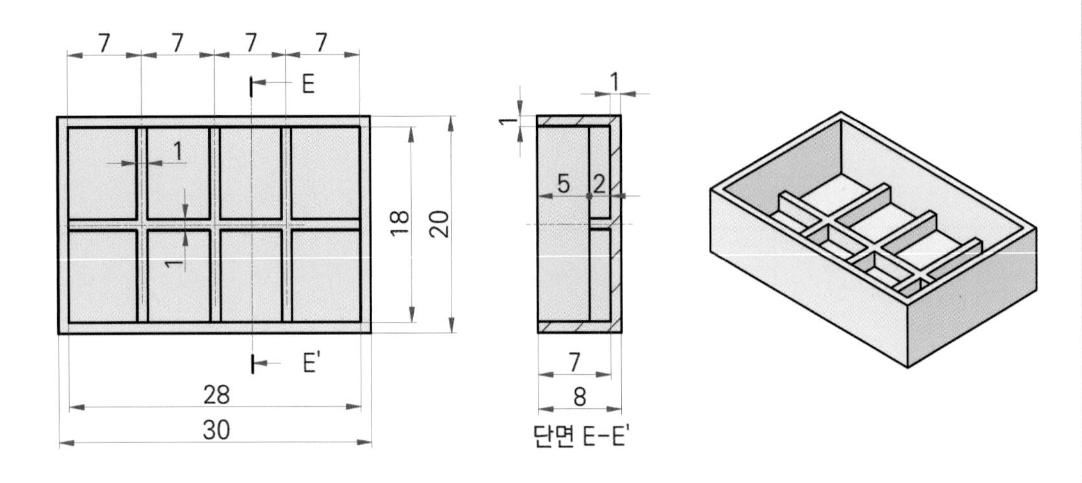

연습도면 29-2

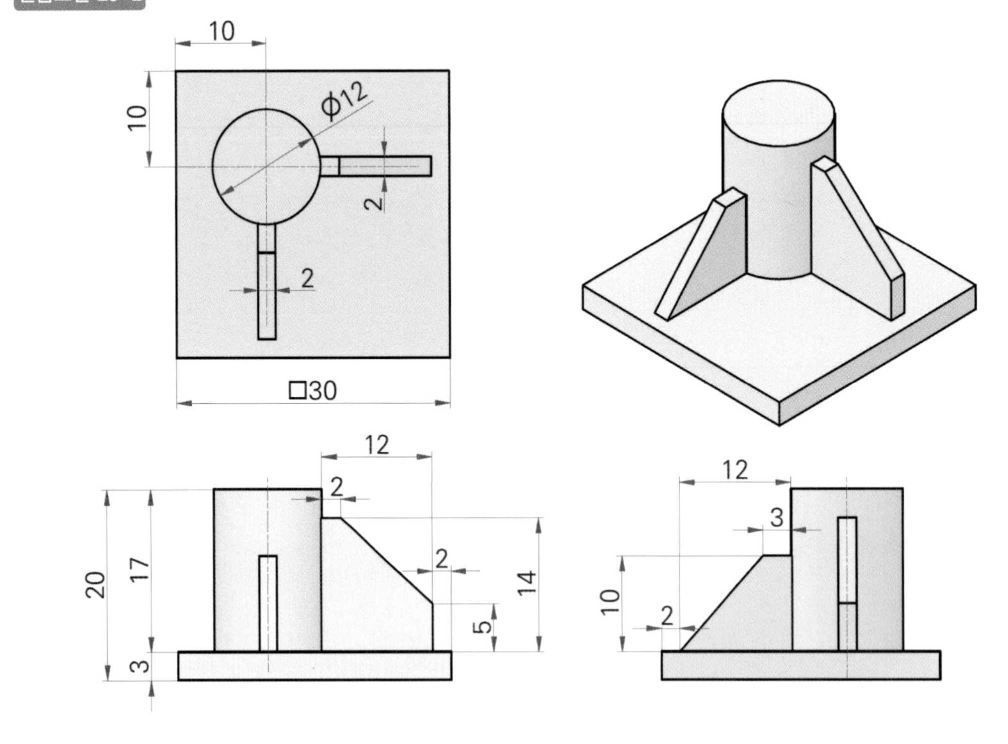

보강대 피처 활용을 위한 연습도면입니다. 보강대의 형상을 파악하고 열린 영역을 스케치해서 모델링 하세요.(DP : 깊이)

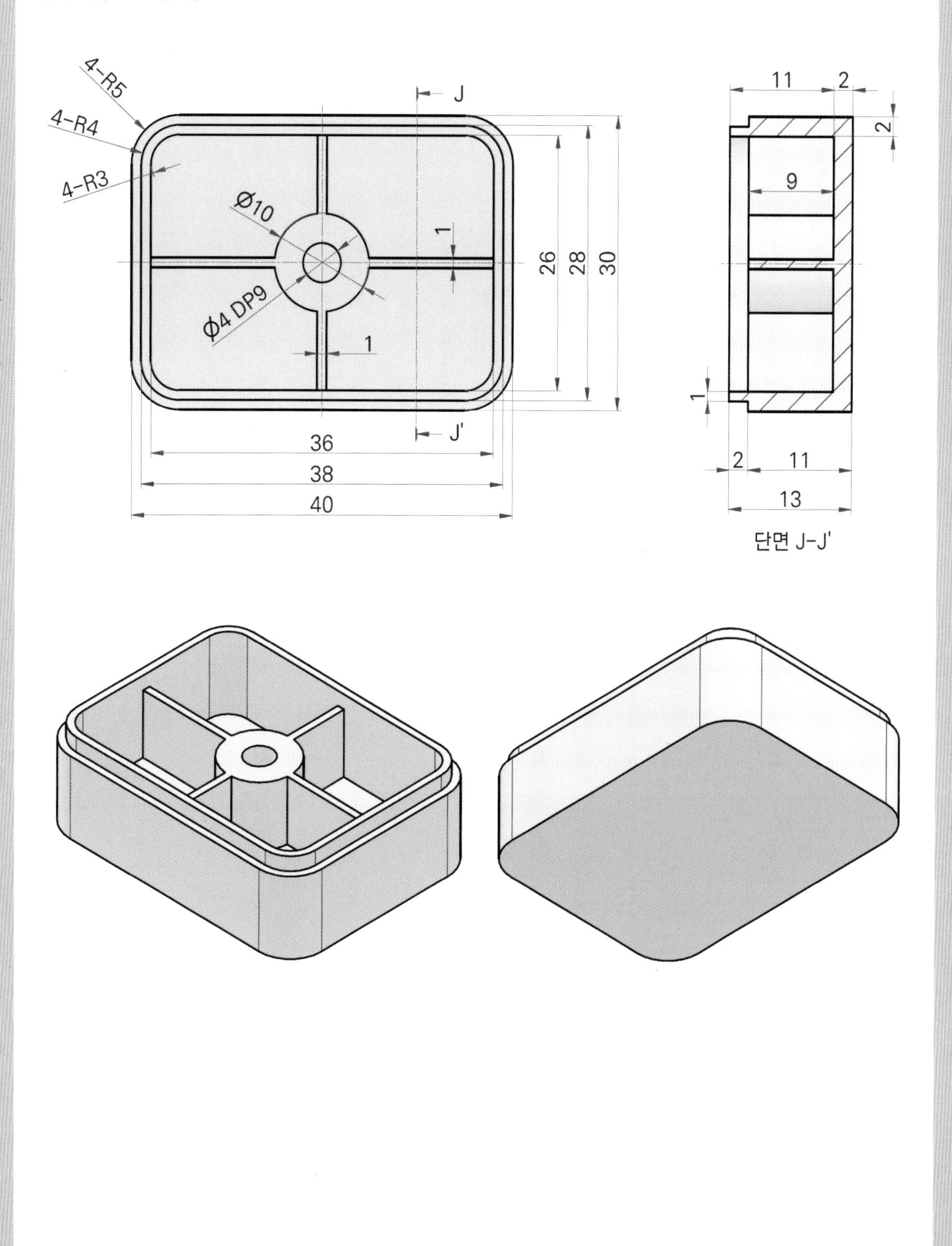

SECTION

3.2 3D피처 수정

학습목표
- KS 및 ISO 관련 규격을 준수하여 형상을 모델링할 수 있다.
- 특징형상 설계를 이용하여 요구되어지는 3D형상모델링을 완성할 수 있다.
- 연관복사 기능을 이용하여 원하는 형상으로 편집하고 변환할 수 있다.

1 피처 패턴 실습 Point

https://cafe.naver.com/dongjinc/2043

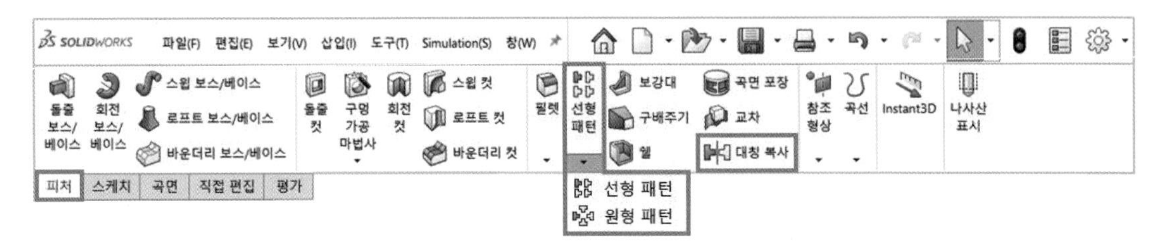

선형 패턴

피처를 직선 방향으로 복사하는 기능입니다.

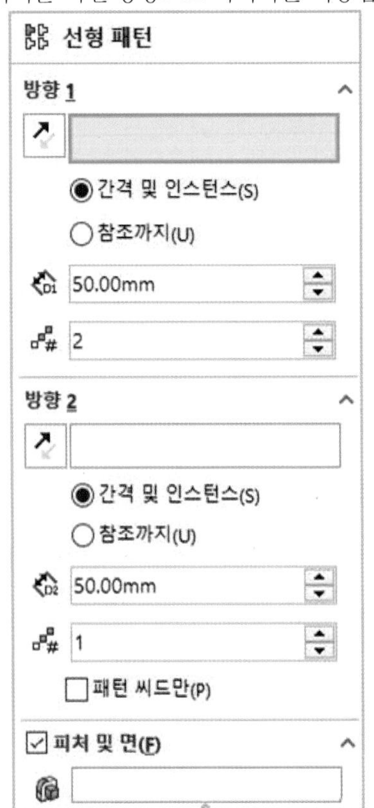

방향 1, 2	패턴 방법 지정
반대 방향	패턴 방향 변경
패턴 요소	선, 면, 축 선택
간격 및 인스턴스	개수와 거리를 입력해서 패턴
참조까지	참조 형상을 기반으로 패턴
간격	패턴 거리 입력
인스턴스 수	패턴 개수 입력
패턴 씨드만	피처 전체 또는 일부만 패턴
피처 및 면	**패턴 요소 선택**
피처	피처 선택
면	면 선택

1 아래와 같이 「 정면」에 스케치를 작성하고 돌출 피처를 생성합니다.

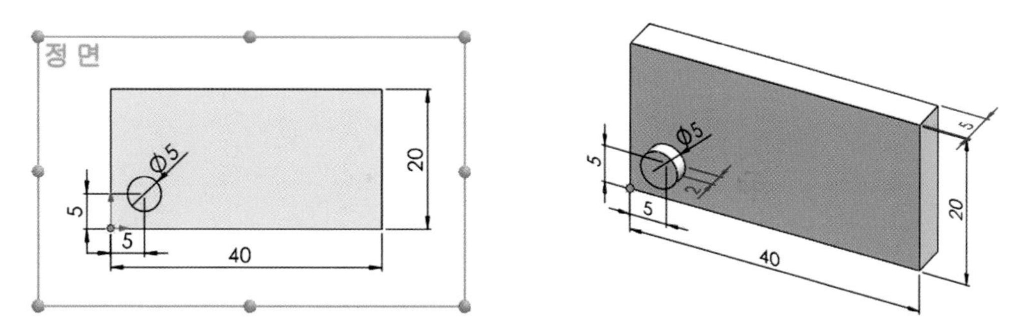

2 「 선형 패턴」을 클릭합니다. 패턴 방향의 선을 클릭하고 거리와 개수를 입력합니다. 패턴할 피처를 클릭하고 미리보기를 확인합니다.

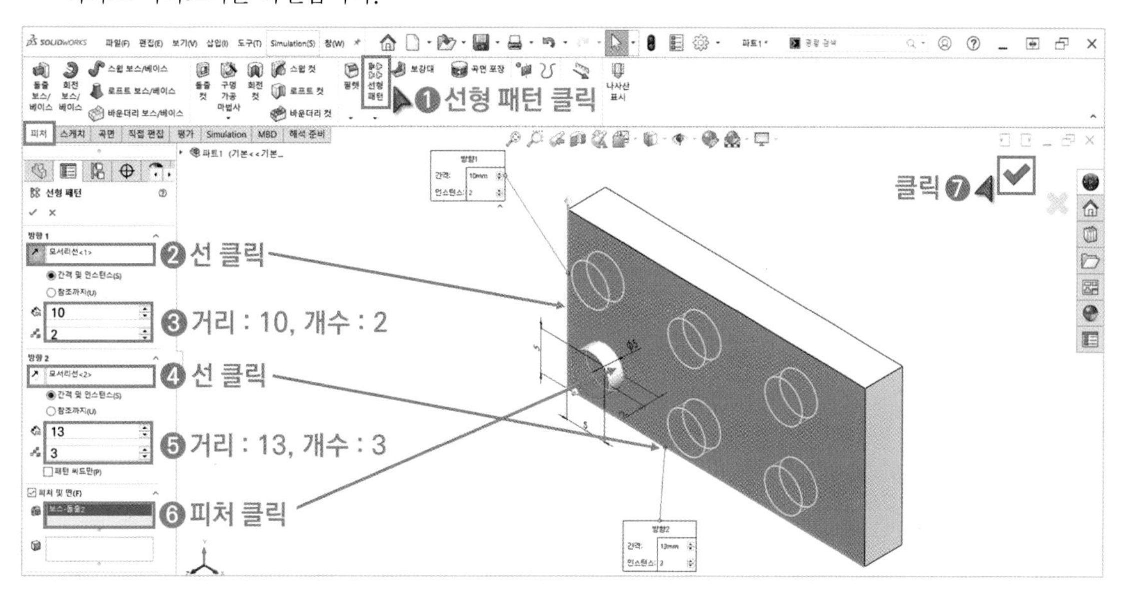

3 「 피처 편집」을 클릭합니다.

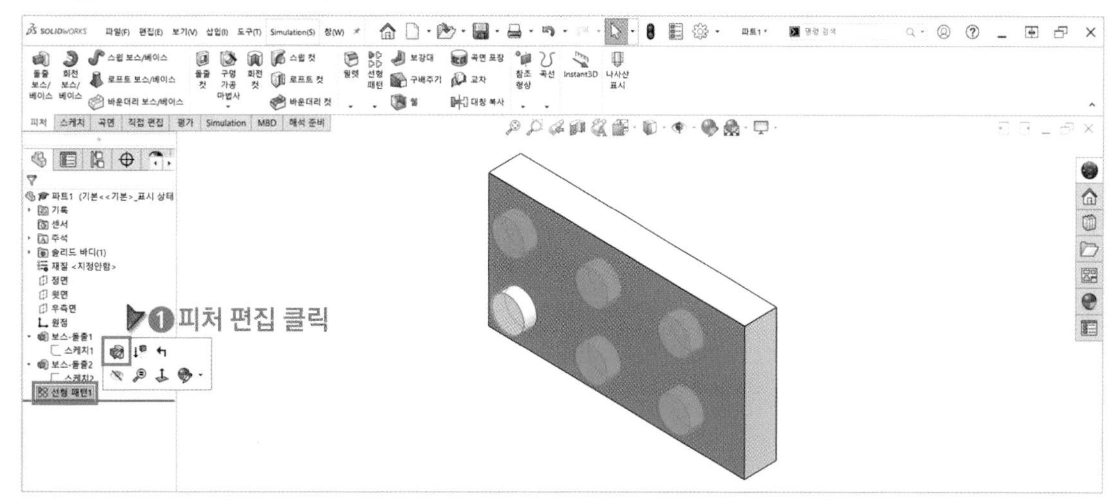

4 「인스턴스 건너뛰기」를 클릭하고 피처의 점을 클릭하면 특정 피처를 삭제 할 수 있습니다.

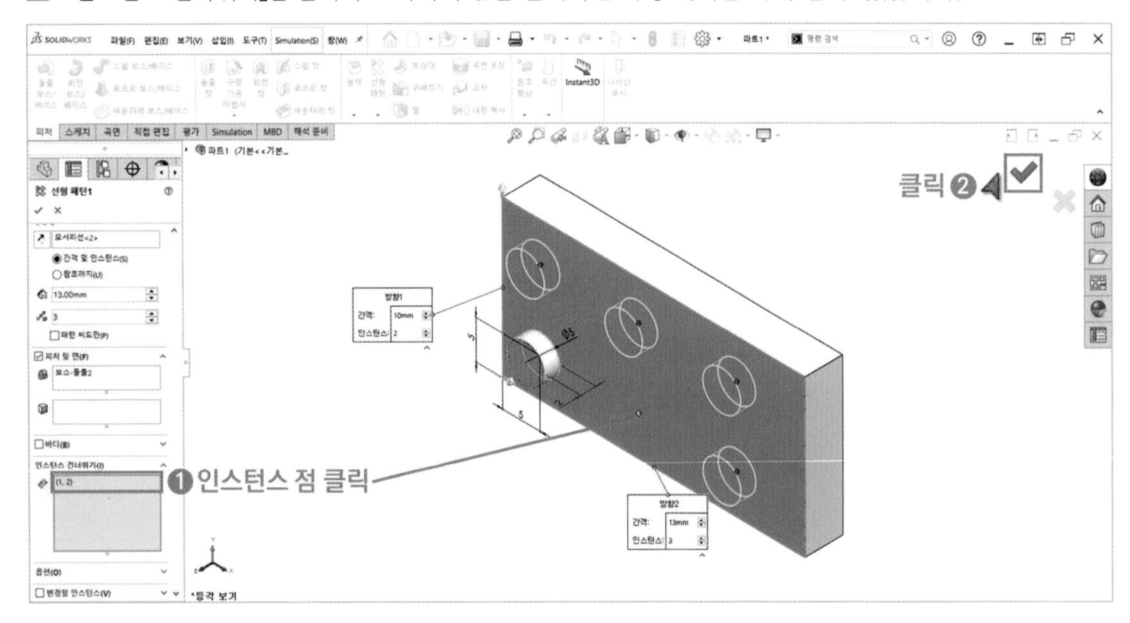

5 작업 완료 후 디자인트리를 파악합니다. 원본 피처의 형상이 변경되면 패턴의 형상도 변경됩니다.

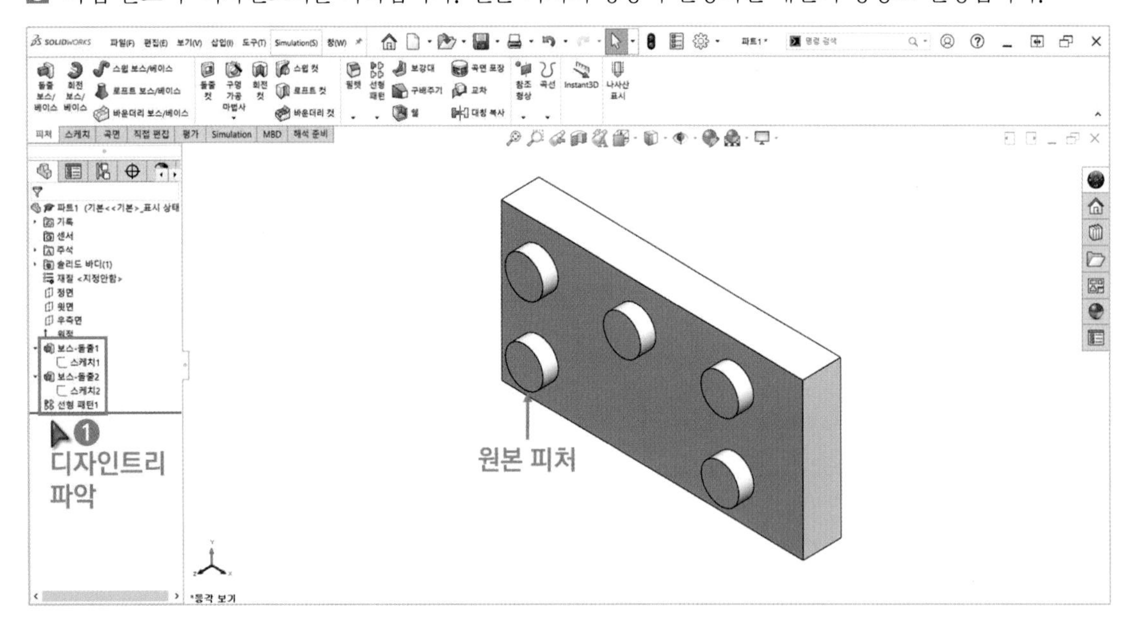

대칭 복사

면을 기준으로 피처를 대칭 복사하는 기능입니다.

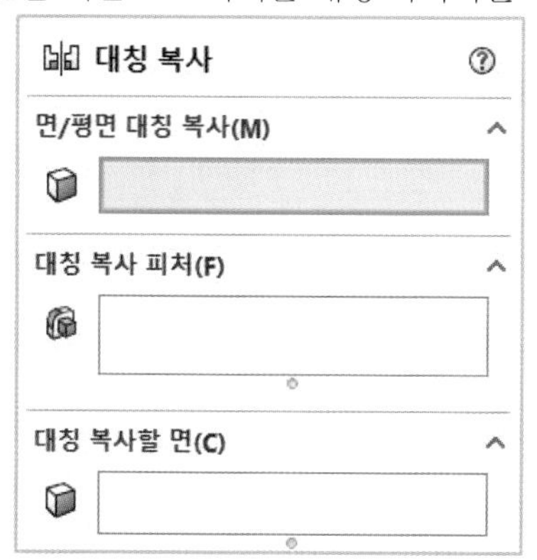

	면/평면 대칭 복사	대칭의 기준면 선택
	대칭 복사 피처	대칭 복사할 피처 선택
	대칭 복사할 면	대칭 복사할 면 선택

1 패턴 피처를 삭제하고 아래와 같이 돌출 피처를 생성합니다.

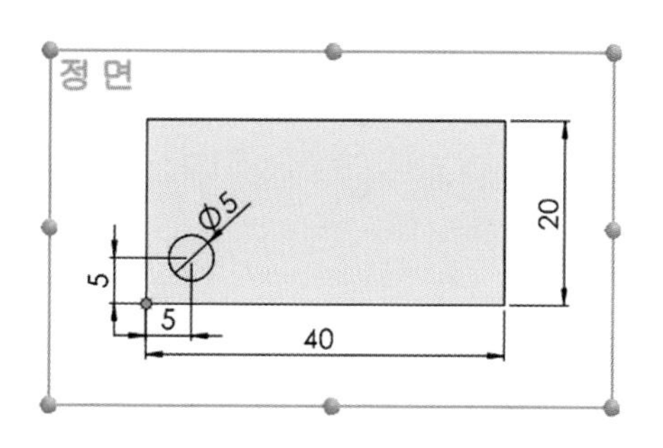

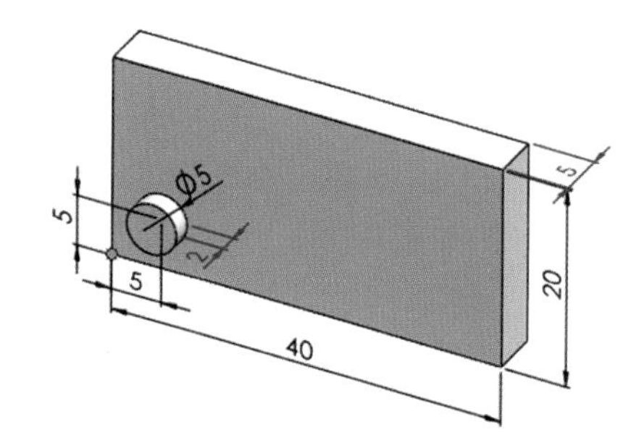

2 「대칭 복사」를 클릭합니다. 대칭의 기준면을 클릭하고 대칭 복사할 피처를 클릭합니다.

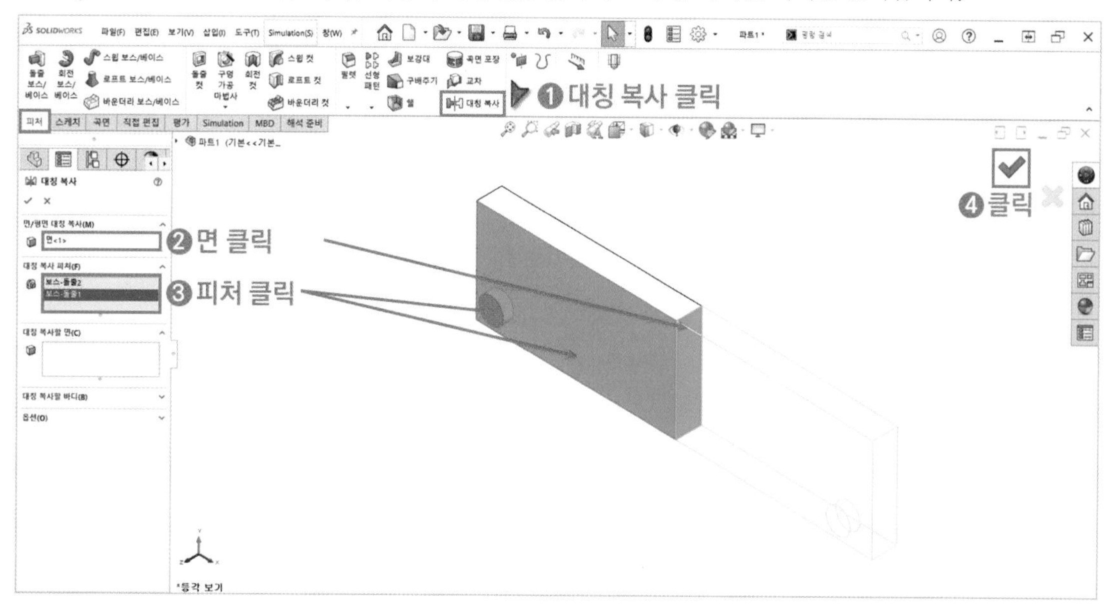

3 작업 완료 후 디자인트리를 파악합니다. 「대칭 복사」를 클릭합니다.

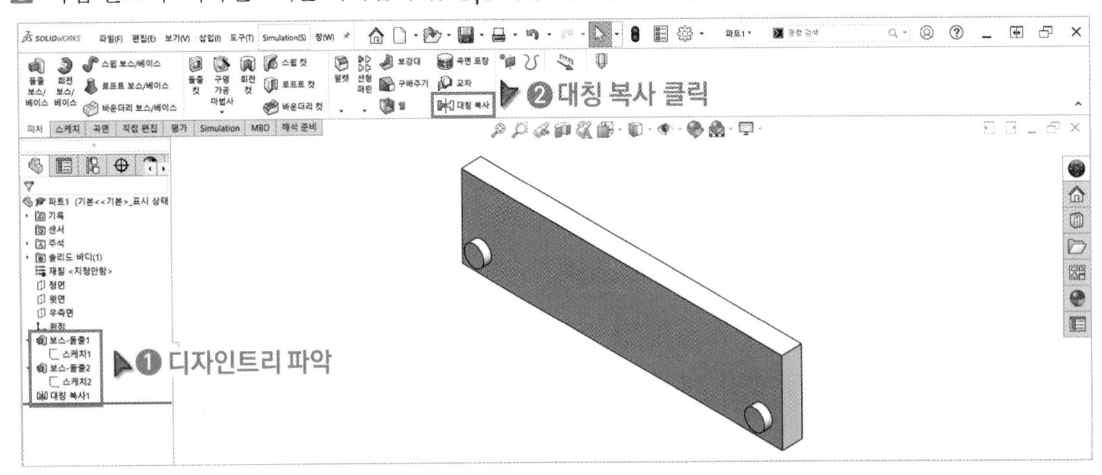

4 대칭의 기준면을 선택할 때 디자인트리에 있는 정면, 윗면, 우측면을 선택할 수 있습니다. 대칭 복사할 바디를 선택하면 모든 피처를 대칭 복사할 수 있습니다.

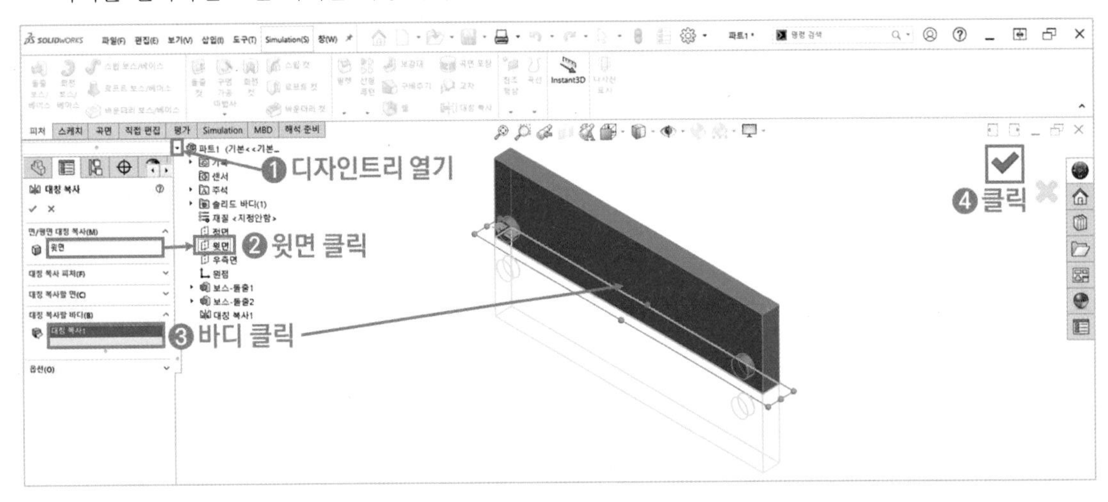

5 작업 완료 후 디자인트리를 파악합니다.

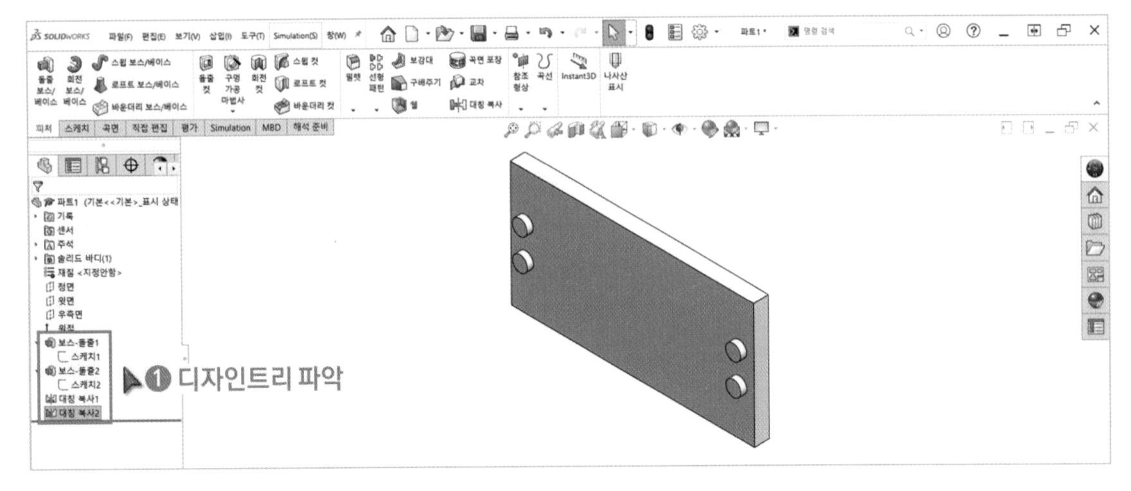

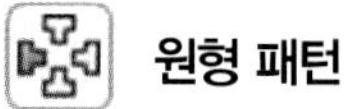

원형 패턴

피처를 원형으로 복사하는 기능입니다.

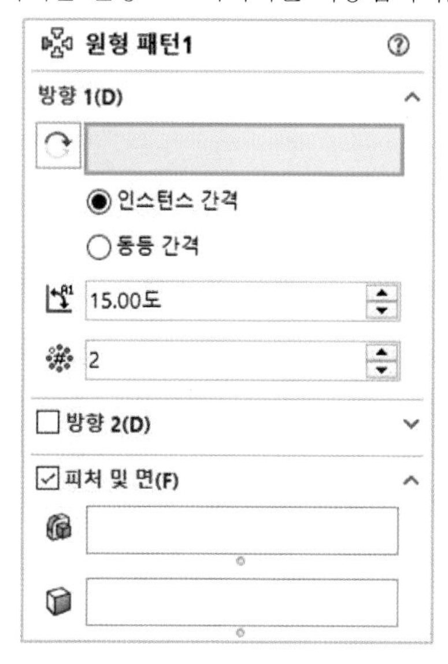

방향 1, 2	패턴 방법 지정
반대 방향	패턴 방향 변경
패턴 축	회전축 선택
인스턴스 간격	피처 1개의 각도로 패턴
동등 간격	피처 전체의 각도로 패턴
각도	패턴 각도 입력
인스턴스 수	패턴 개수 입력
피처 및 면	**패턴 요소 선택**
피처	피처 선택
면	면 선택

1 아래와 같이 「정면」에 스케치를 작성하고 돌출 피처를 생성합니다.

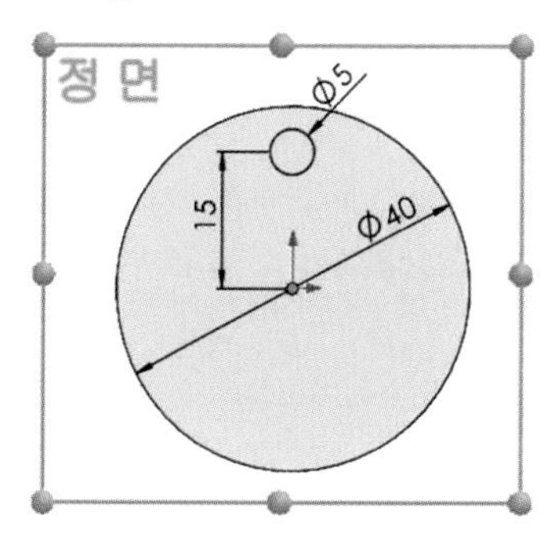

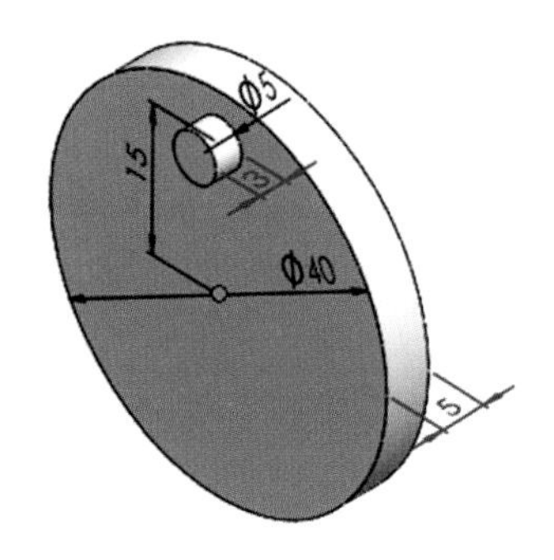

2 「원형 패턴」을 클릭합니다.

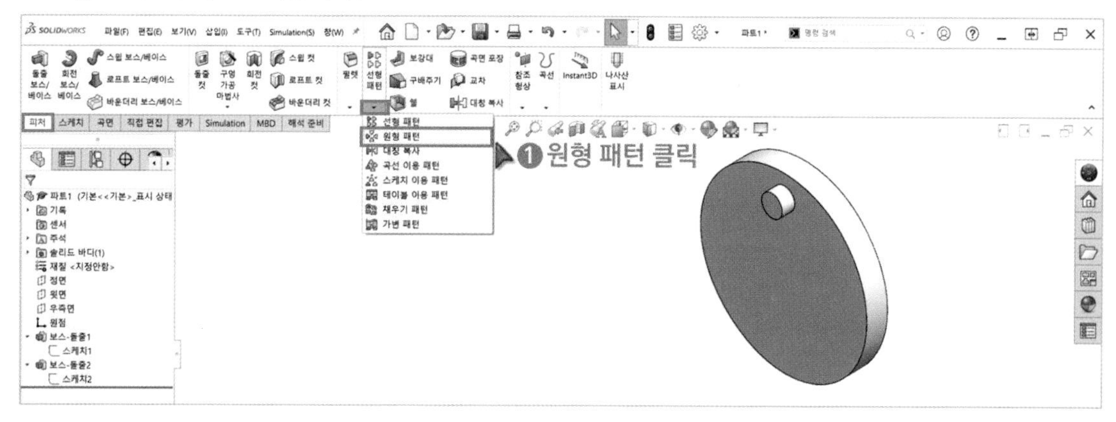

3 「회전축」을 클릭할 때 원 또는 회전체의 면을 클릭하면 객체의 회전축(중심축)이 인식됩니다. 「인스턴스 간격」을 선택하면 피처 1개의 각도를 입력할 수 있고 「동등 간격」을 선택하면 피처 전체의 각도를 입력할 수 있습니다.

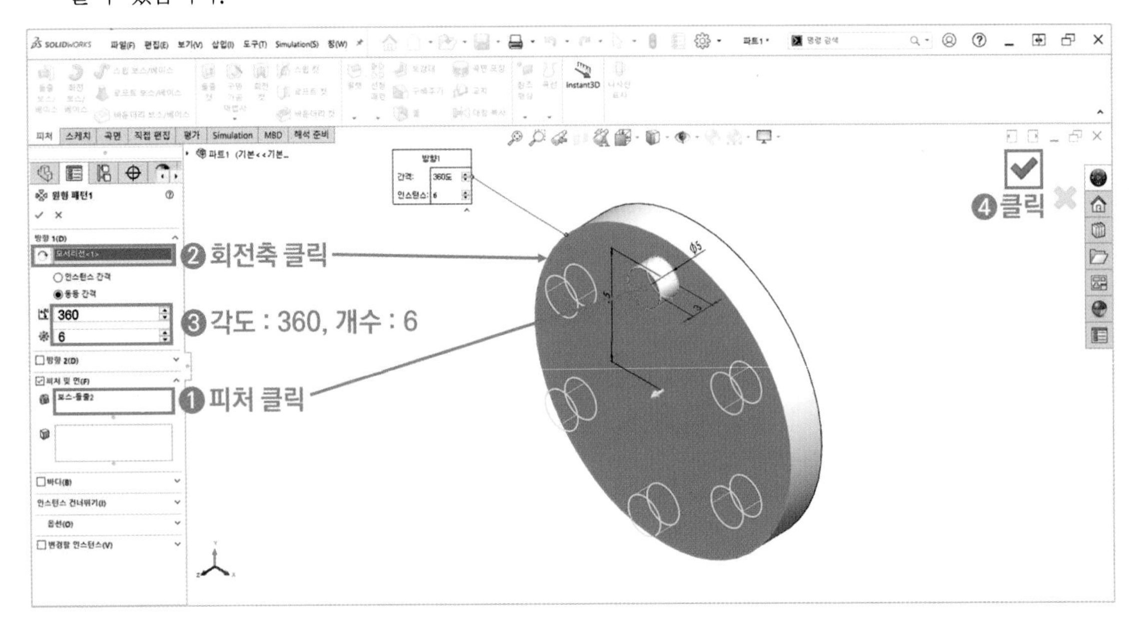

4 「 선형 패턴」과 동일하게 「인스턴스 건너뛰기」를 사용해서 특정 피처를 삭제할 수 있습니다. 작업 완료 후 디자인트리를 파악합니다. 원본 피처의 형상이 변경되면 패턴의 형상도 변경됩니다.

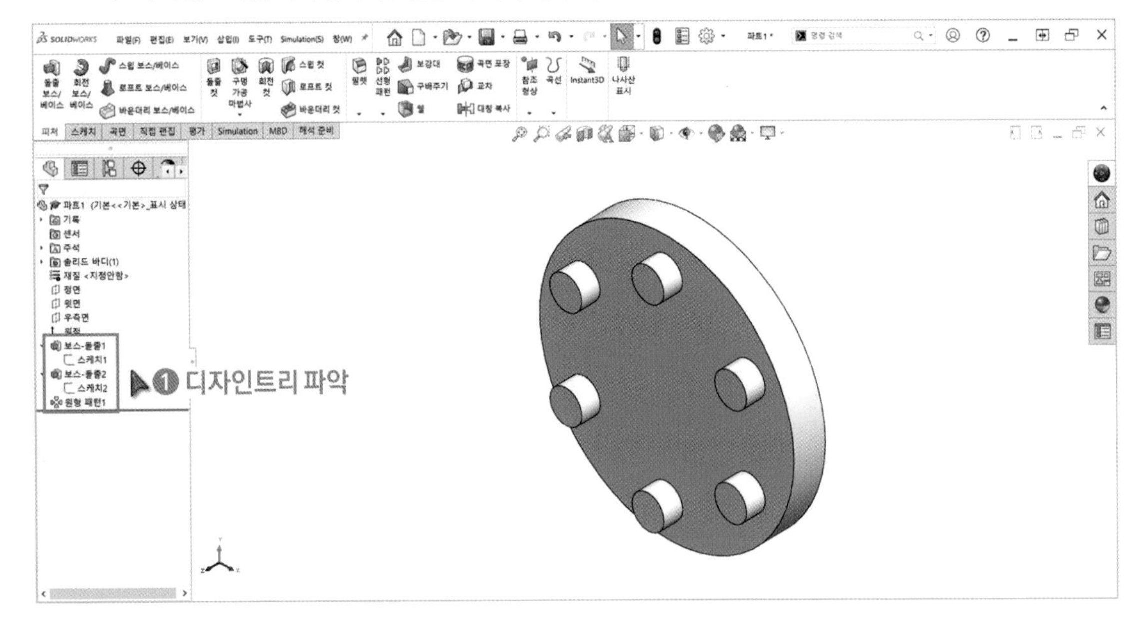

물성치

모델링 형상의 밀도, 질량, 부피, 면적 등을 확인하는 기능입니다.

1 평가 도구모음의「물성치」를 클릭합니다. 부품의 밀도, 질량, 부피, 면적 등을 확인할 수 있습니다.

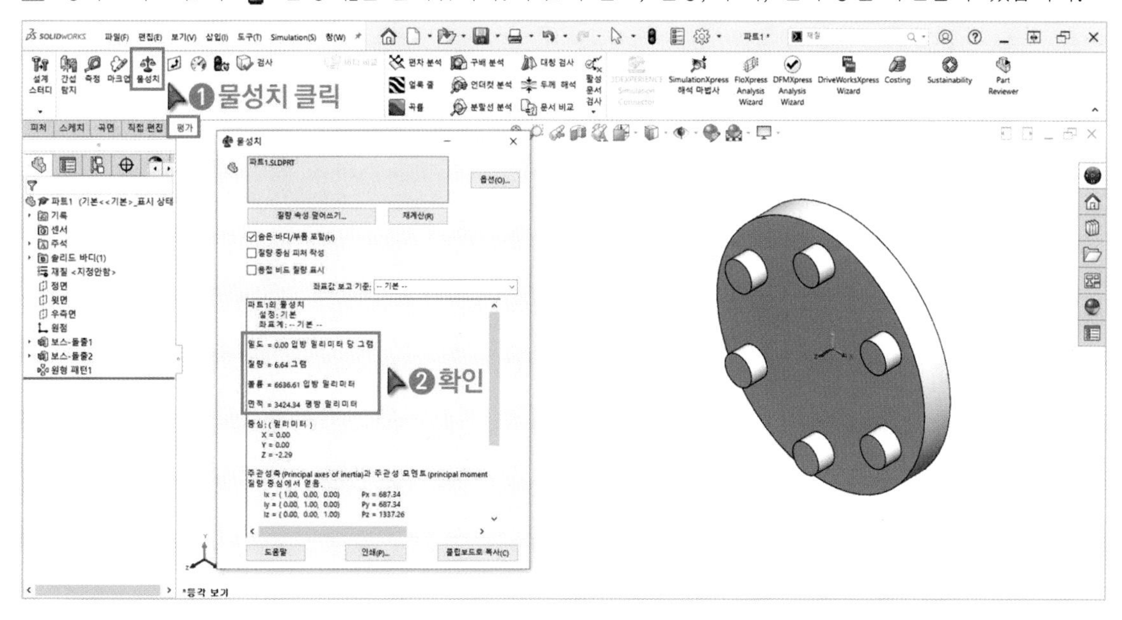

2 「옵션」을 클릭합니다. 「사용자 설정 사용」을 체크하면 단위, 소수 자릿수, 밀도 등을 변경할 수 있습니다. (템플릿 단위 변경 방법 : 새 문서 → 템플릿 실행 → 옵션 → 문서 속성 탭 → 단위 → 물성치/단면 속성의 길이 : .123 → 다른이름으로 저장 → 파일형식을 템플릿으로 변경 후 저장)

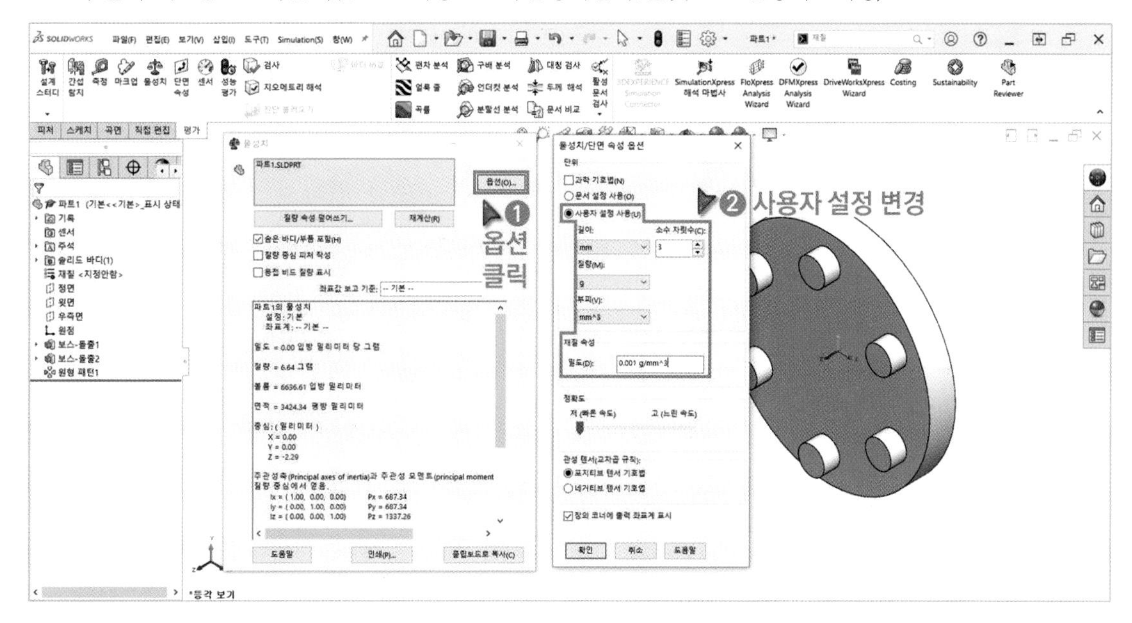

재질

사용자 재질을 설정하거나 모델링 형상의 재질을 변경하는 기능입니다.

1 디자인트리의 「재질」 우클릭 후 「재질 편집」을 클릭합니다. 원하는 재질을 선택하고 적용을 클릭합니다.

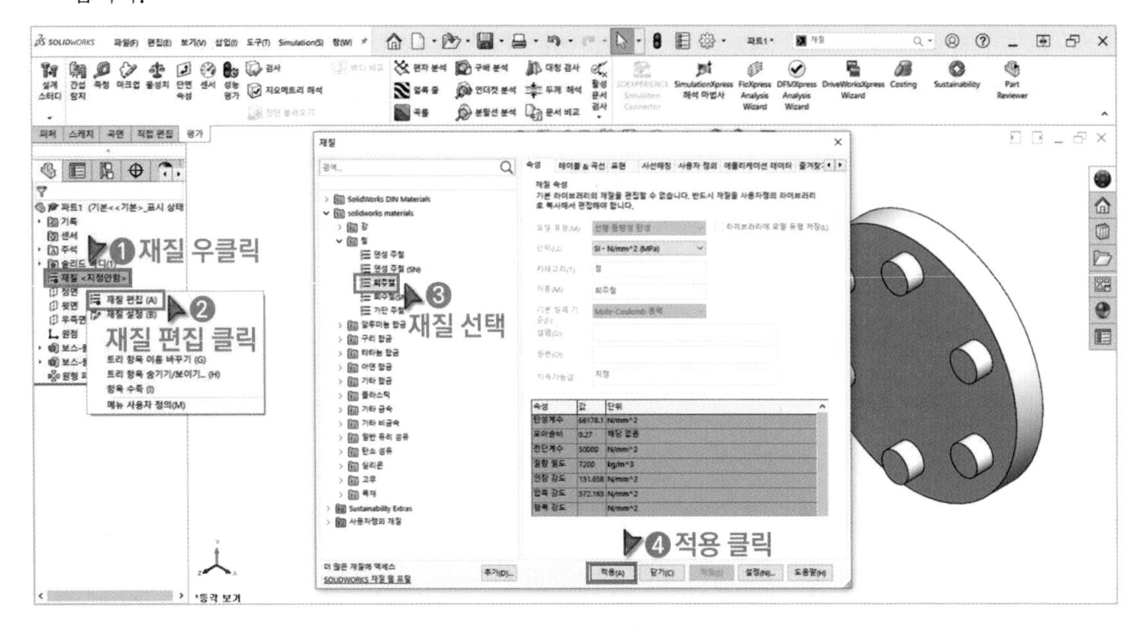

2 재질에 따라 피처의 색상과 물성치가 변경됩니다.

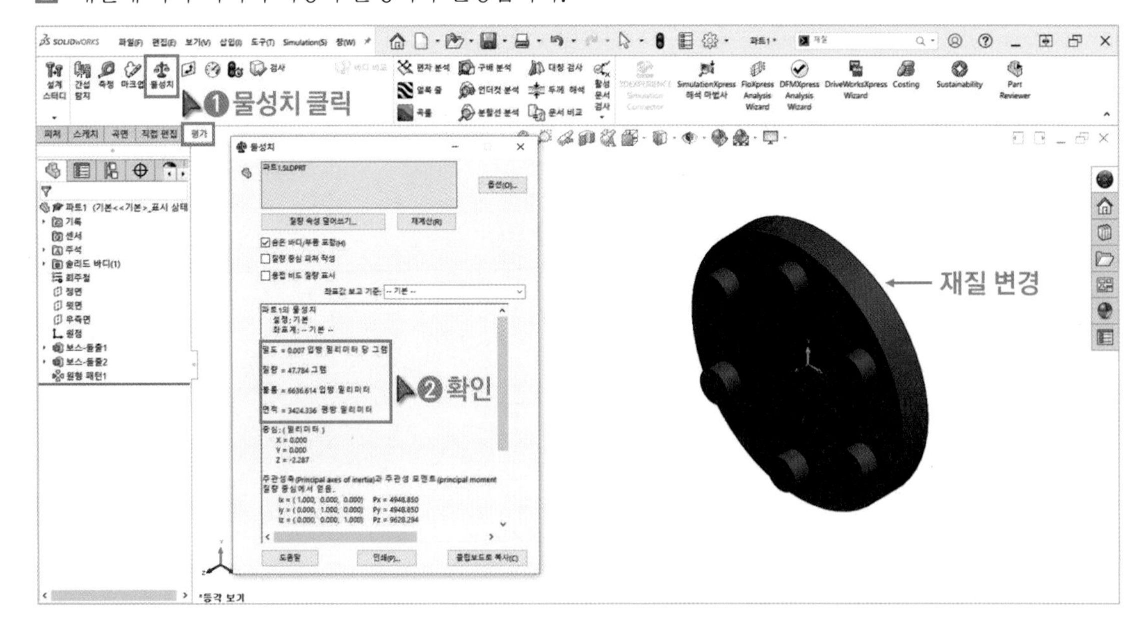

연습도면 31 피처 패턴 (중급)

https://cafe.naver.com/dongjinc/2044

패턴 피처 활용을 위한 연습도면입니다. 재질은 지정하지 않고 질량을 측정하세요. 정확하게 모델링 했는지 연습도면의 질량과 비교해보세요.(등간격 치수 : 개수×거리=총 거리)

연습도면 31-1

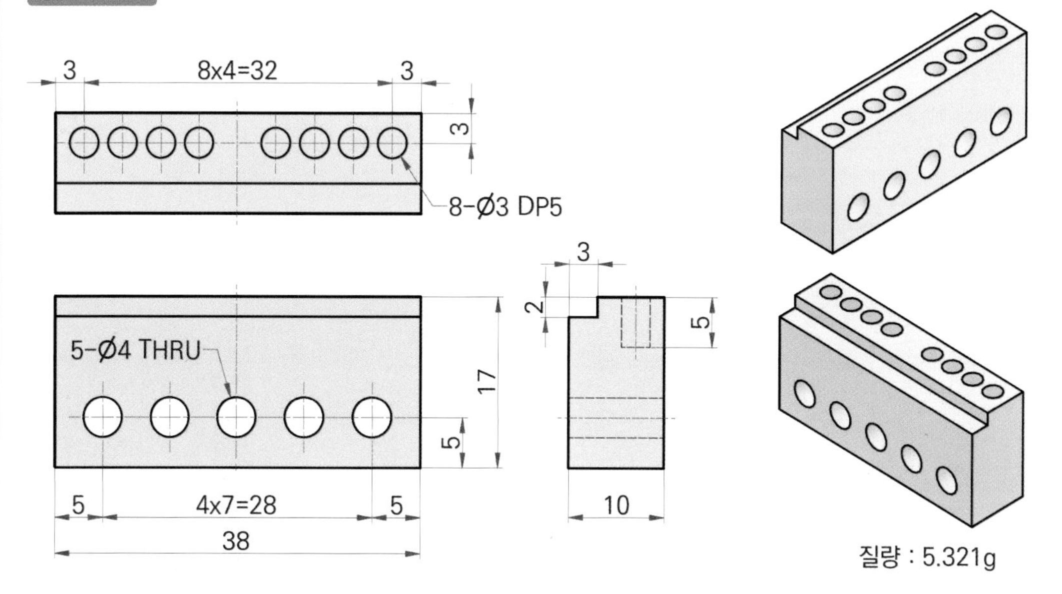

질량 : 5.321g

연습도면 31-2

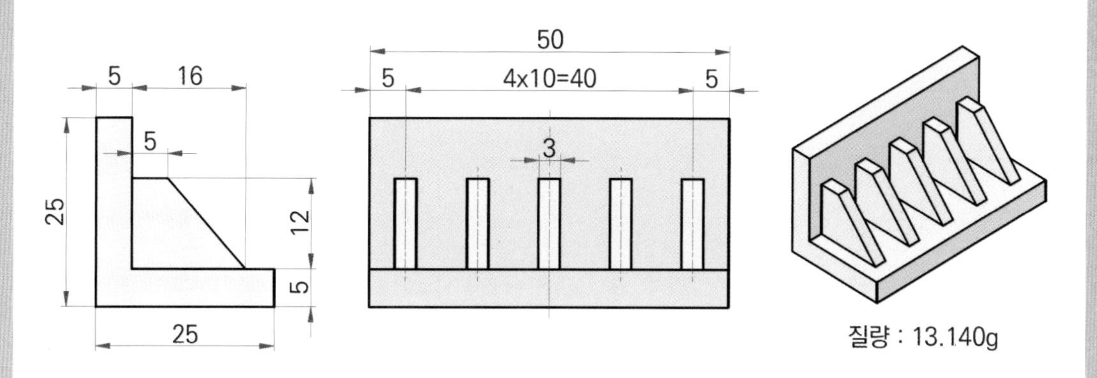

질량 : 13.140g

패턴 피처 활용을 위한 연습도면입니다. 재질은 지정하지 않고 질량을 측정하세요. 정확하게 모델링했는지 연습도면의 질량과 비교해보세요.(등간격 치수 : 개수×거리=총 거리)

연습도면 32-1

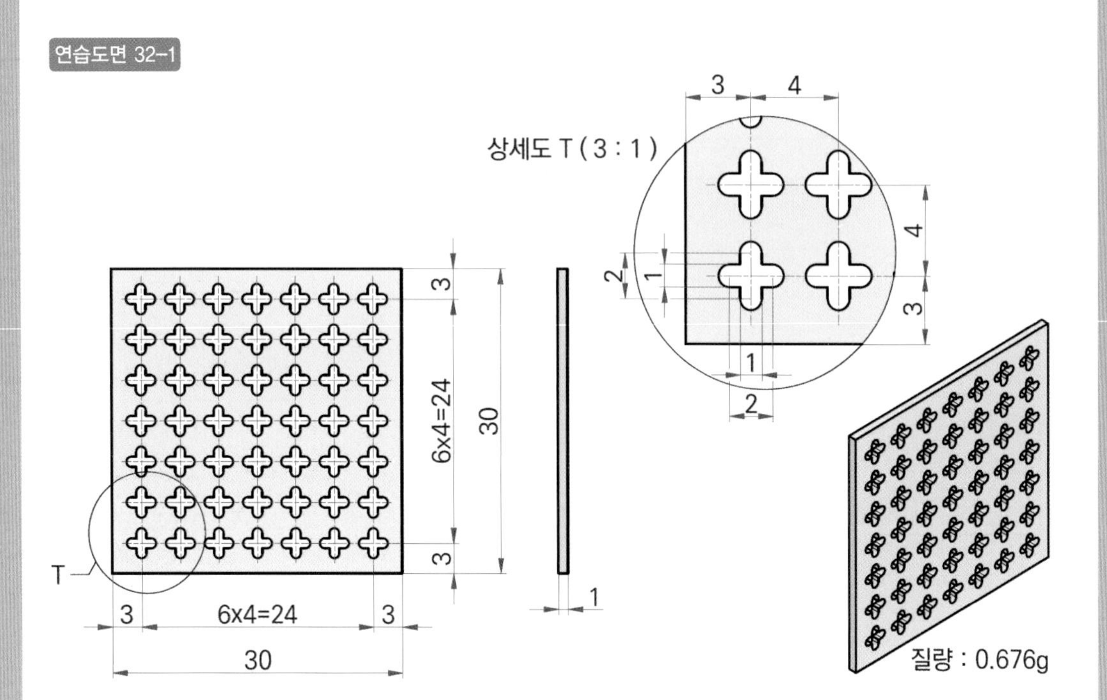

연습도면 32-2

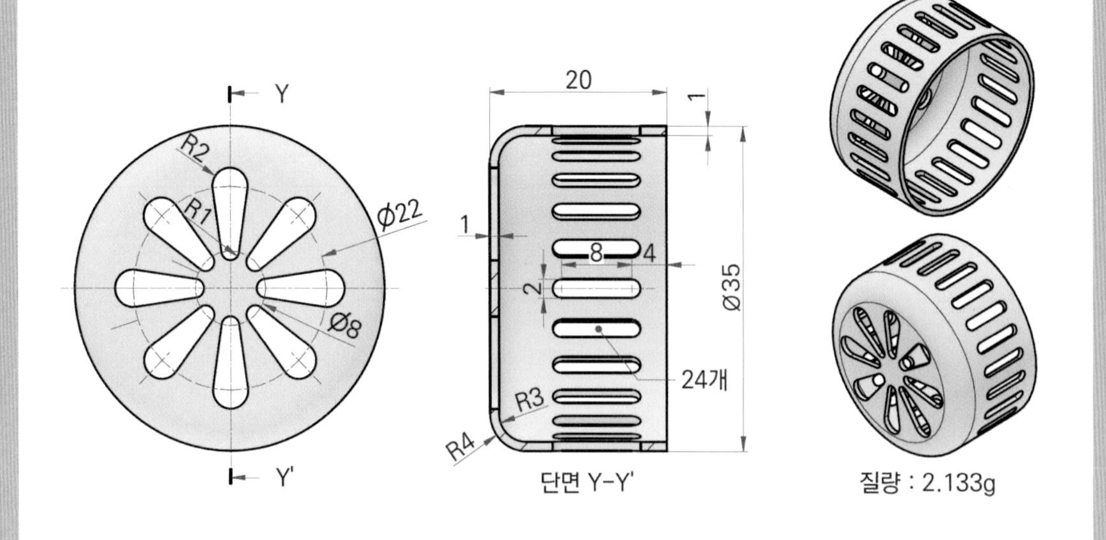

연습도면 33 피처 패턴 (중급)

https://cafe.naver.com/dongjinc/2046

패턴 피처 활용을 위한 연습도면입니다. 재질은 지정하지 않고 질량을 측정하세요. 정확하게 모델링했는지 연습도면의 질량과 비교해보세요.

연습도면 33-1

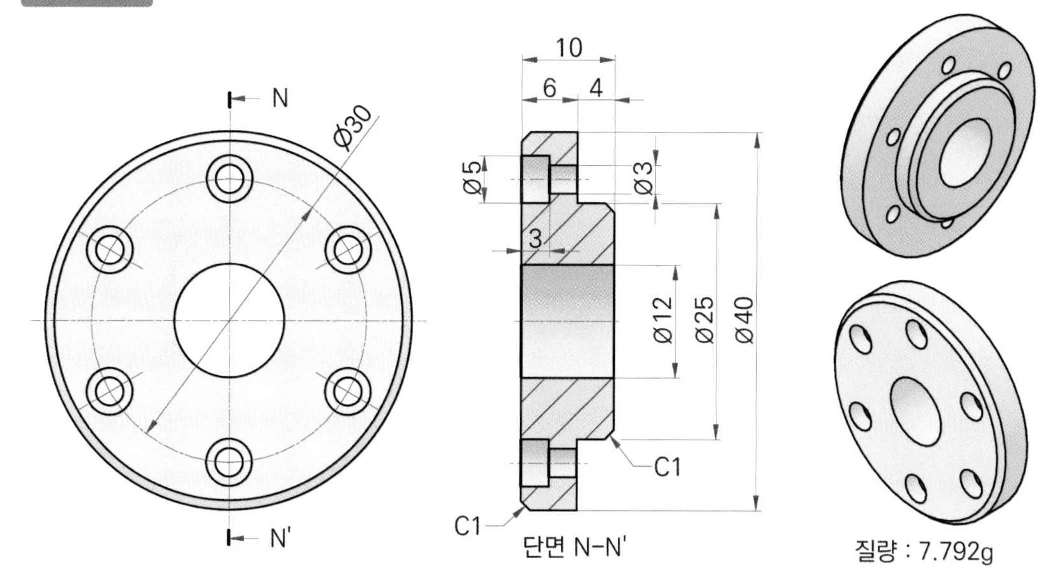

연습도면 33-2

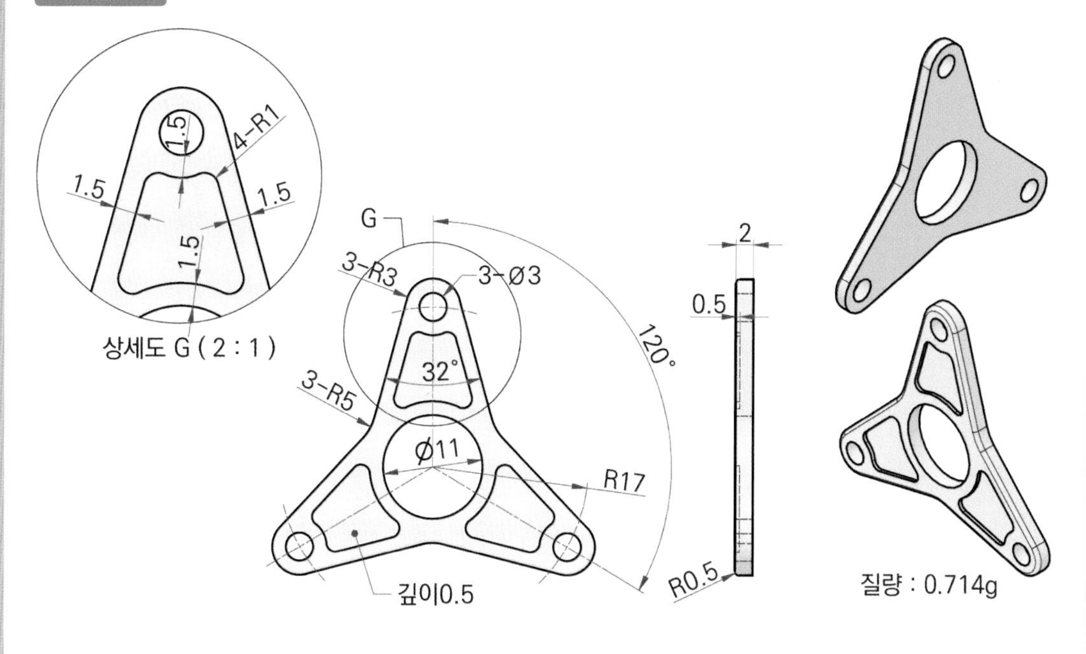

연습도면 34 〉 피처 패턴 (중급)

https://cafe.naver.com/dongjinc/2047

패턴 피처 활용을 위한 연습도면입니다. 재질은 지정하지 않고 질량을 측정하세요. 정확하게 모델링했는지 연습도면의 질량과 비교해보세요.

연습도면 34-1

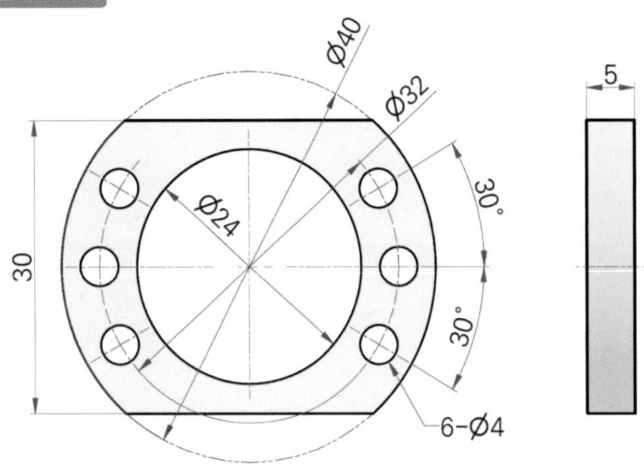

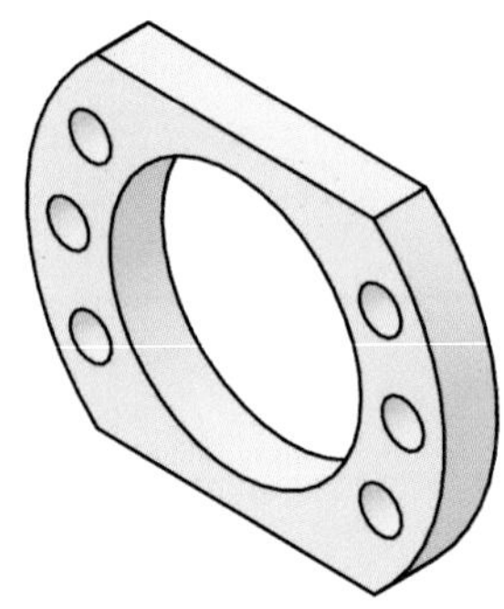

질량 : 2.738g

연습도면 34-2

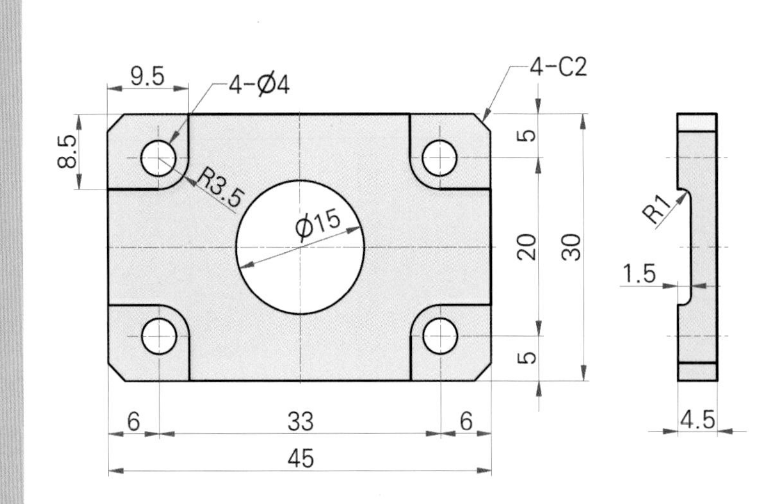

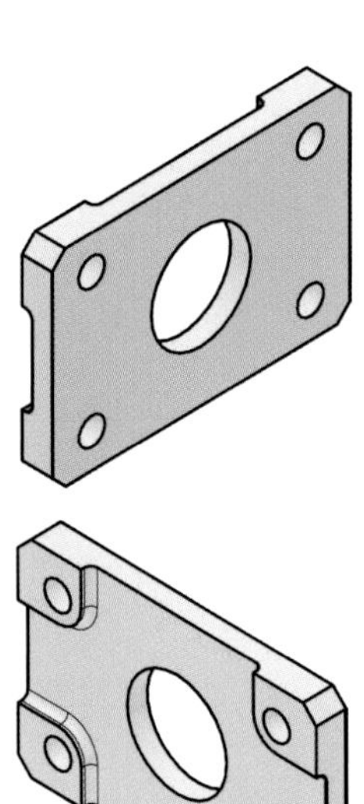

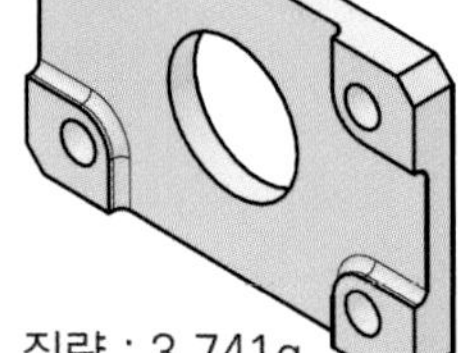

질량 : 3.741g

패턴 피처 활용을 위한 연습도면입니다. 재질은 지정하지 않고 질량을 측정하세요. 정확하게 모델링했는지 연습도면의 질량과 비교해보세요.

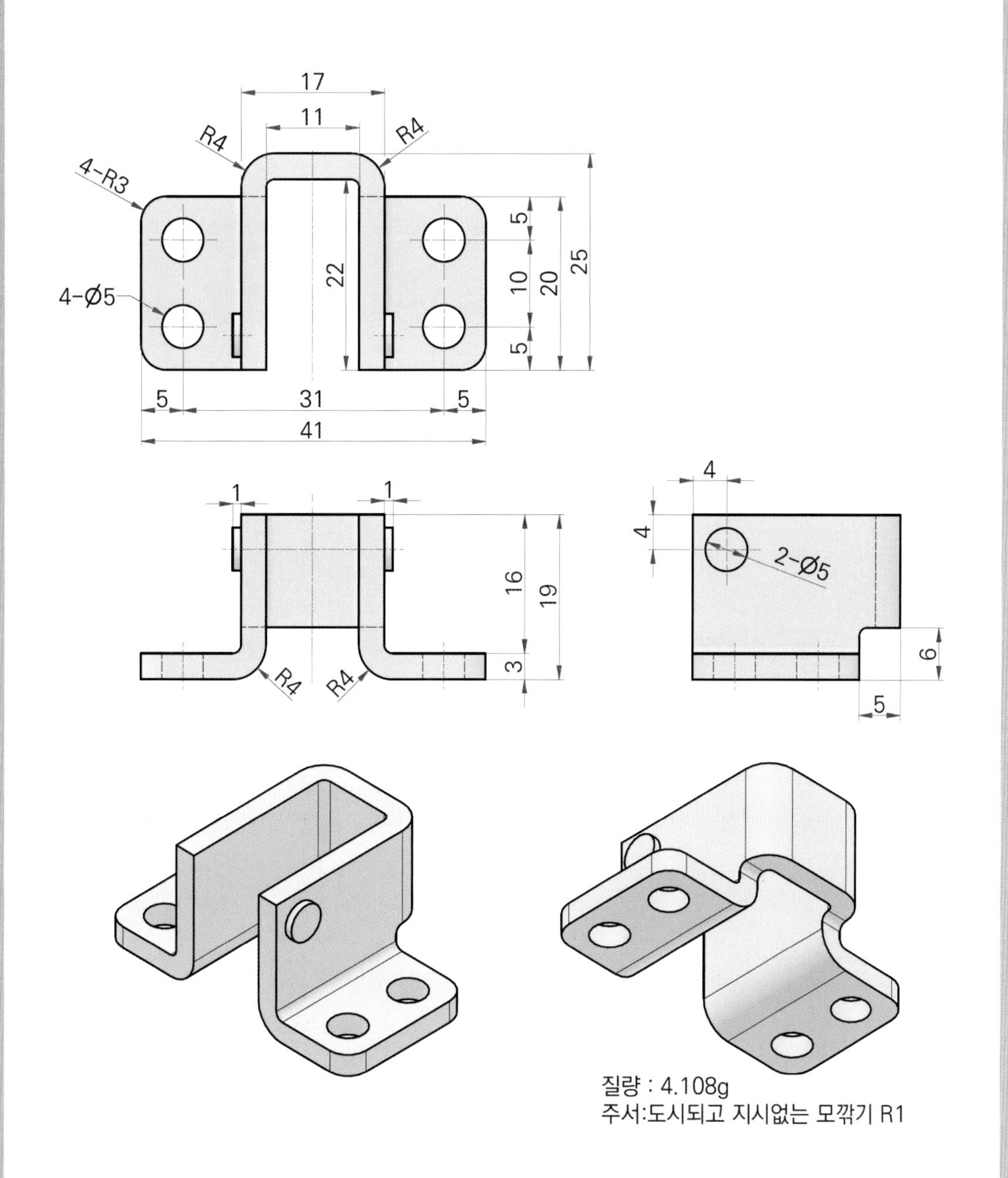

질량 : 4.108g
주서:도시되고 지시없는 모깎기 R1

2 피처 수정-1 실습 Point

https://cafe.naver.com/dongjinc/2049

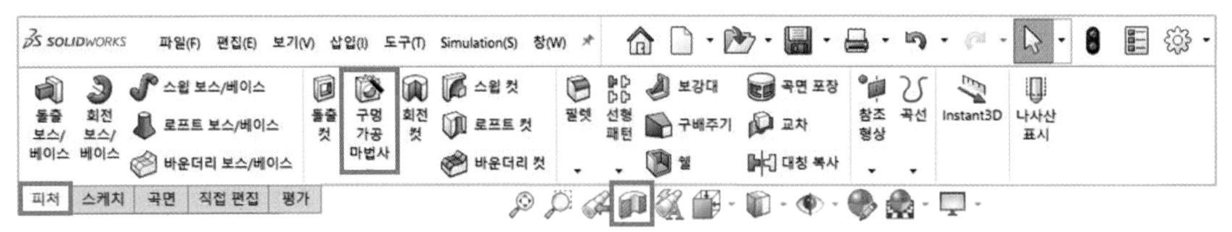

구멍가공마법사

볼트를 조립하기 위한 일반구멍이나 암나사부를 모델링하는 기능입니다.

육각볼트
(Hexagon headed bolt)

접시머리볼트
(Flat headed bolt)

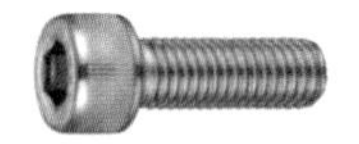

육각구멍붙이볼트
(Hexagon socket headed bolt)

즐겨찾기	구멍의 스타일 저장 및 불러오기
구멍 유형	구멍의 종류 지정
카운터보어	볼트의 머리를 묻기 위한 구멍
카운터싱크	접시머리볼트를 묻기 위한 구멍
구멍	나사산이 없는 단순 드릴 구멍
직선 탭	나사산이 있는 탭 구멍
테이퍼 탭	테이퍼 각도를 갖는 탭 구멍
이전 버전용 구멍	솔리드웍스2000 이전 버전용 구멍
카운터보어 홈	홈 형상의 카운터보어 구멍
카운터싱크 홈	홈 형상의 카운터싱크 구멍
홈	홈 형상의 구멍
구멍 스펙	구멍의 크기 지정
표준 규격	각 나라별 규격 선택
유형	볼트 종류, 크기 등을 선택
사용자 정의 크기	구멍의 크기 직접 입력
마침 조건	구멍의 방향, 깊이 지정
반대 방향	구멍 방향 변경
깊이	구멍의 깊이
숄더까지 깊이	숄더까지 깊이 입력
끝까지 깊이	끝까지 깊이 입력

1 아래와 같이 「[icon] 윗면」에 스케치를 작성하고 돌출 피처를 생성합니다.

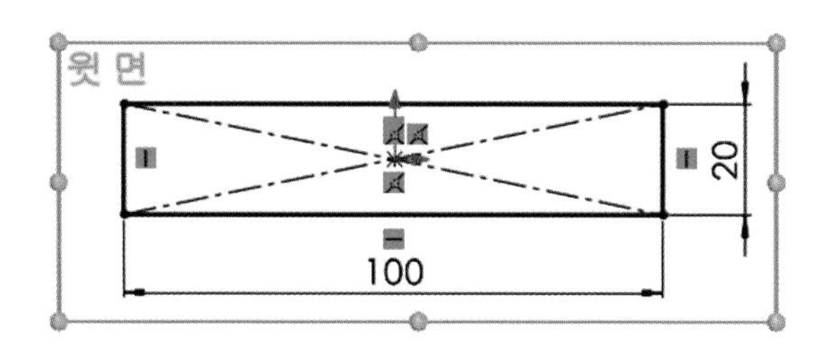

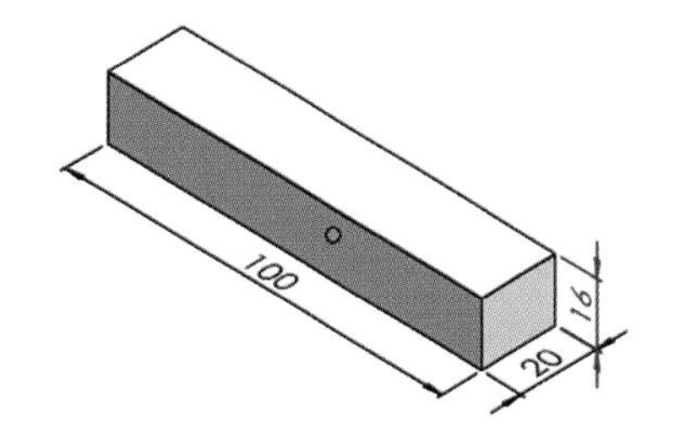

2 「[icon] 구멍가공마법사」를 클릭합니다. 구멍에 조립되는 볼트의 유형과 크기(육각구멍붙이볼트, M3)를 기준으로 아래와 같이 설정합니다. 「□ 사용자 정의 크기 표시」 옵션을 체크할 경우 구멍의 크기를 변경할 수 있습니다.

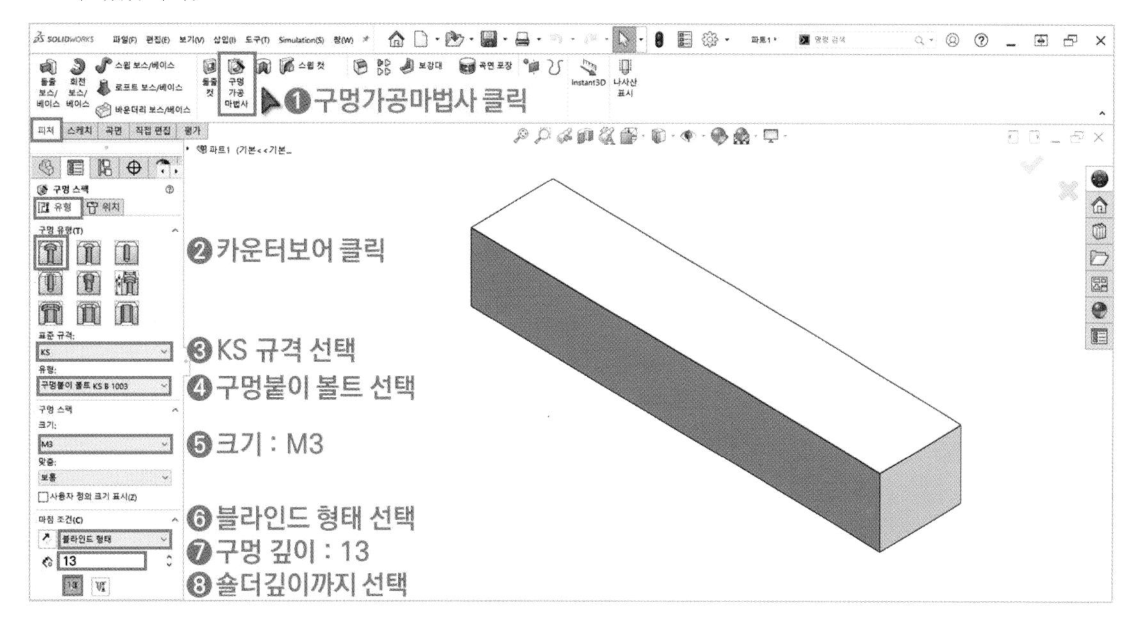

3 「[icon] 위치」를 클릭하고 피처의 윗면을 클릭합니다.

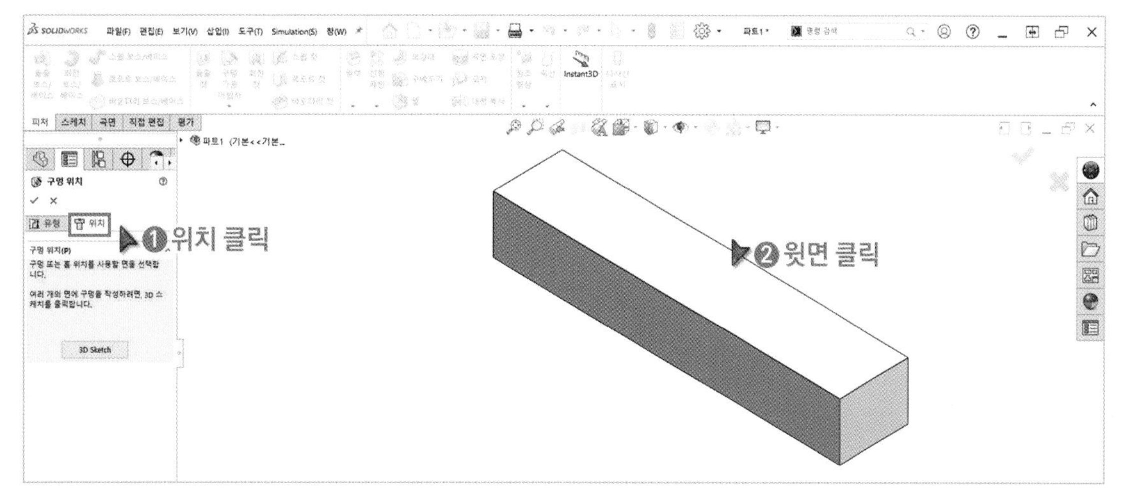

4 피처의 윗면을 클릭하면 스케치 도구모음이 활성화되고「■ 점」기능이 자동으로 실행됩니다. 임의의 지점을 클릭해서 점을 생성하고 치수를 기입합니다.

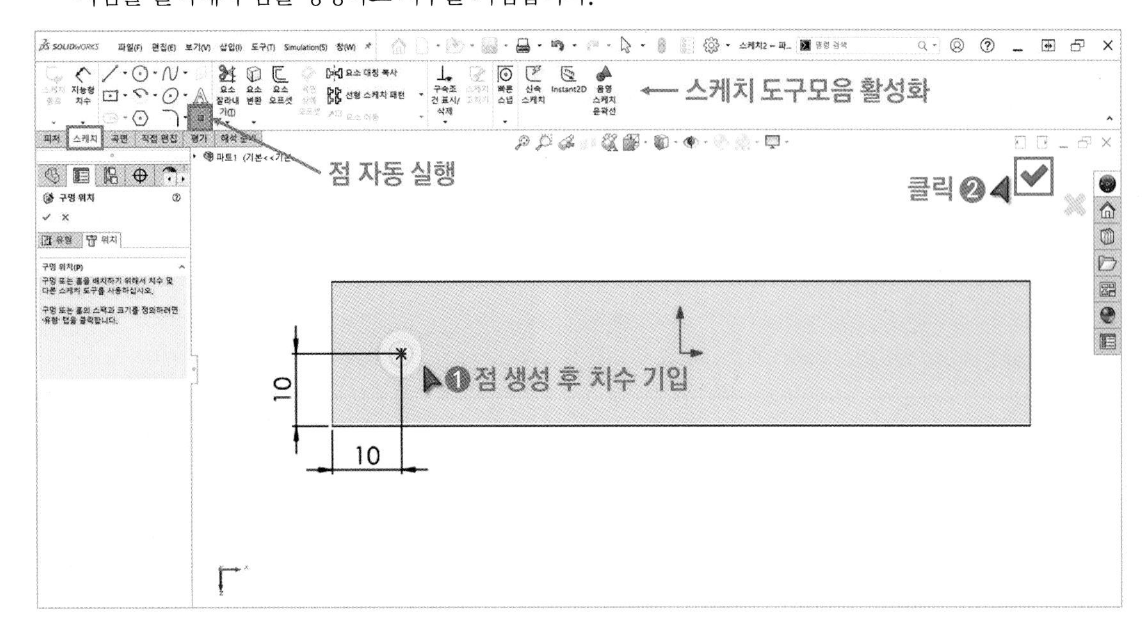

5 구멍 피처에 생성된 스케치를 파악합니다.

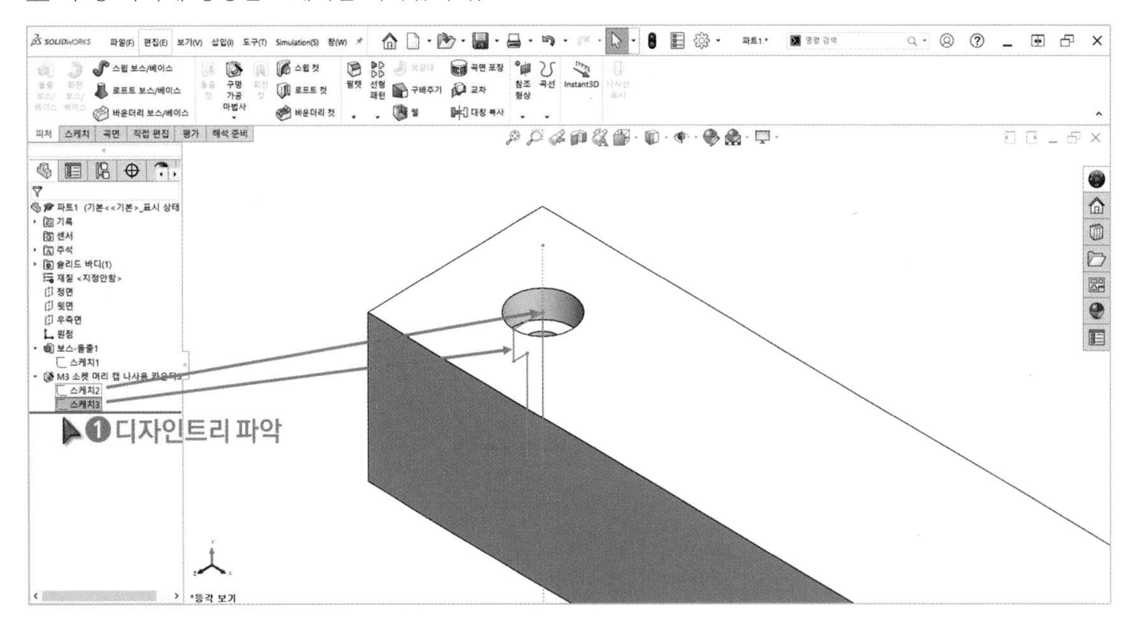

단면도

절단된 모습을 표시하는 기능입니다.

1 「단면도」를 클릭합니다. 디자인트리에서 정면을 클릭하고 거리 및 각도를 입력합니다. 「☑ 단면 캡 표시」 옵션을 해제할 경우 단면이 제거되어 속이 텅 비어있는 상태로 보이게 됩니다. 「□ 캡 색상 유지」 옵션을 체크할 경우 단면의 색상이 변경됩니다.

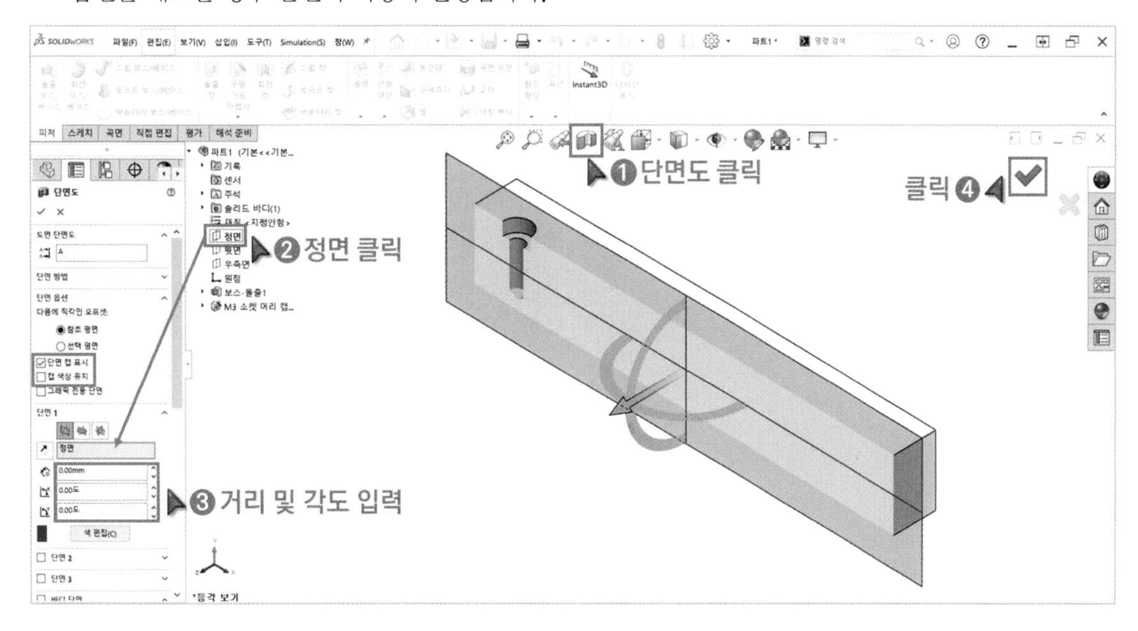

2 구멍의 형상을 파악하고 「단면도」를 클릭해서 단면도 기능을 해제합니다.

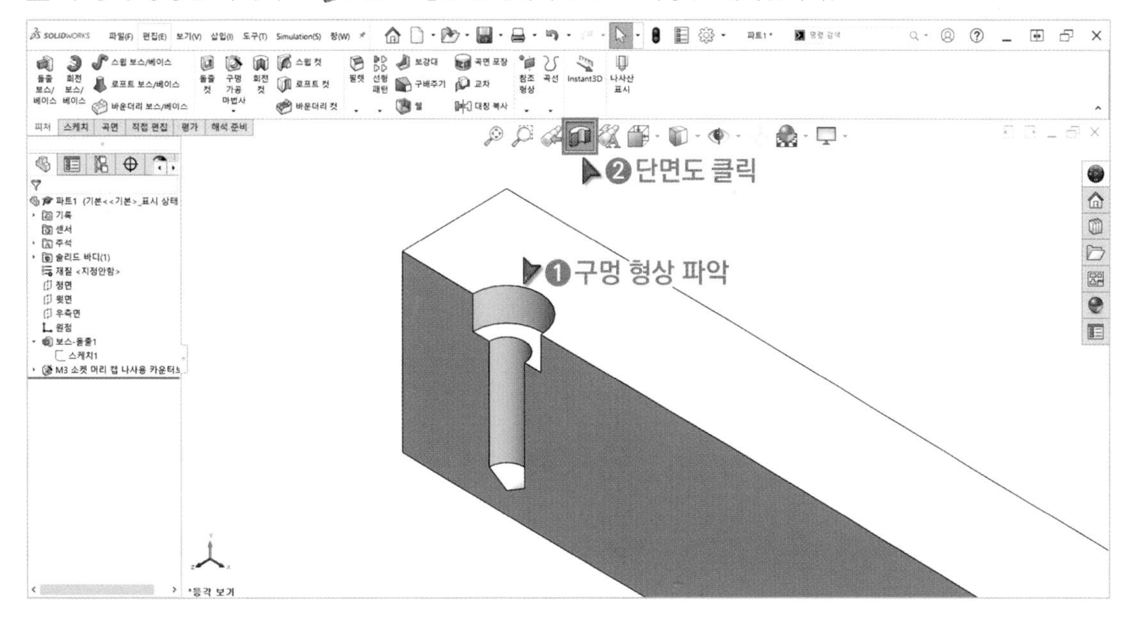

3 「 구멍가공마법사」를 클릭합니다. 암나사의 크기(M3 DP10)를 기준으로 아래와 같이 설정합니다. 「 나사산 깊이」를 입력하면 「 블라인드 깊이」는 자동으로 계산되어 입력됩니다. 「 나사산 표시」를 클릭해서 나사산이 보이도록 합니다.

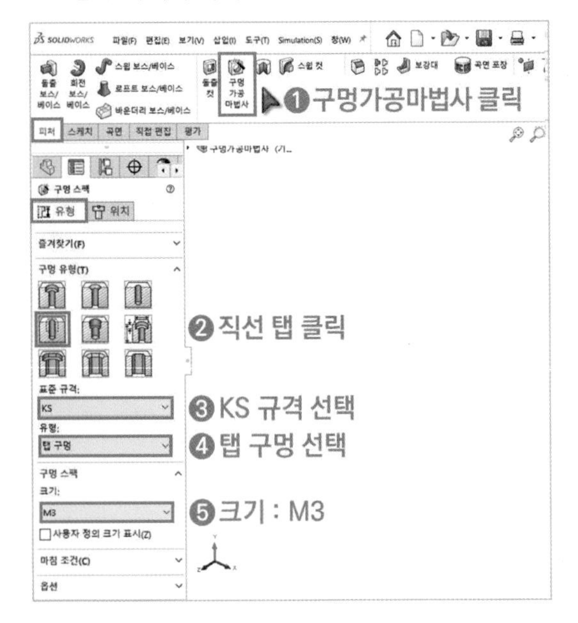

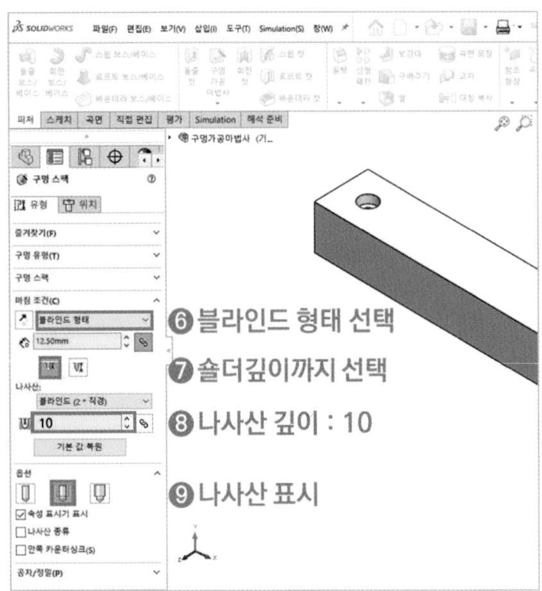

4 「 위치」를 클릭하고 피처의 윗면을 클릭합니다. 임의의 지점을 클릭해서 점을 생성하고 치수를 기입합니다.

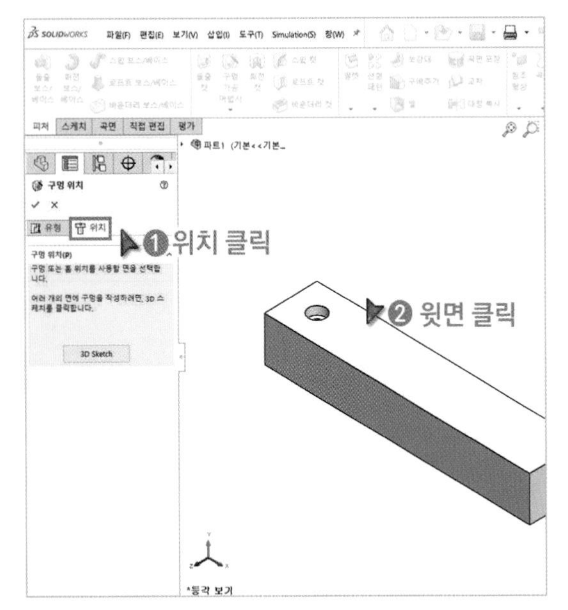

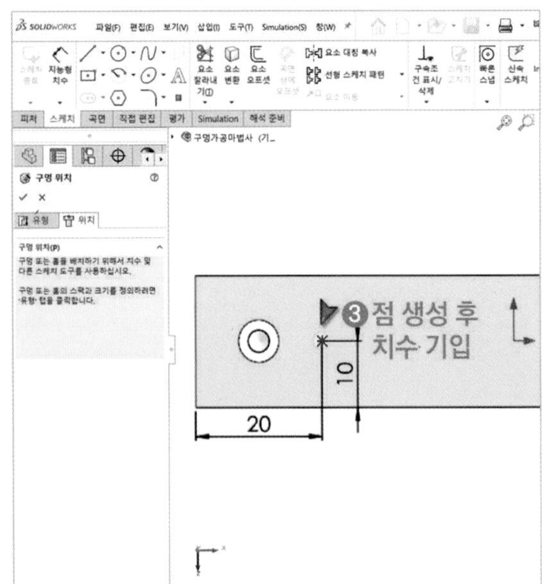

5 「단면도」를 클릭해서 피처를 단면처리 합니다.

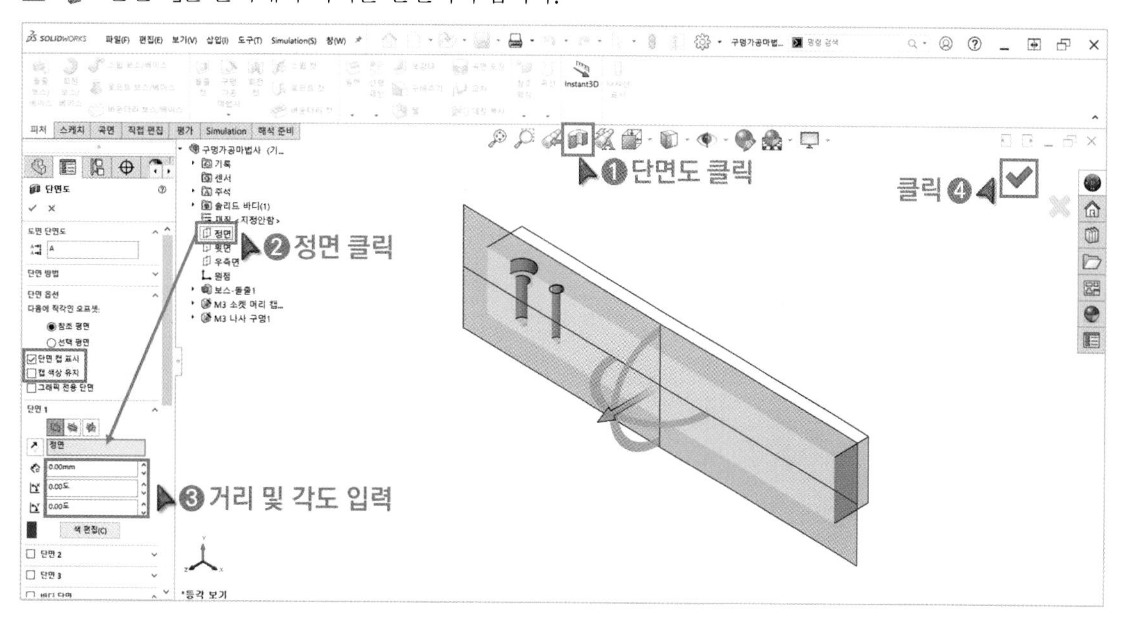

6 디자인트리와 탭 구멍의 형상을 파악합니다. 「단면도」를 클릭해서 기능을 해제합니다. (탭 구멍 나사산 표시 방법 : 옵션 → 문서 속성(D) → 도면화 → ☑ 음영나사산 체크)

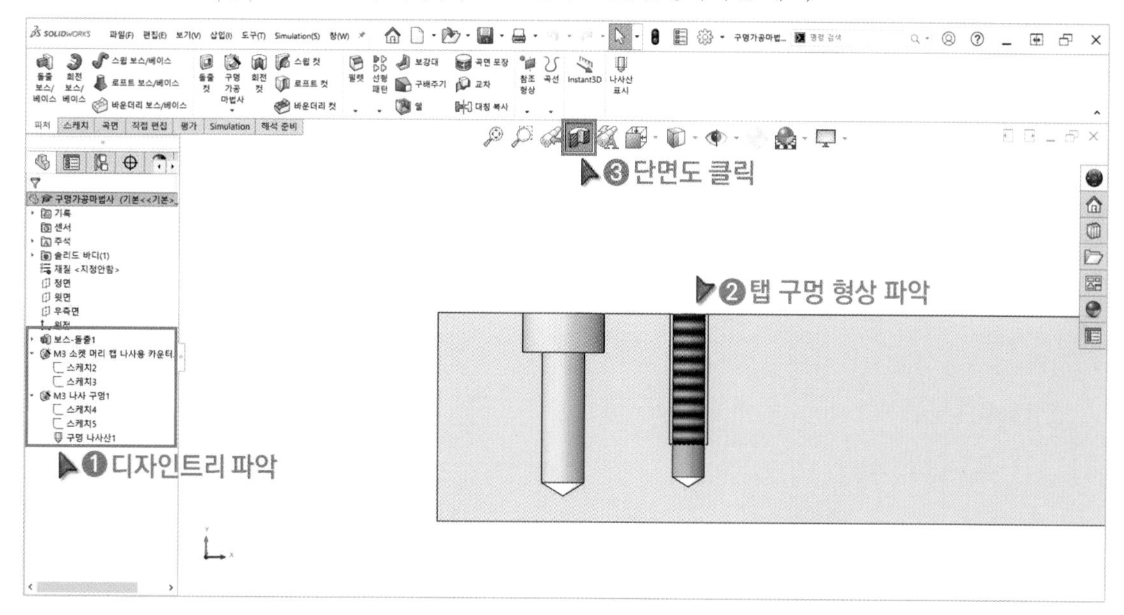

7 볼트의 종류와 크기에 따라 구멍의 형상이 달라집니다. ②번 부품은 「 카운터보어, KS규격, 구멍붙이 볼트, M3, 관통」으로 구멍 피처를 생성합니다. ③번 부품은 「 직선탭, KS규격, 탭 구멍, M3, 블라인드형태:8.5mm, 나사산:6mm, 나사산표시」로 탭 구멍 피처를 생성합니다.(M:미터보통나사, L:길이, Ø:지름, □:정사각형, DRILL:드릴 구멍, THRU:관통, C.B:카운터보어, DP:깊이)

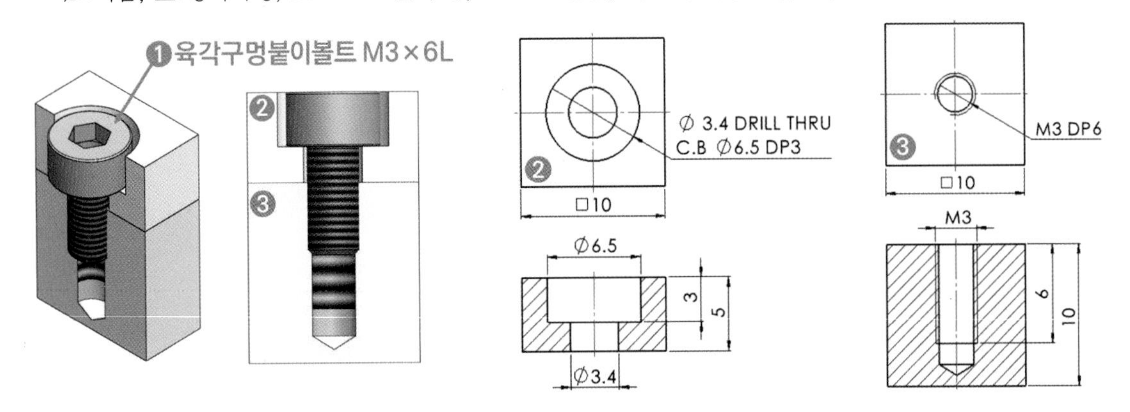

8 ②번 부품은 「 카운터싱크, KS규격, +자 납작머리 작은나사, M3, 관통」으로 구멍 피처를 생성합니다. (C.S:카운터싱크)

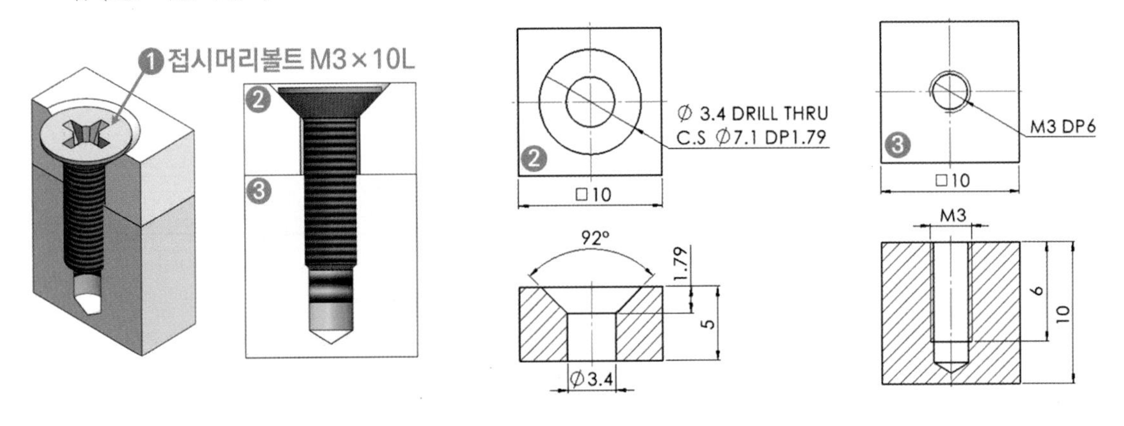

9 ②번 부품은 「 카운터보어, KS규격, 육각머리볼트(A등급), M3, ☑사용자 정의 크기 표시, 지름:9mm, 깊이:0.2mm」로 구멍 피처를 생성합니다.(S.F:스폿페이스)

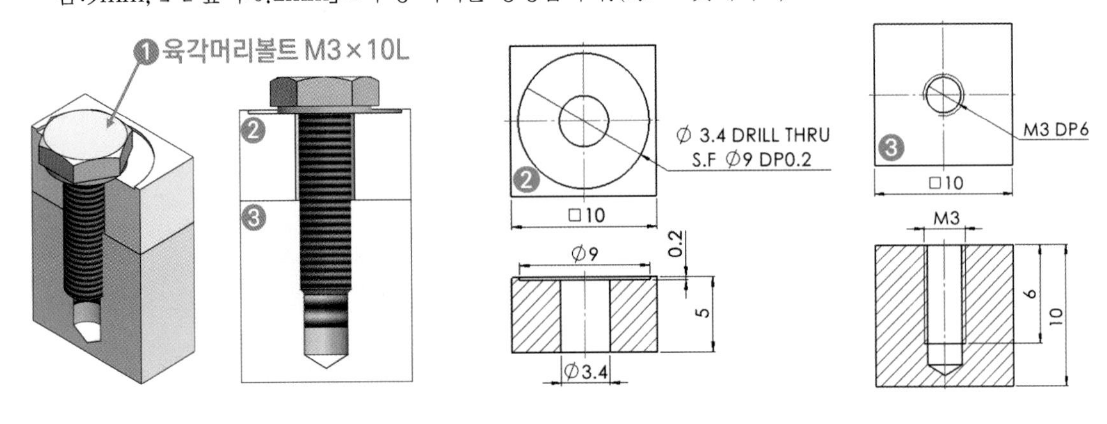

3 피처 수정-2 실습 Point

https://cafe.naver.com/dongjinc/2050

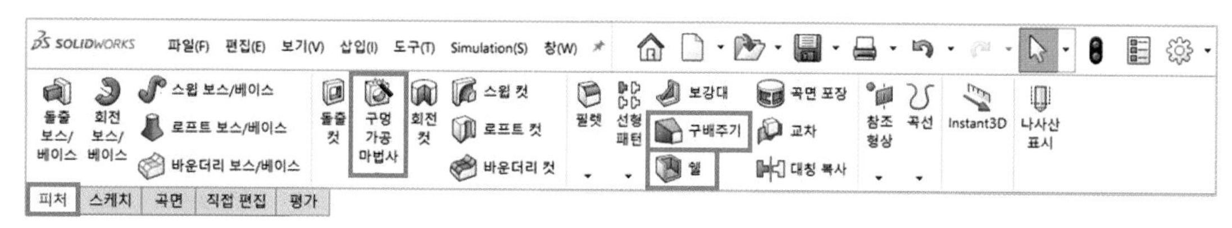

구멍가공마법사

볼트를 조립하기 위한 일반구멍이나 암나사부를 모델링하는 기능입니다.

구배주기

피처의 면을 기울이는 기능입니다. 돌출의 테이퍼 기능은 모든 면에 기울기를 주는 반면 구배주기 기능은 선택한 면만 기울기를 줄 수 있습니다.

쉘

일정한 두께를 갖도록 피처의 속을 파내는 기능입니다. 선택하는 면이 제거되며 그 외의 면은 지정한 값의 두께를 갖게 됩니다. 케이스 같은 제품을 모델링할 때 사용합니다.

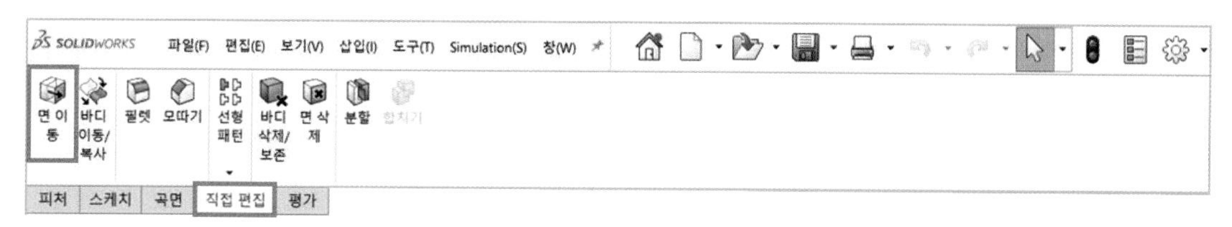

면 이동

형상의 면을 직접 편집하는 기능입니다. 디자인트리에 작업내용(스케치, 피처)을 편집하지 않고도 형상을 쉽게 수정할 수 있는 장점이 있습니다.

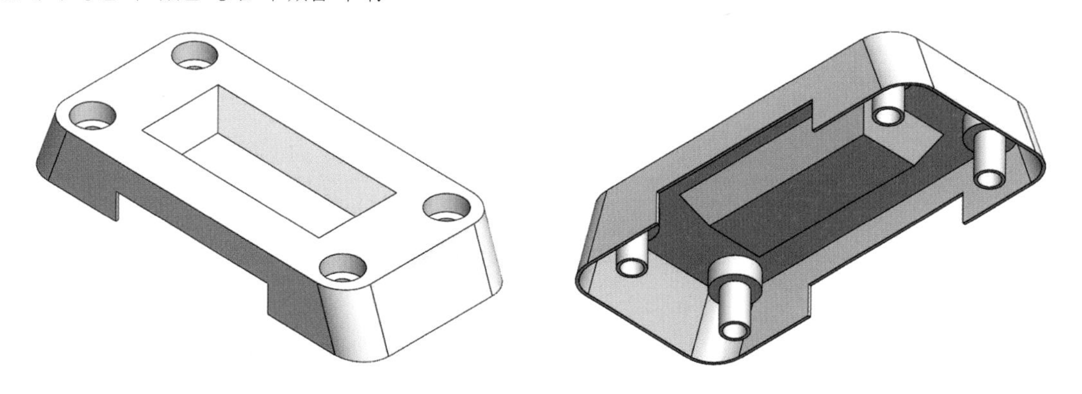

1 아래와 같이 「윗면」에 스케치를 작성하고 돌출 피처를 생성합니다.

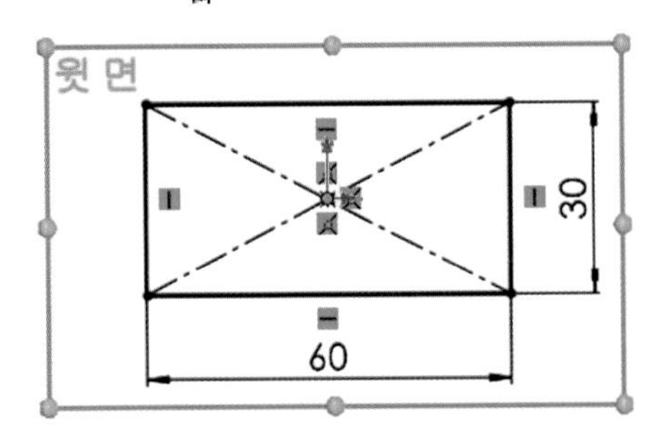

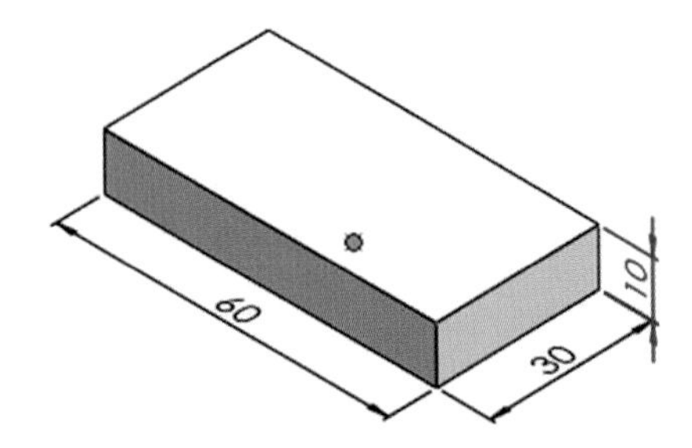

2 피처의 윗면에 스케치를 생성합니다.

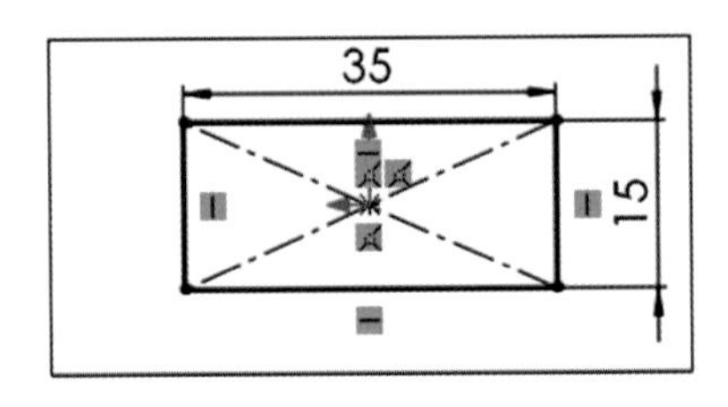

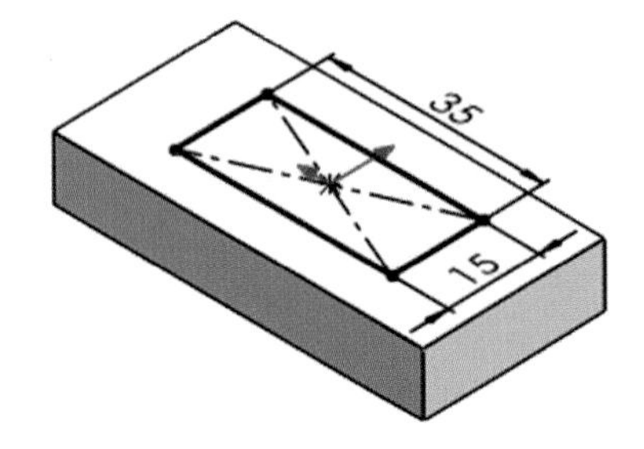

3 「돌출 컷」을 클릭합니다. 깊이와 구배 값을 입력합니다. 돌출 또는 돌출 컷의 구배기능은 돌출하는 4개의 면 모두 기울기를 갖게 합니다.

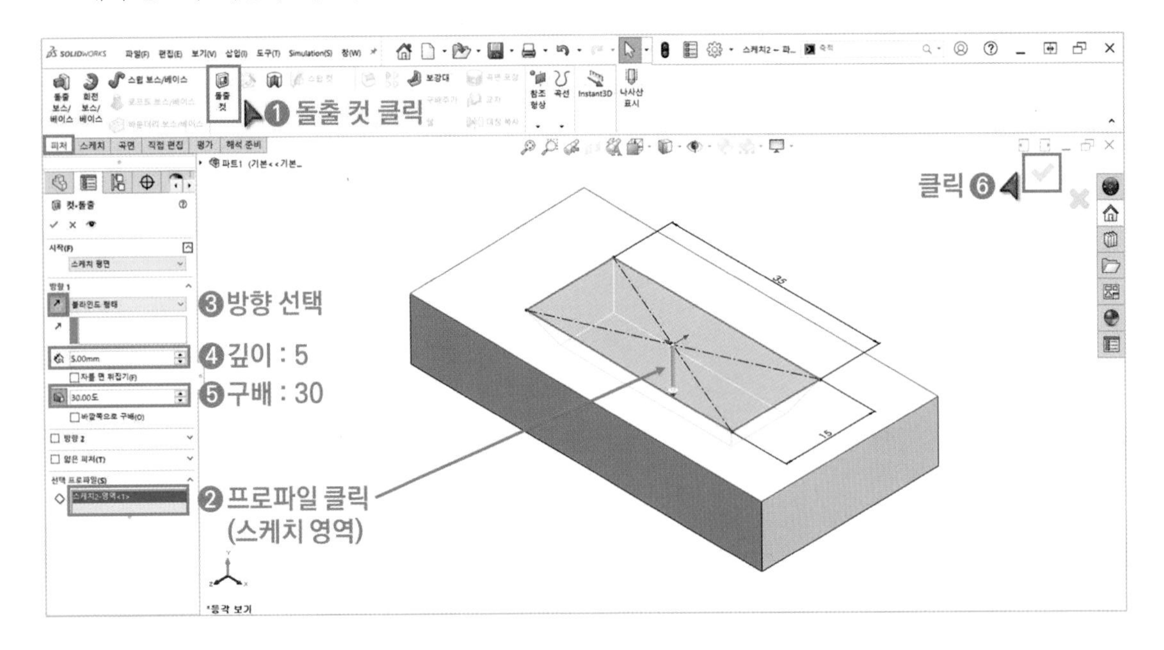

4 피처 도구모음의 「 구배주기」를 클릭합니다. 중립평면과 구배면을 선택하고 각도 값을 입력합니다. 중립평면을 기준으로 각도가 적용되며 선택한 구배면만 기울기를 갖습니다.

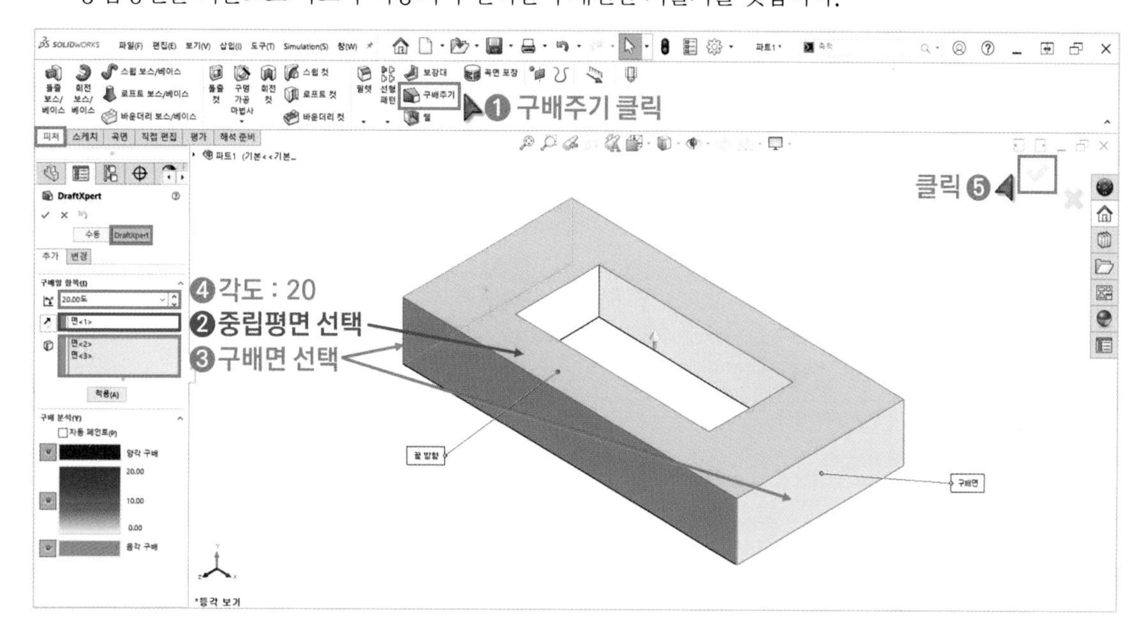

5 「 필렛」을 클릭합니다. 4개의 모서리에 필렛을 적용합니다.

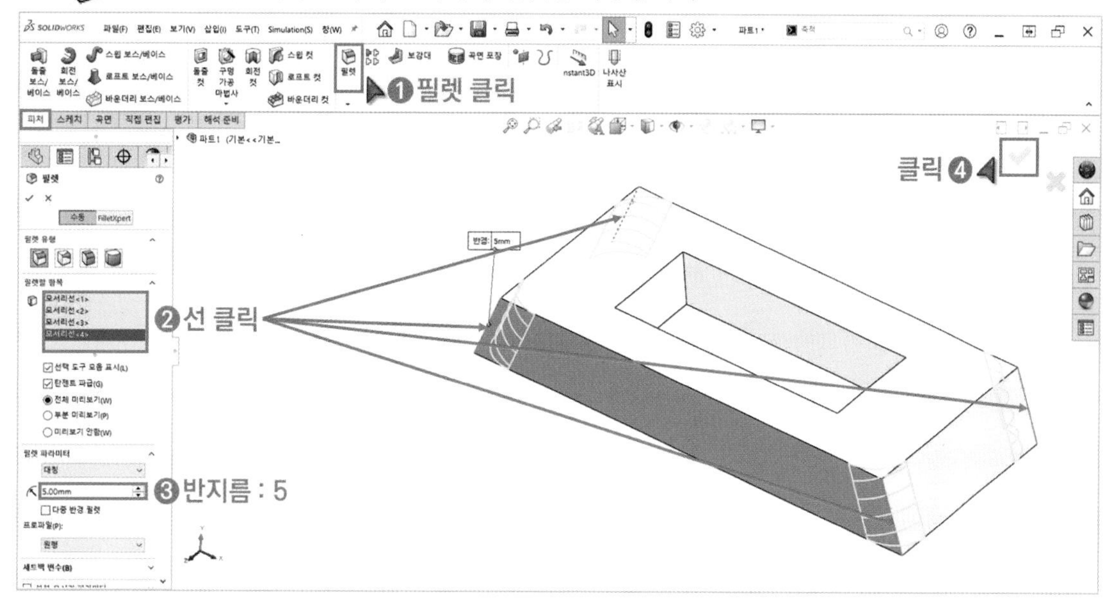

6 「구멍가공마법사」를 클릭합니다. 구멍의 유형, 규격, 크기, 마침조건을 설정합니다.

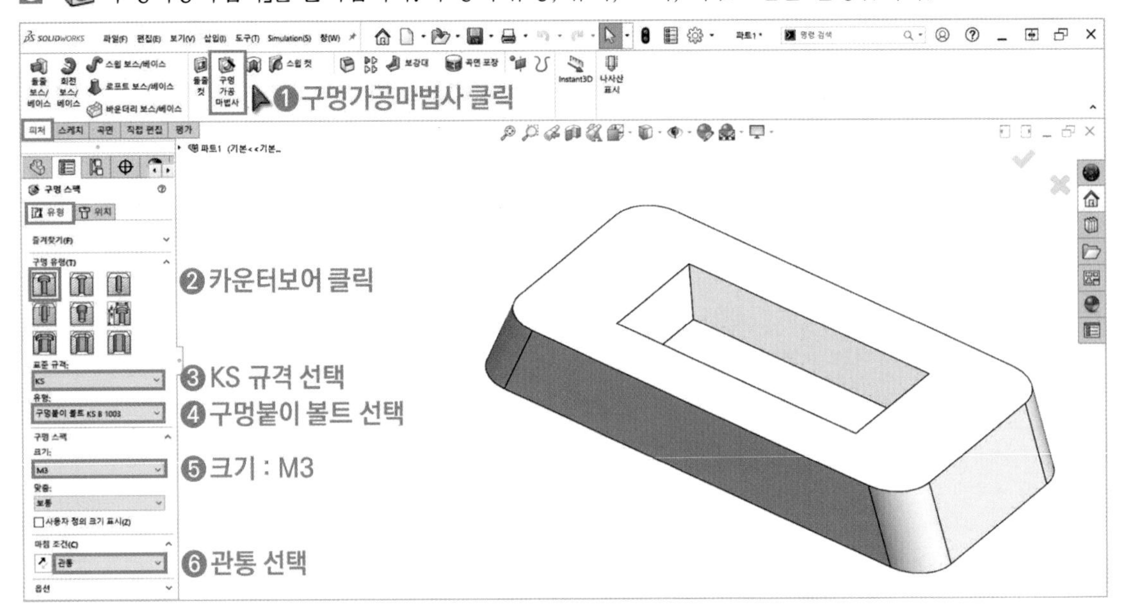

7 「위치」를 클릭하고 피처의 윗면을 클릭합니다.

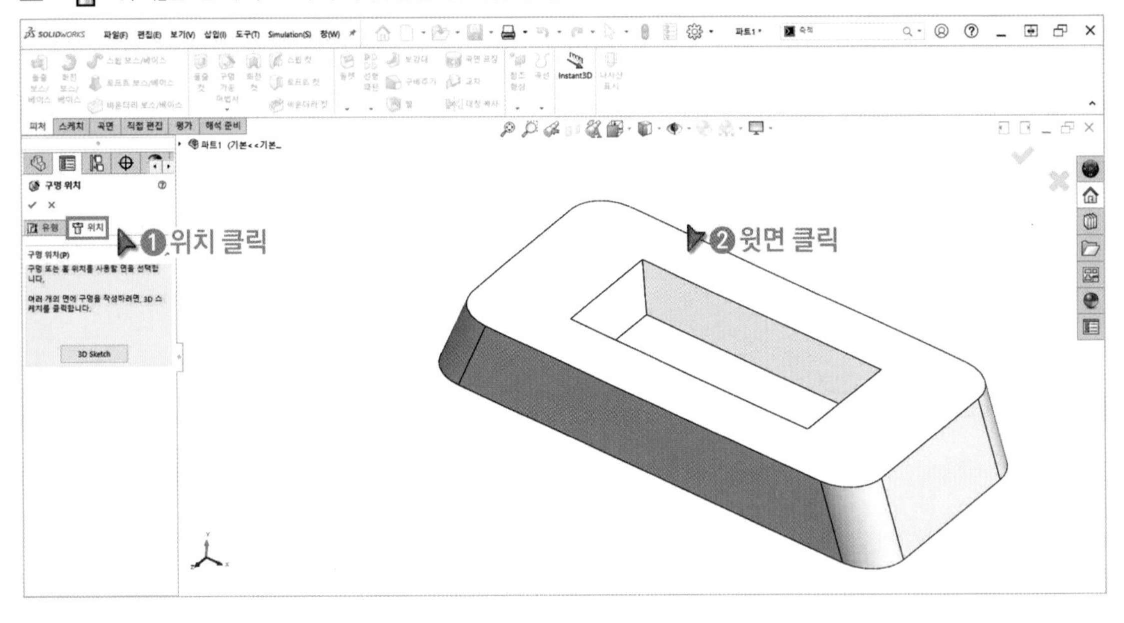

8 「 요소변환」을 클릭합니다. 피처의 면을 클릭해서 필렛 원의 중심점을 생성합니다.

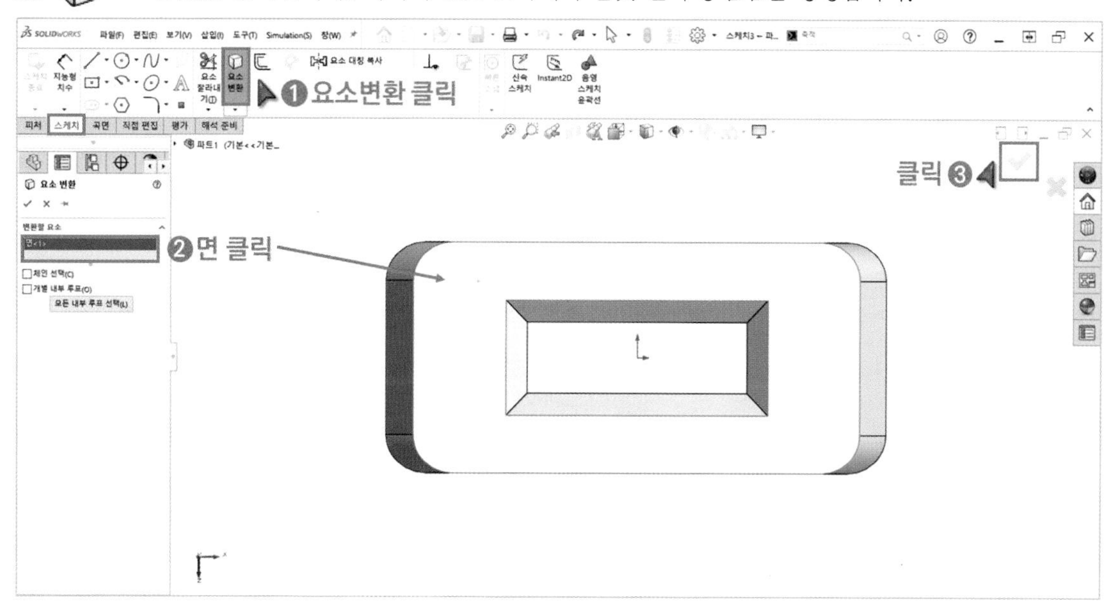

9 「 점」을 클릭합니다. 원의 중심점을 클릭해서 점 4개를 스케치합니다.

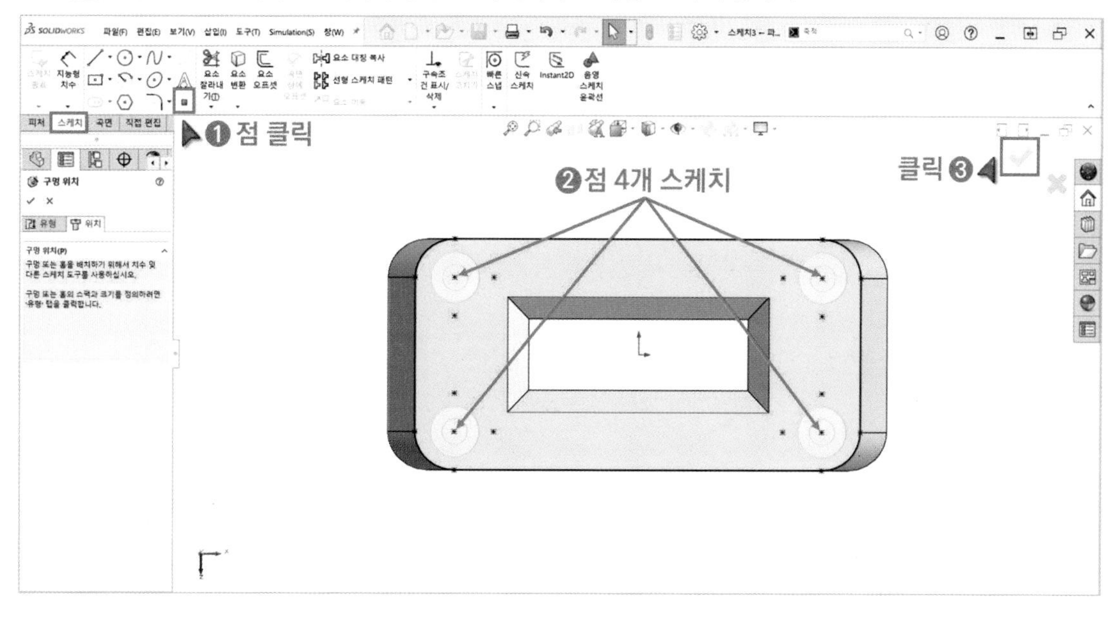

10 피처 앞면에 사각형을 스케치합니다. 「 돌출 컷」을 클릭하고 관통을 선택해서 피처를 잘라냅니다.

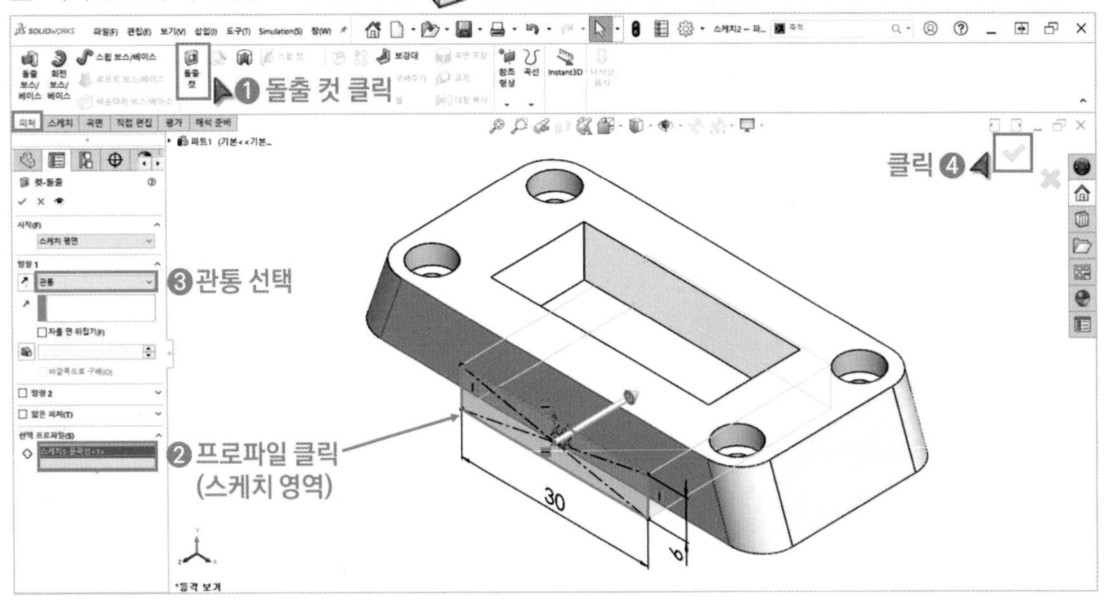

11 「 쉘」을 클릭합니다. 두께를 입력하고 제거할 면 5개를 클릭합니다. ☑미리보기 표시를 체크해서 형상을 확인합니다. 선택한 면은 제거되고 그 외의 면은 지정한 값의 두께를 갖게 됩니다.

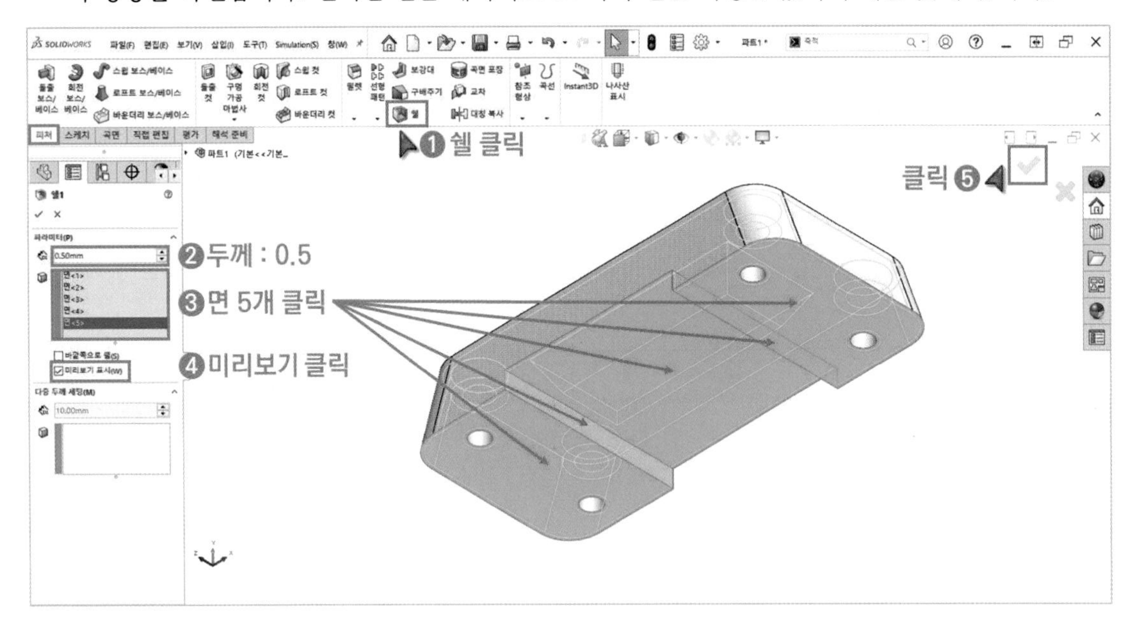

12 직접 편집 도구모음의 「 면 이동」을 클릭합니다. 2개의 면을 클릭하고 거리와 방향을 설정합니다. 디자인트리에 작업내용을 편집하지 않고도 형상을 쉽게 수정할 수 있습니다.

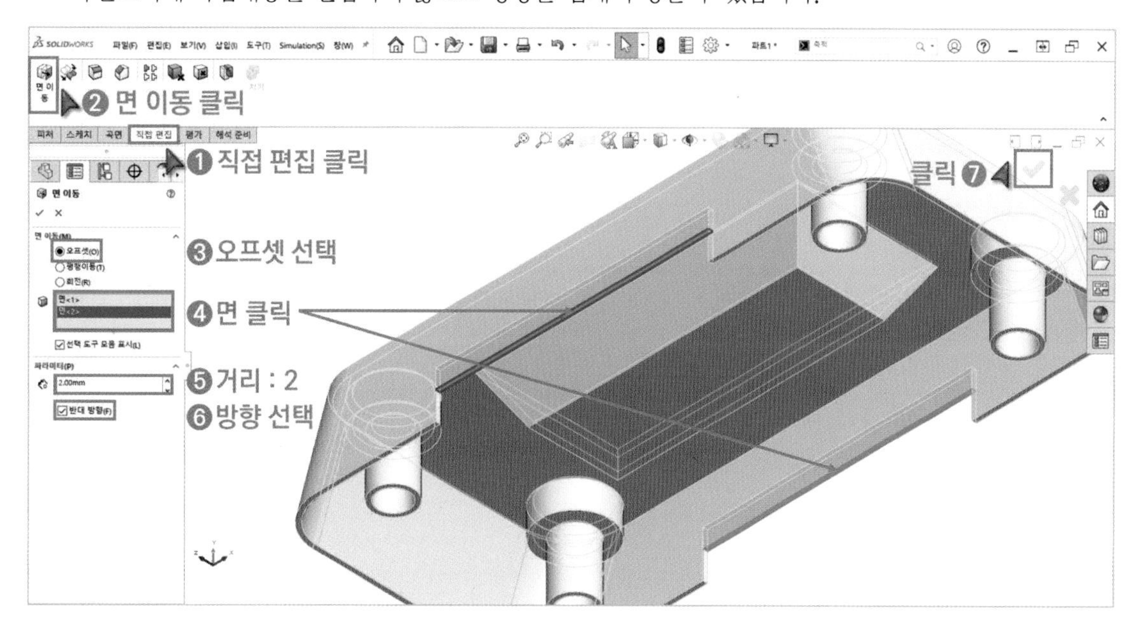

13 표시 유형의 「 은선 표시」를 클릭합니다. 표시 유형을 변경해서 형상의 내부 구조를 쉽게 파악할 수 있습니다.

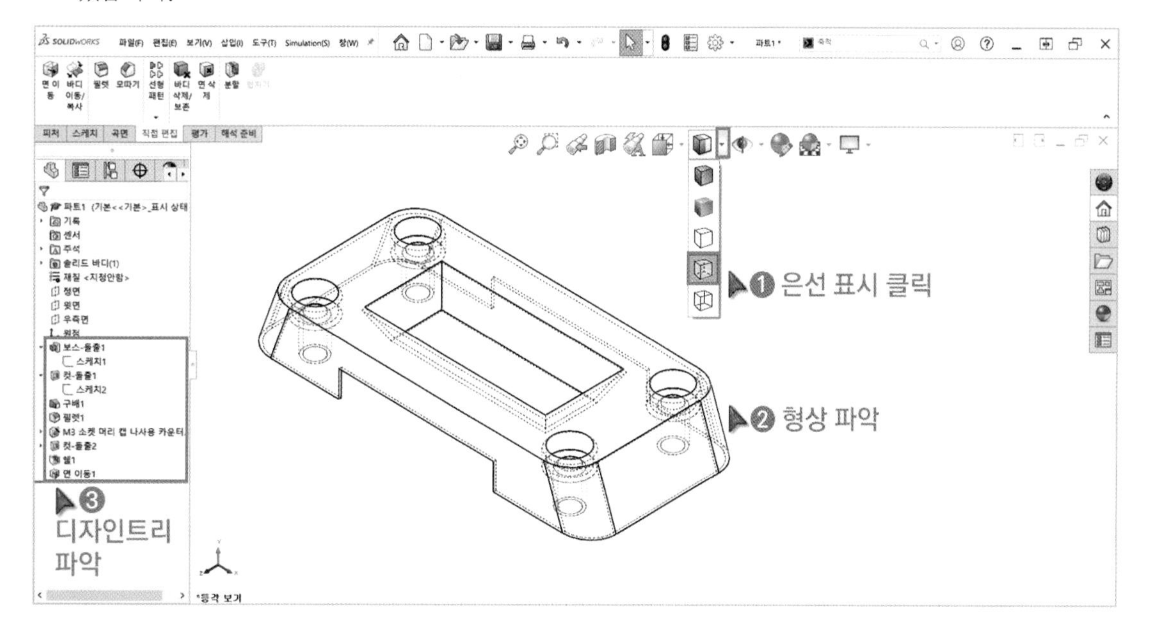

연습도면 36 피처 수정 (중급)

https://cafe.naver.com/dongjinc/2051

쉘 피처 활용을 위한 연습도면입니다. 재질은 지정하지 않고 질량을 측정하세요. 정확하게 모델링을 했는지 연습도면의 질량과 비교해보세요.

연습도면 36-1

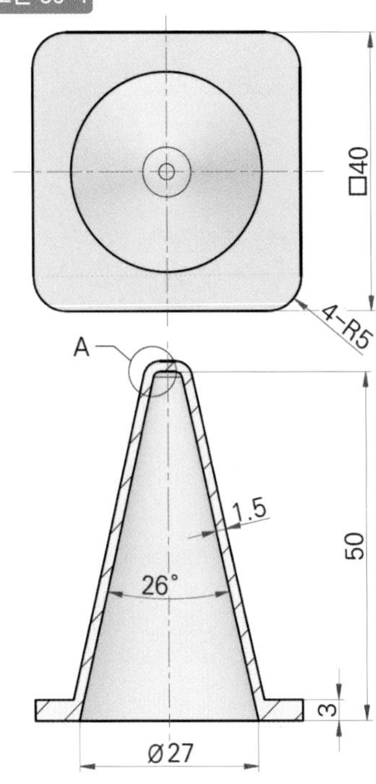

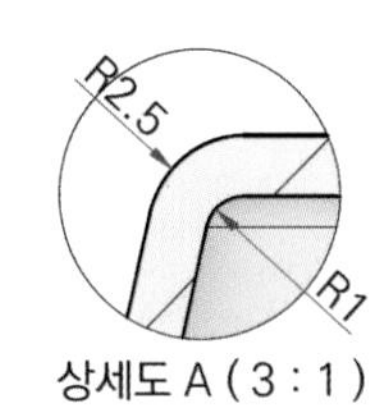

상세도 A (3 : 1)

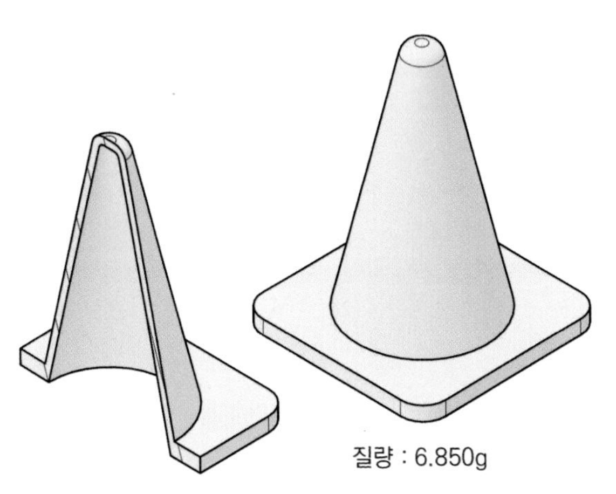

질량 : 6.850g

연습도면 36-2

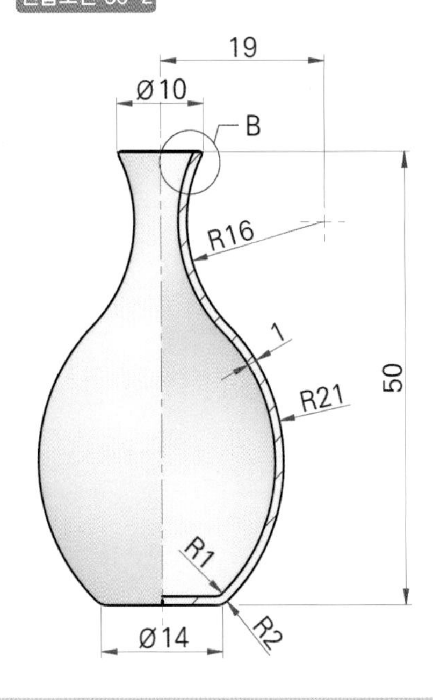

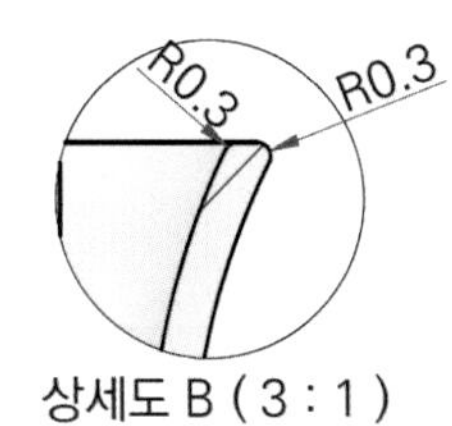

상세도 B (3 : 1)

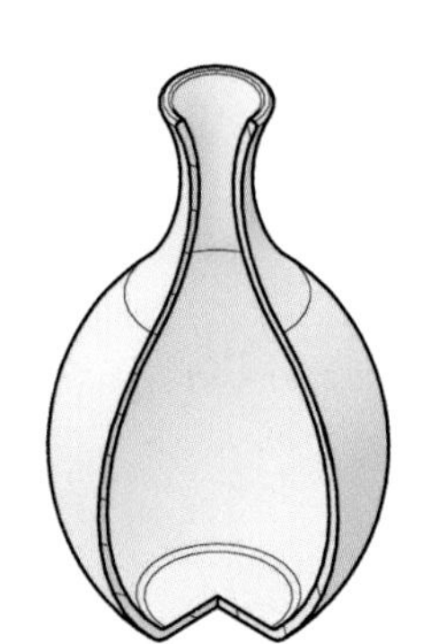

질량 : 3.060g

연습도면 37 〉 피처 수정 (중급)

https://cafe.naver.com/dongjinc/2052

쉘 피처 활용을 위한 연습도면입니다. 재질은 지정하지 않고 질량을 측정하세요. 정확하게 모델링을 했는지 연습도면의 질량과 비교해보세요.

연습도면 37-1

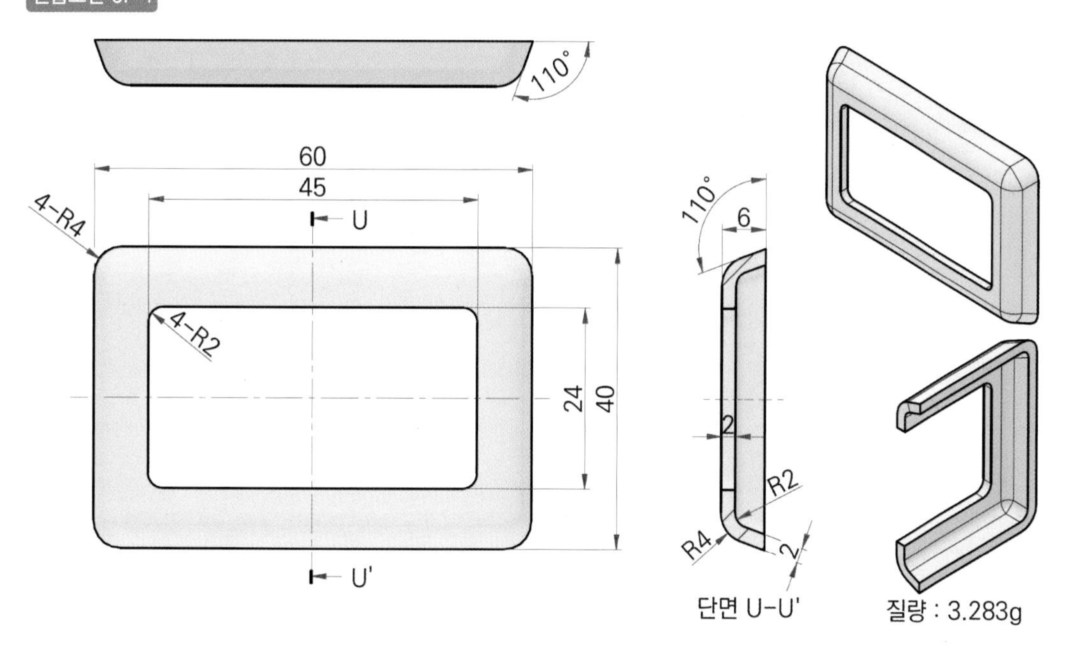

연습도면 37-2

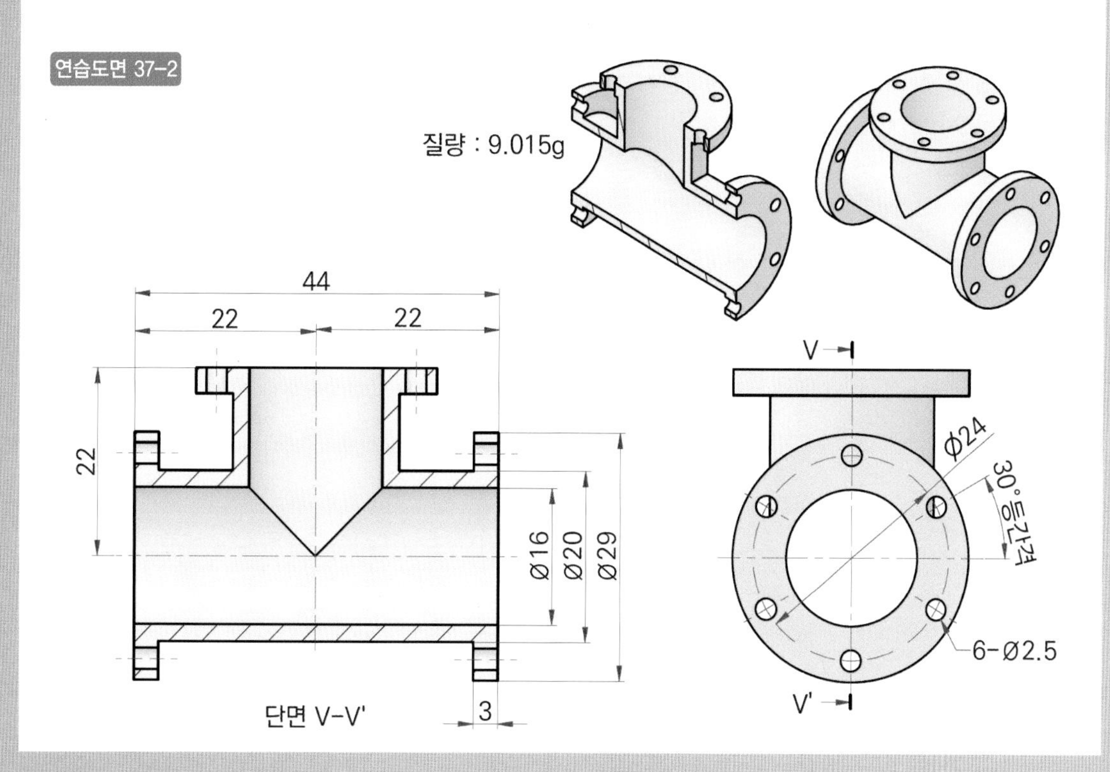

셸 · 구멍 피처 활용을 위한 연습도면입니다. 재질은 지정하지 않고 질량을 측정하세요. 정확하게 모델링을 했는지 연습도면의 질량과 비교해보세요.

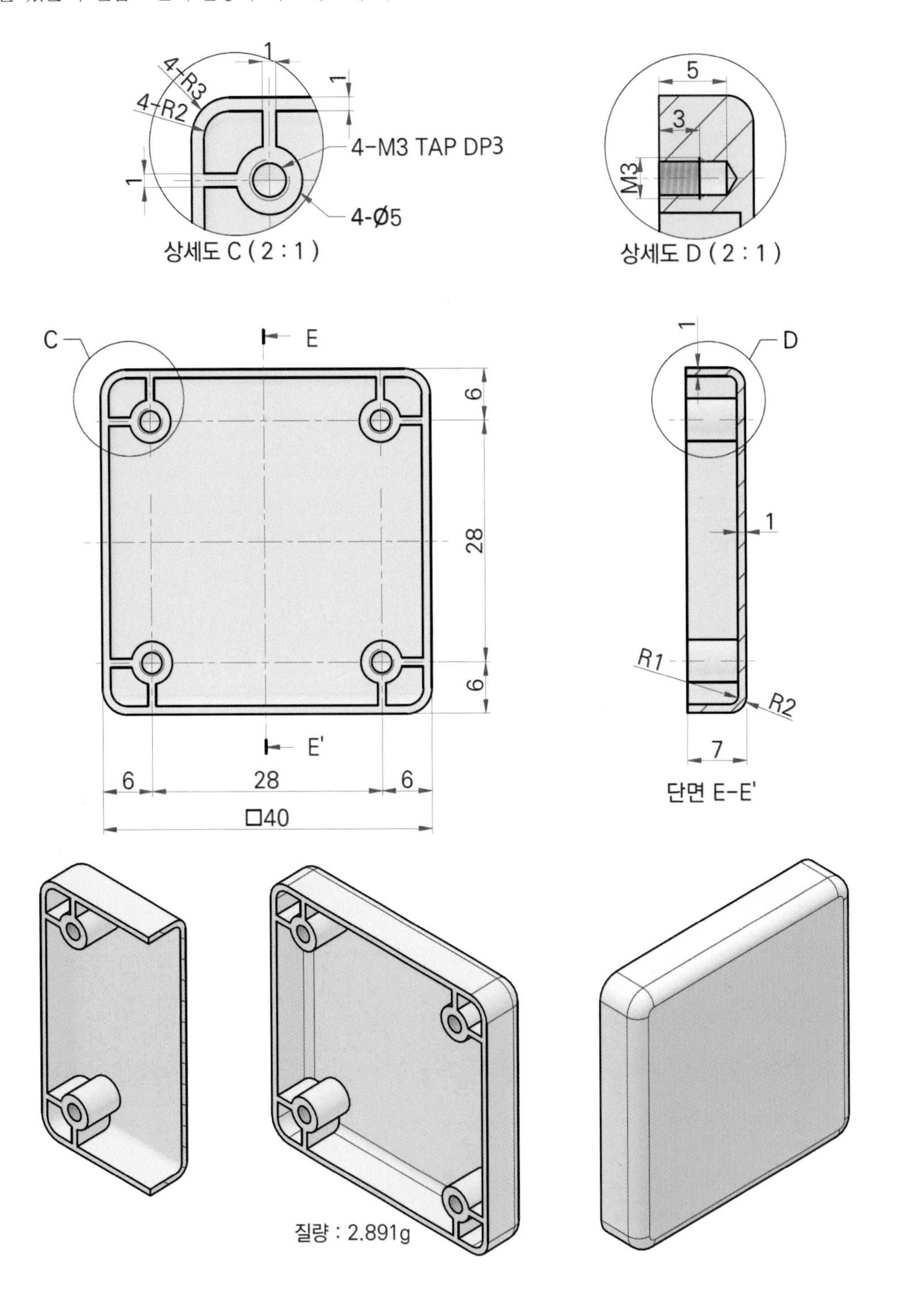

쉘 · 구멍 피처 활용을 위한 연습도면입니다. 재질은 지정하지 않고 질량을 측정하세요. 정확하게 모델링을 했는지 연습도면의 질량과 비교해보세요.

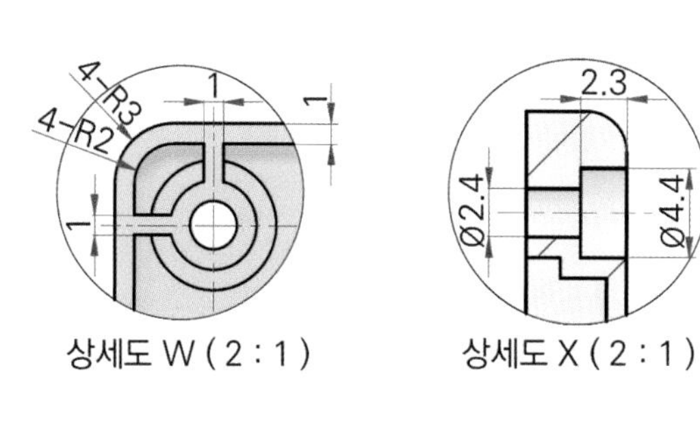

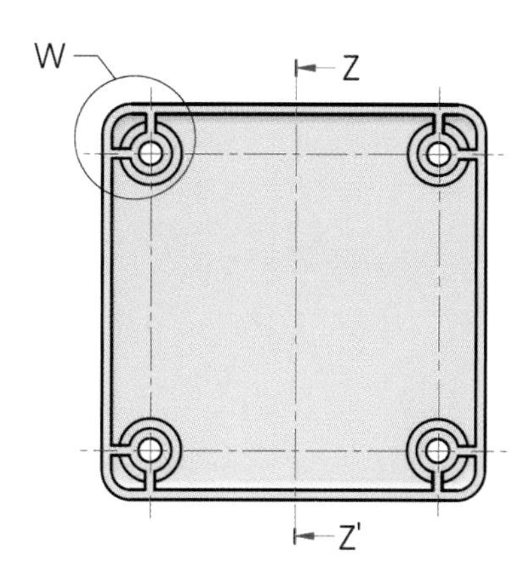

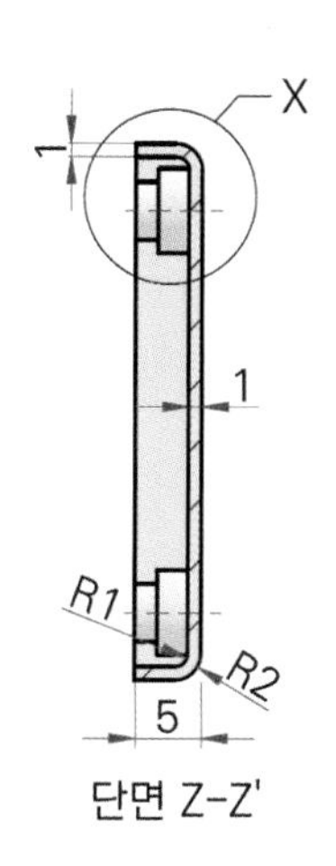

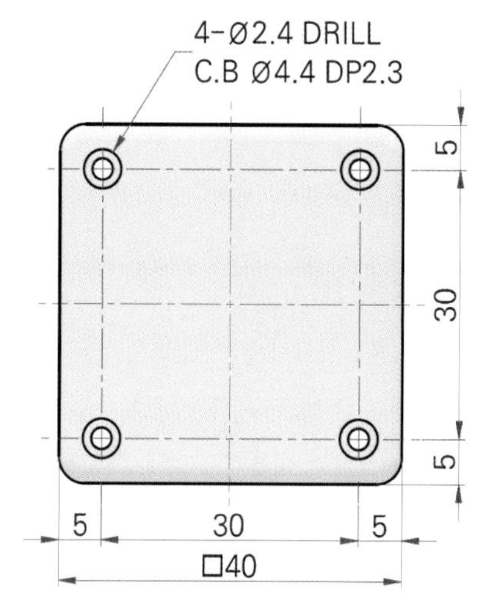

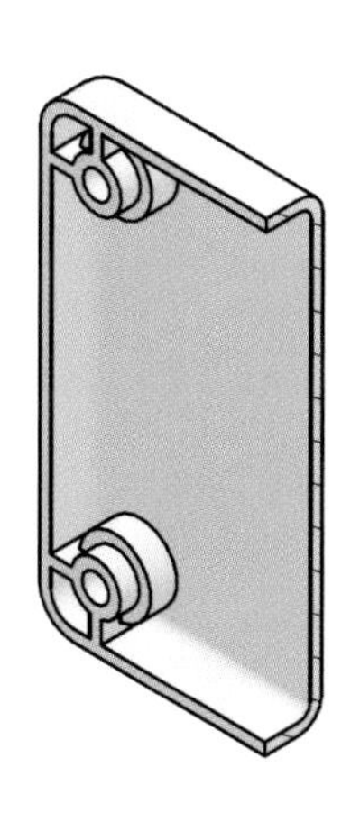

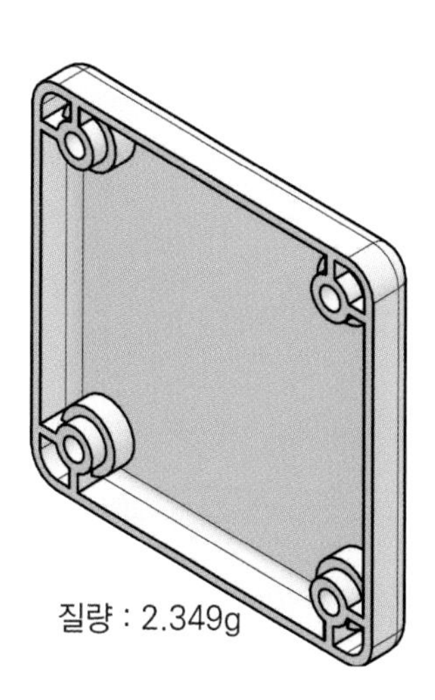

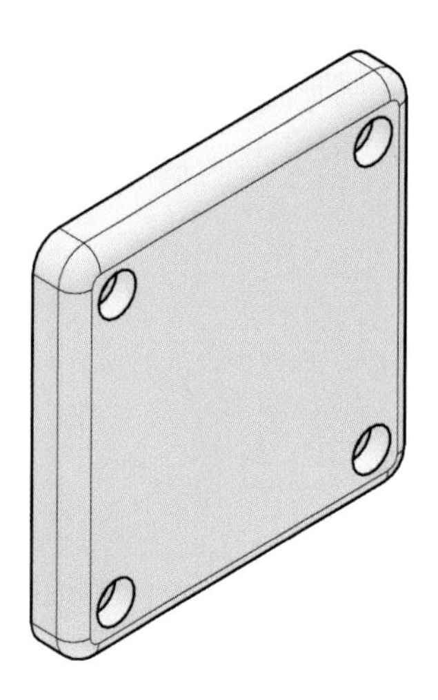

4 기준면 및 기준축 작성 실습 Point

https://cafe.naver.com/dongjinc/2055

기본적으로 제공하는 기준면(정면, 윗면, 우측면)과 피처의 면으로 복잡한 형상을 구현하는데 한계가 있습니다. 따라서 복잡한 형상을 구현할 수 있도록 원하는 위치에 기준면과 기준축을 생성할 수 있어야 합니다.

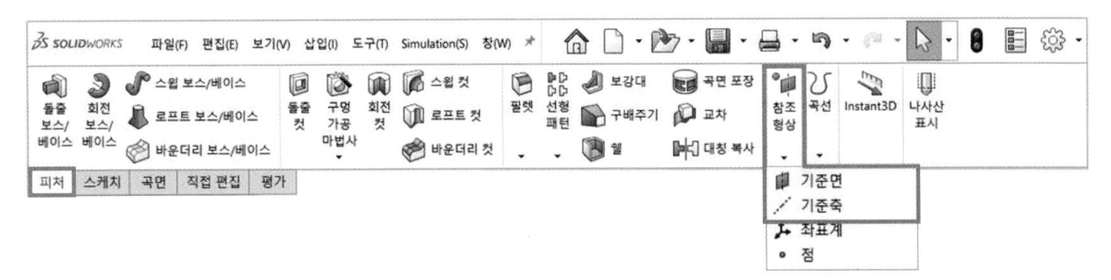

기준면

다양한 종류의 기준면을 생성하는 기능입니다.

1 아래와 같이 「 정면」에 스케치를 작성하고 돌출 피처를 생성합니다. 피처 도구모음의 「 기준면」을 클릭합니다.

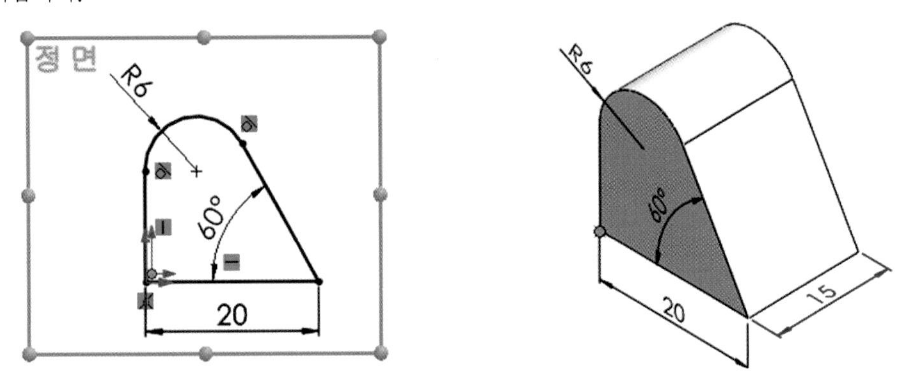

2 오프셋 평면 : 「피처의 면」을 클릭하고 「거리값」을 입력해서 평면을 생성합니다.

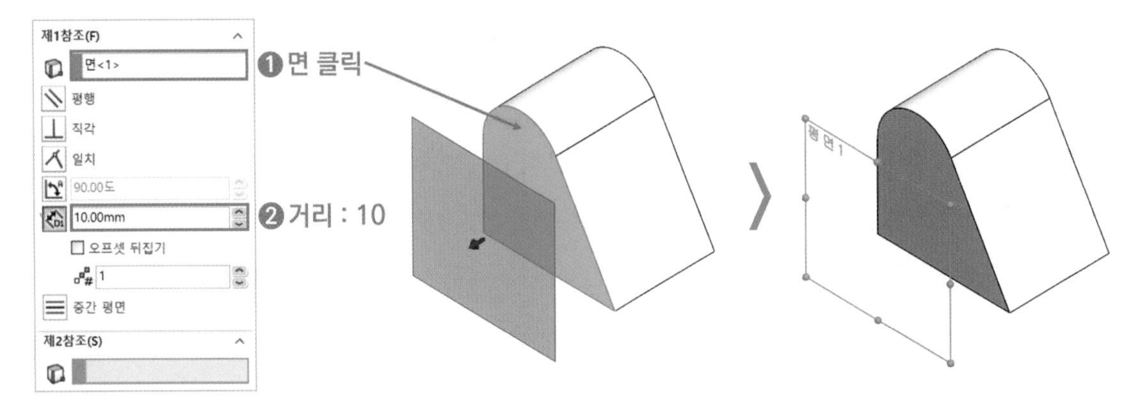

3 일치 평면 : 「피처의 면」과 「점」을 클릭해서 평면을 생성합니다.

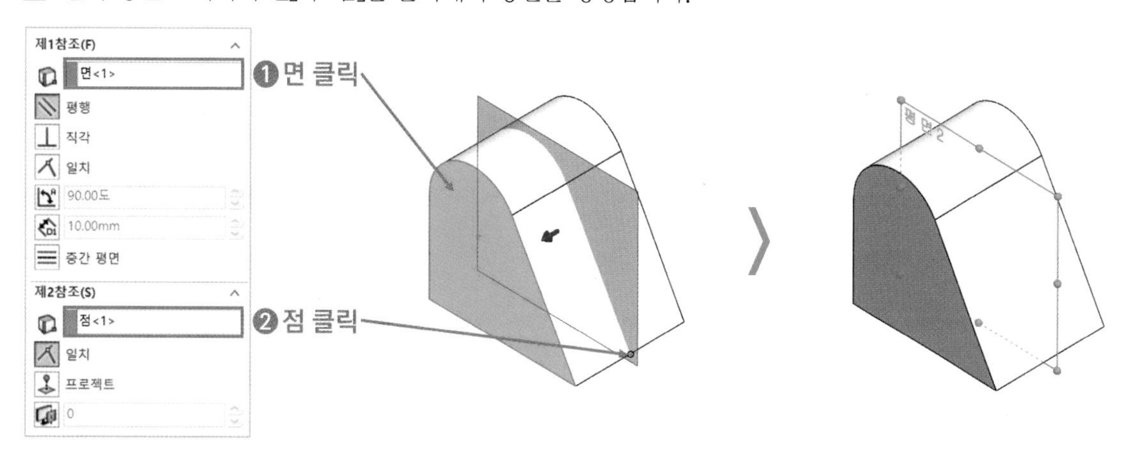

4 중간 평면 : 「두 개의 면」을 클릭해서 중간에 평면을 생성합니다.

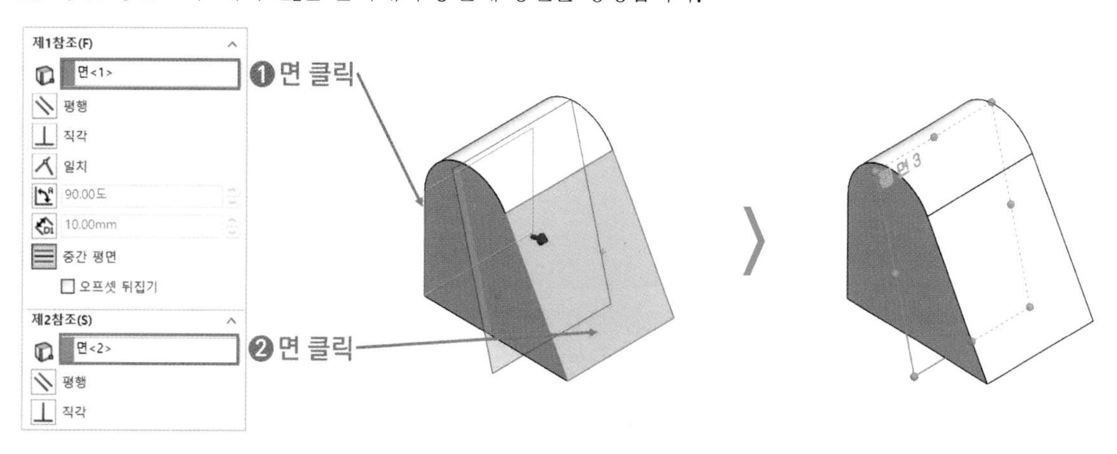

5 수직 평면 : 「선」과 「선의 끝점」을 클릭해서 평면을 생성합니다.

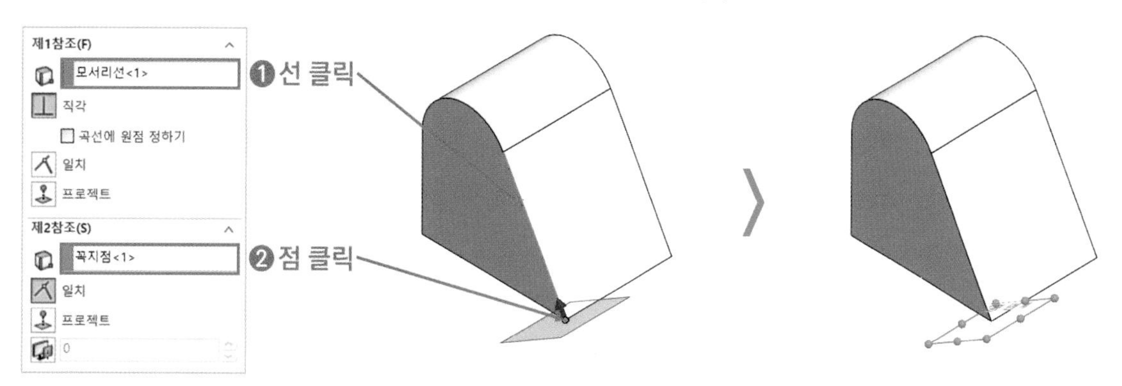

6 탄젠트 평면 : 「피처의 면」과 「원통의 면」을 클릭해서 평면을 생성합니다. 「 각도값」을 입력하면 평면이 접하는 위치를 변경할 수 있습니다.

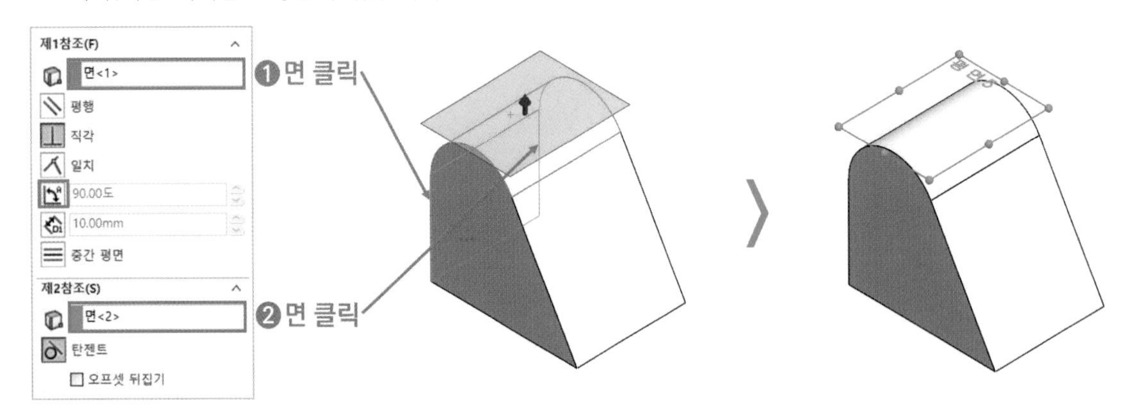

7 각도 평면 : 「피처의 면」과 「선」을 클릭하고 각도값을 입력해서 평면을 생성합니다.

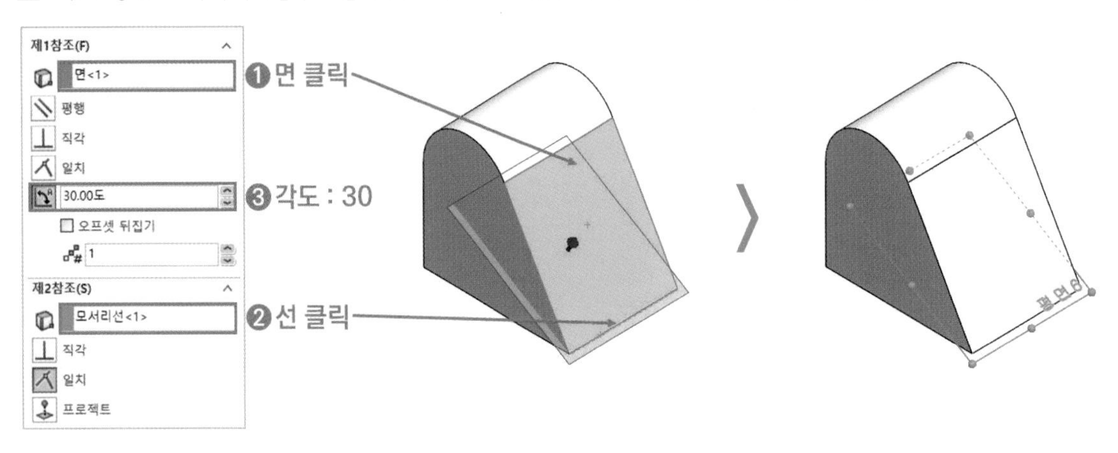

8 3점 평면 : 「세 개의 점」을 클릭해서 평면을 생성합니다.

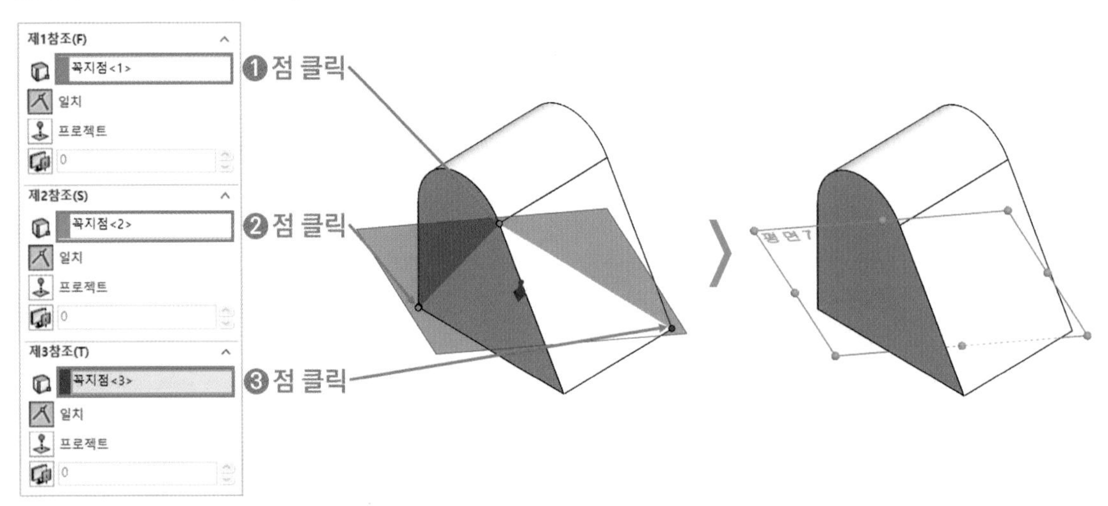

기준축

다양한 종류의 기준축을 생성하는 기능입니다.

1 「 기준축」 아이콘을 클릭합니다. 「두 점」을 클릭해서 기준축을 생성합니다. 기준축은 두 점에 일치하는 형태로 만들어집니다.

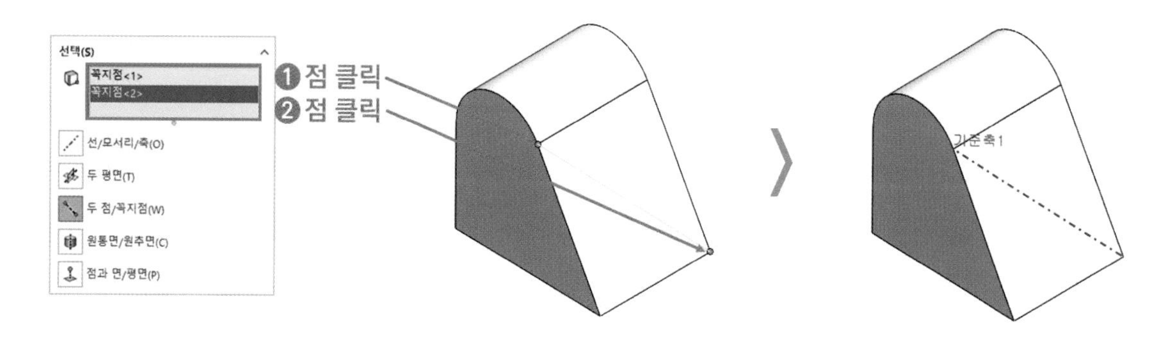

2 「면」과 「점」을 클릭해서 기준축을 생성합니다. 기준축은 선택한 면에 수직이고 선택한 점과 일치하는 형태로 만들어집니다.

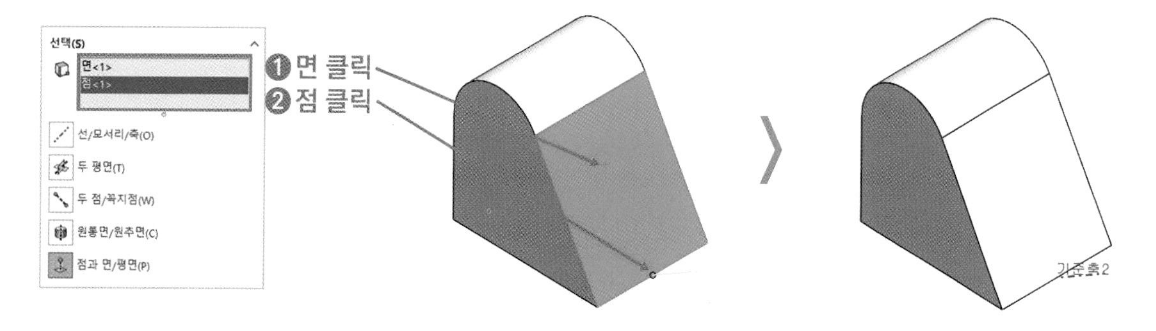

3 디자인트리의 「 정면」과 「 윗면」을 클릭해서 기준축을 생성합니다. 기준축은 X축과 평행하고 원점과 일치하는 형태로 만들어집니다. 기준축을 생성할 때 기준면(정면, 윗면, 우측면)을 적절히 선택하면 X, Y, Z축과 평행한 기준축을 만들 수 있습니다.

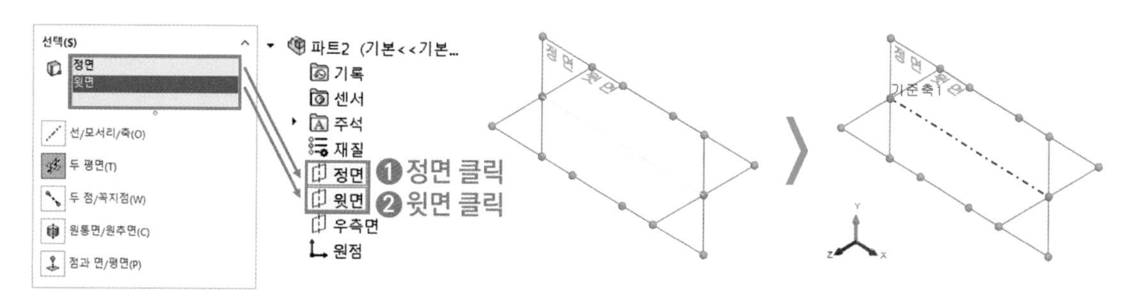

5 스케치 기준면 변경 실습 Point

스케치 작성 시 기준면을 잘못 선택하면 원하지 않는 방향으로 피처가 생성됩니다. 이 경우 「 스케치 평면 편집」 기능으로 스케치의 기준면을 변경해서 원하는 방향으로 피처를 생성할 수 있습니다.

스케치 평면 편집

기존에 작성된 스케치의 기준면을 변경하는 기능입니다.

1 스케치가 정면에 작성된 것을 확인합니다.

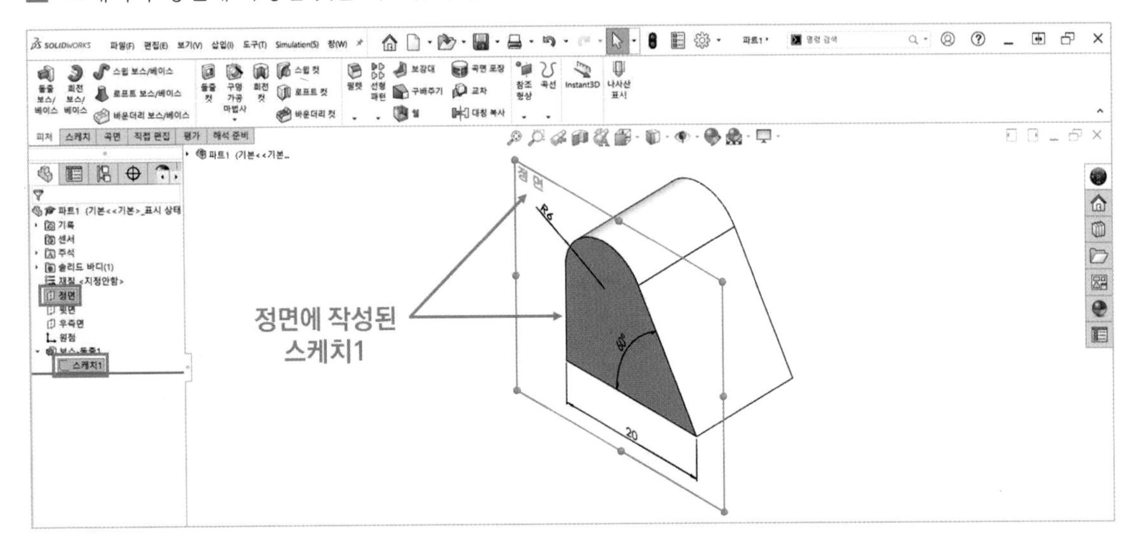

2 「스케치1」을 클릭하고 「 스케치 평면 편집」을 클릭합니다. 디자인트리에서 「 윗면」을 클릭합니다.

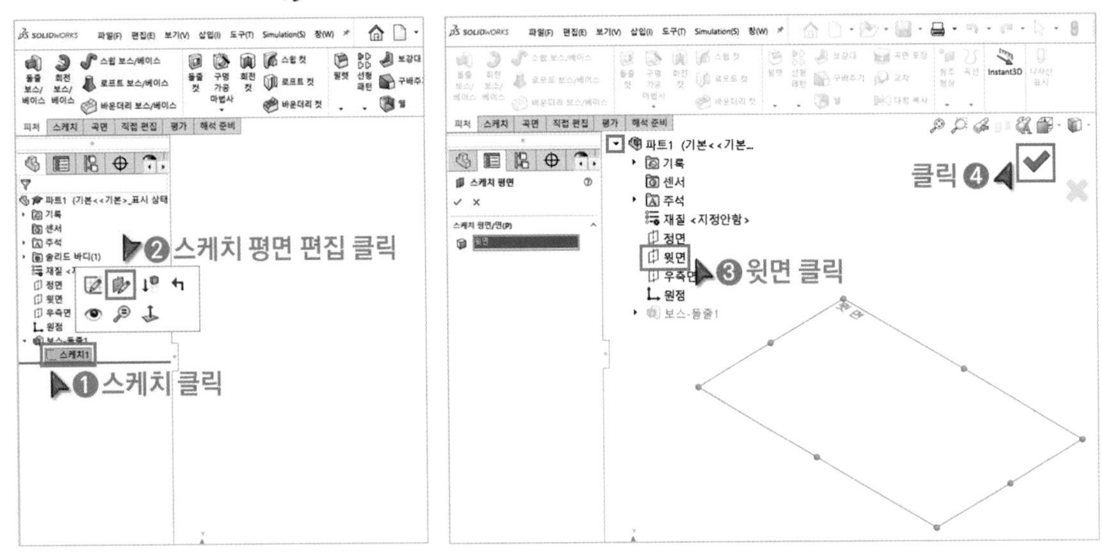

3 「스케치1」의 기준면이 「윗면」으로 변경된 것을 확인합니다.

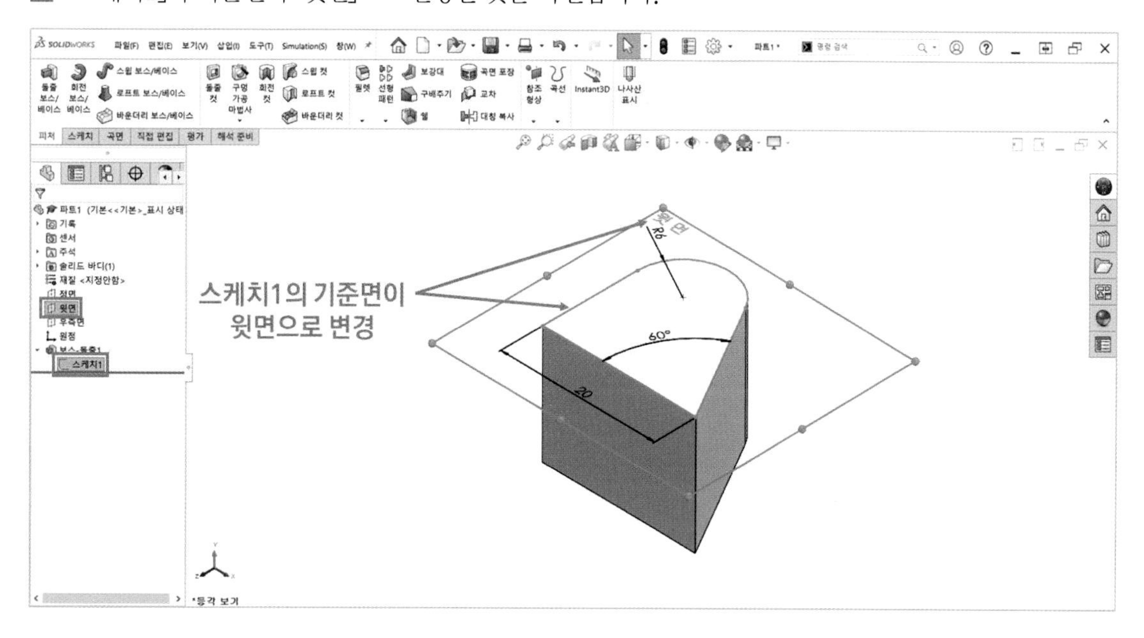

4 작업내용이 복잡할 경우 기준면을 변경하는 중에 오류가 발생할 수 있습니다. 해당 오류를 수정하는 것은 어렵고 복잡하기 때문에 처음부터 기준면을 잘 선택하는 것이 좋습니다.

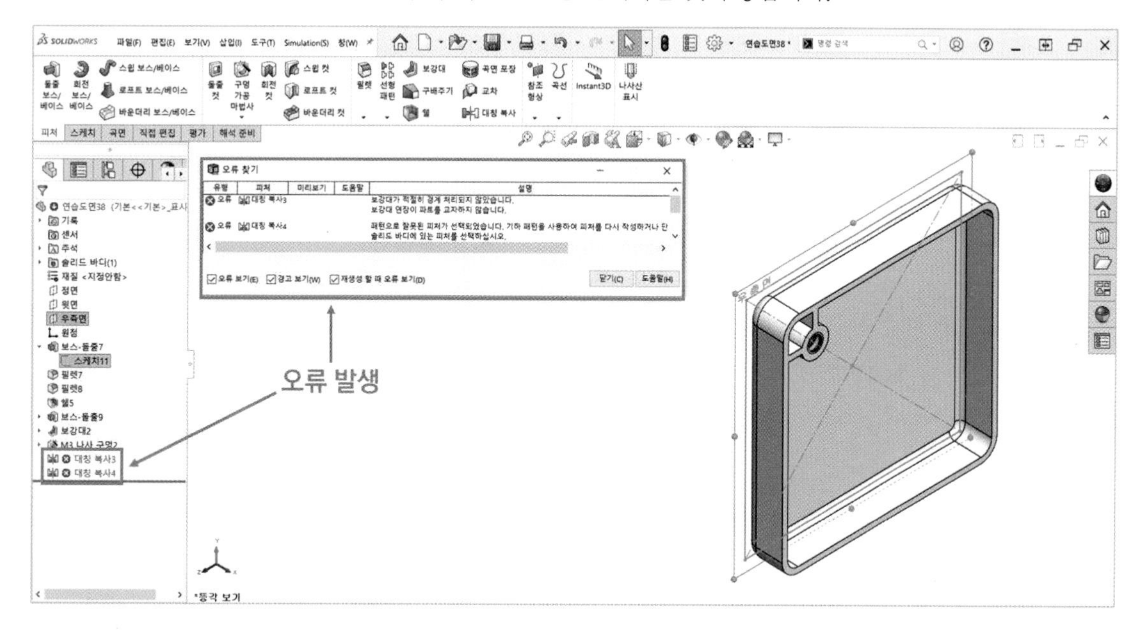

6 피처 생성-3 실습 Point

https://cafe.naver.com/dongjinc/2056

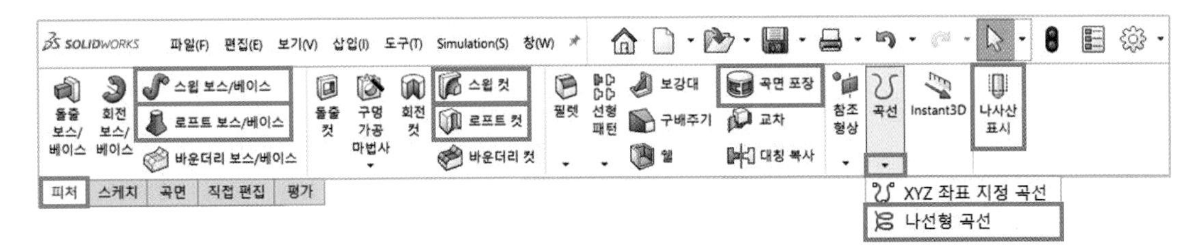

일반적인 피처 생성 방법은 1개의 기준면의 1개의 스케치를 작성하고 1개의 피처를 생성합니다. 즉 1개의 스케치를 사용하는 반면 스윕 피처는 2개의 스케치, 로프트 피처는 2개 이상의 스케치를 사용합니다.

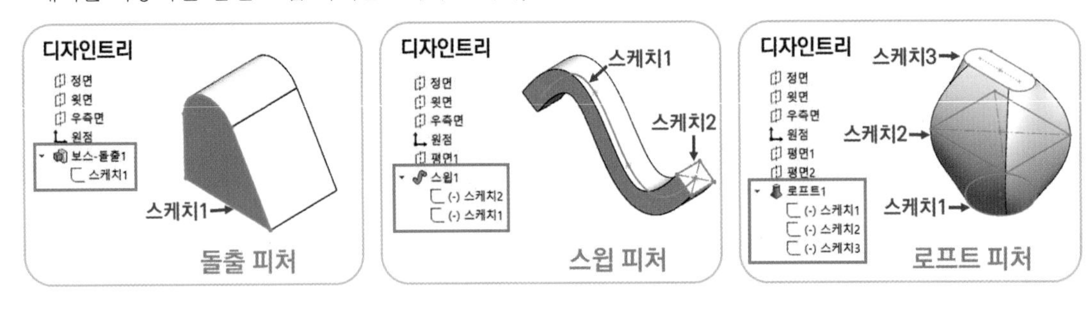

스윕 피처

프로파일(스케치 영역)이 경로를 따라 이동하는 형상으로 피처를 생성하는 기능입니다.

스윕 컷 피처

스윕 피처의 형상으로 잘라내는 기능입니다. 사용 방법은 「스윕」 기능과 동일합니다.

1 정면에 임의의 크기로 「자유곡선」을 스케치하고 스케치를 종료합니다.

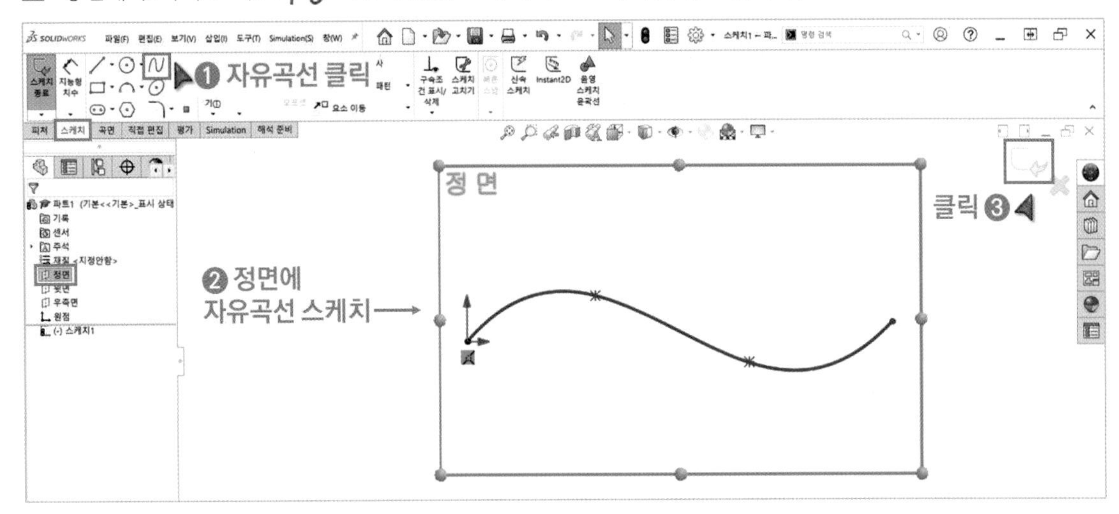

2 「 기준면」을 클릭합니다. 자유곡선과 끝점을 클릭해서 수직 평면을 생성합니다.

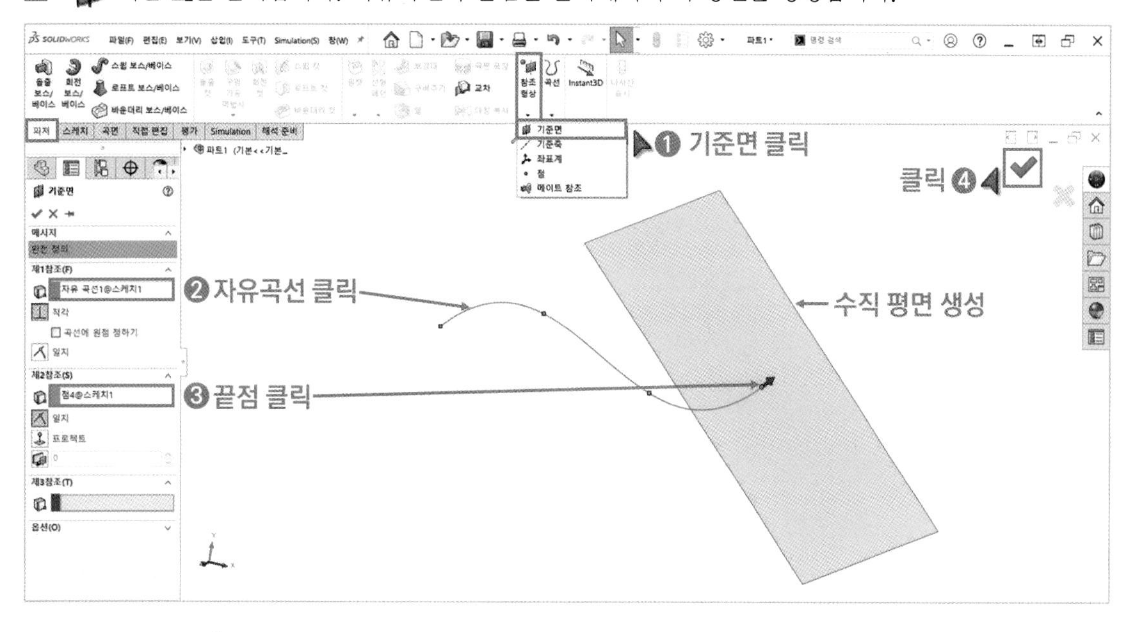

3 수직 평면(평면1)에 「 중심 사각형」을 스케치합니다. 중심 사각형은 자유곡선과 일치하도록 작성합니다.

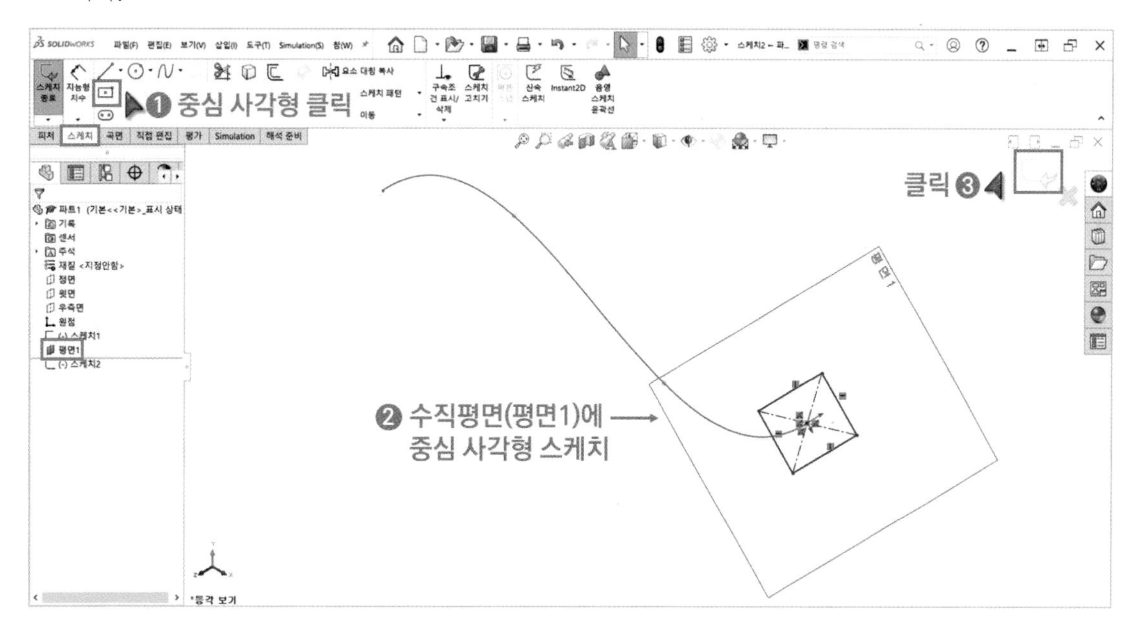

4 「스윕」을 클릭합니다. 프로파일과 경로를 선택해서 스윕 피처를 생성합니다.

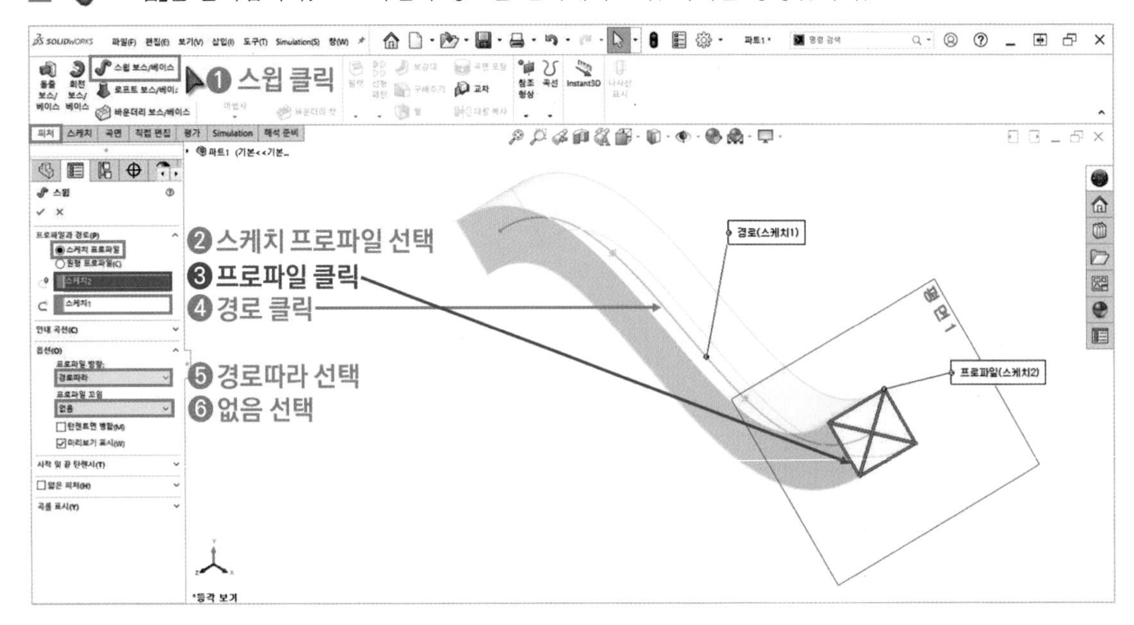

5 옵션에서 꼬임 값 지정, 회전, 회전수를 설정 할 경우 꼬임 형상의 스윕 피처를 생성할 수 있습니다.

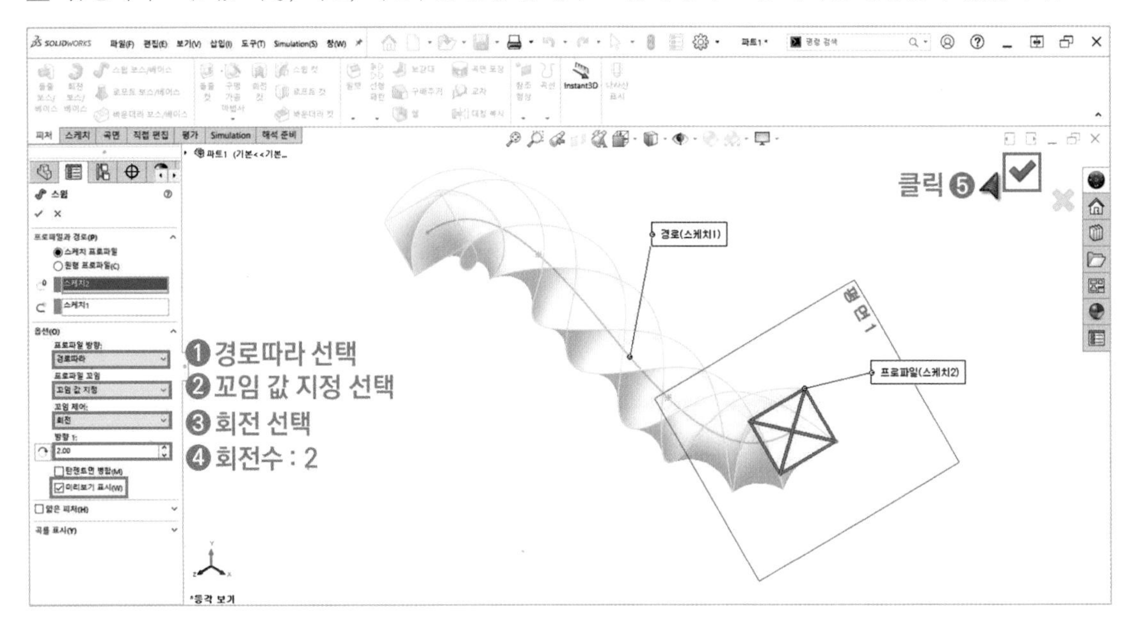

6 디자인트리의 구성과 스윕 형상을 파악합니다.

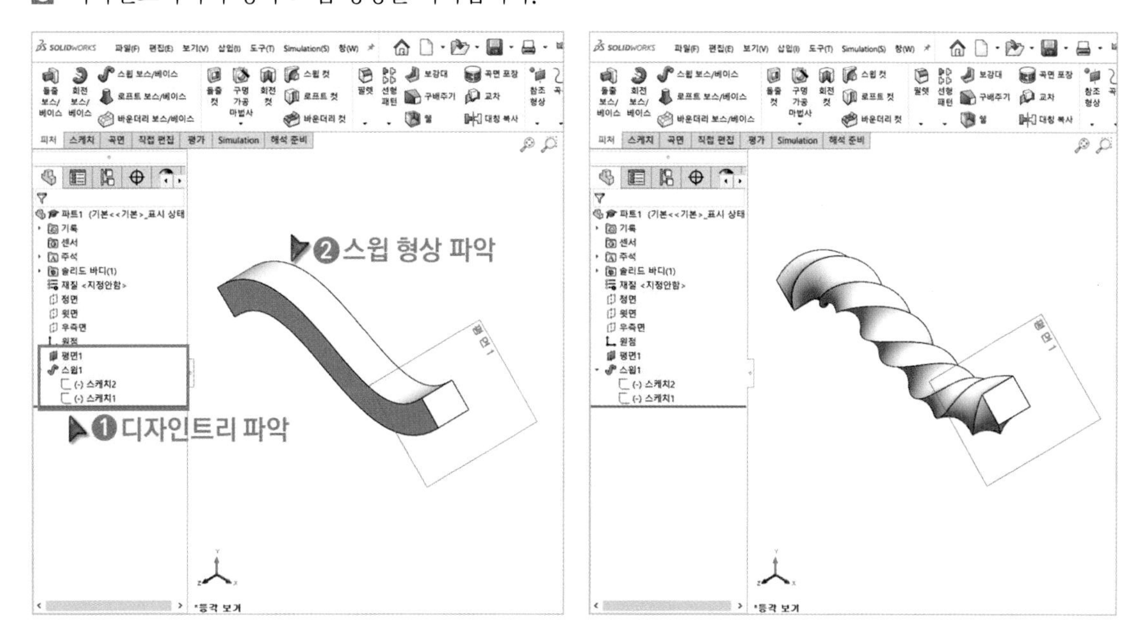

7 경로가 심하게 구불구불하거나 프로파일의 크기가 클 경우 간섭이 발생해서 스윕 피처가 생성되지 않습니다.

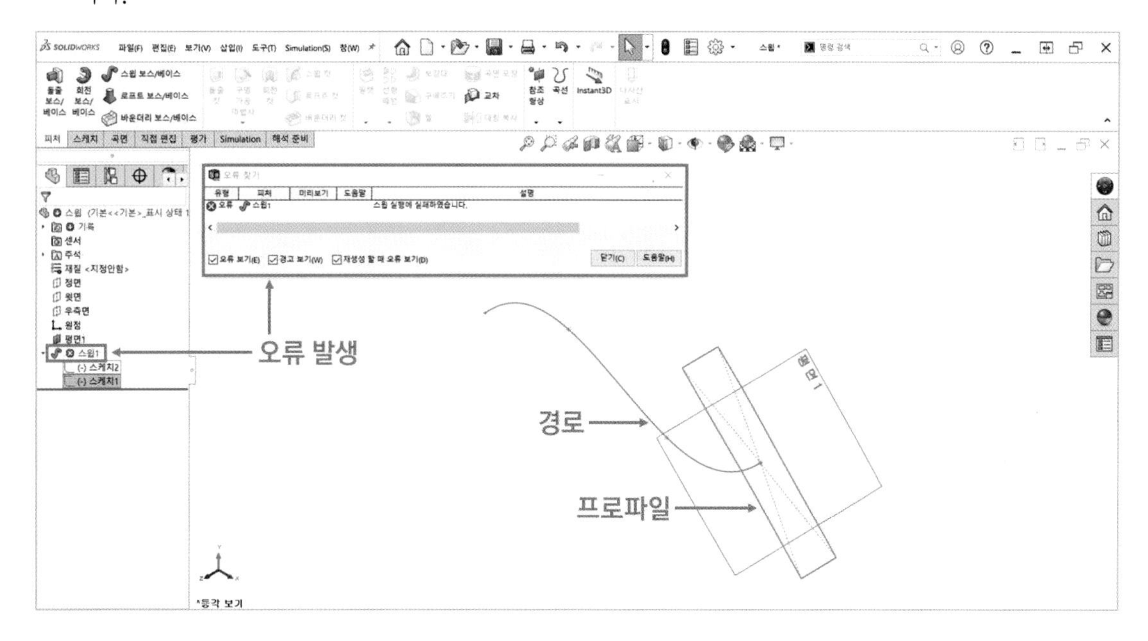

로프트 피처

2개 이상의 프로파일(스케치 영역)을 연결시켜 피처를 생성하는 기능입니다.

로프트 컷 피처

로프트 피처의 형상으로 잘라내는 기능입니다. 사용 방법은 「 로프트」 기능과 동일합니다.

1 「 기준면」을 클릭합니다. 「 윗면」을 클릭하고 거리와 개수를 입력합니다.

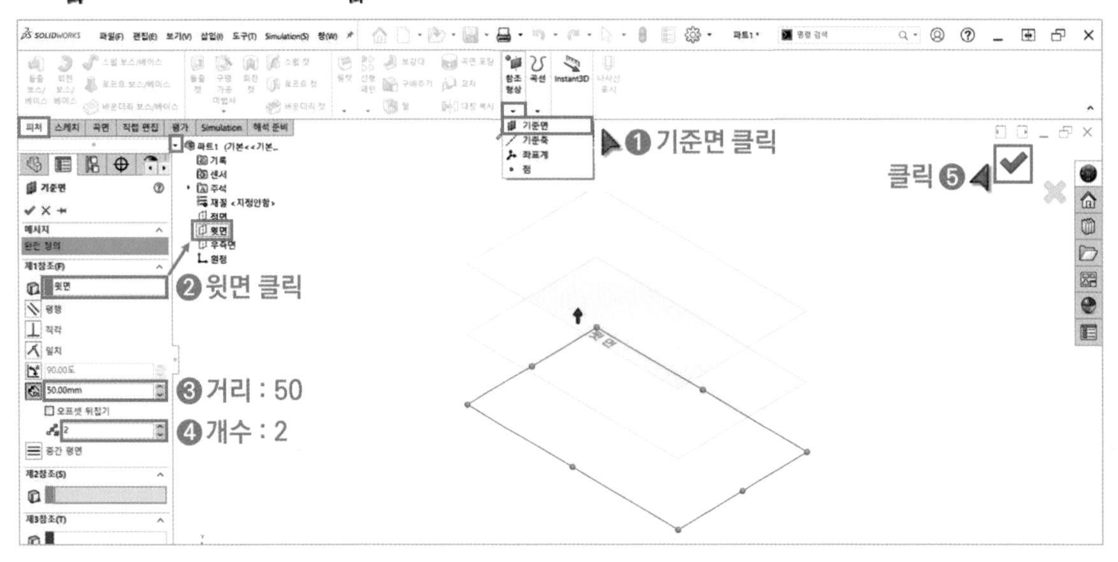

2 각 기준면에 임의의 크기로 원, 사각형, 홈을 스케치합니다.

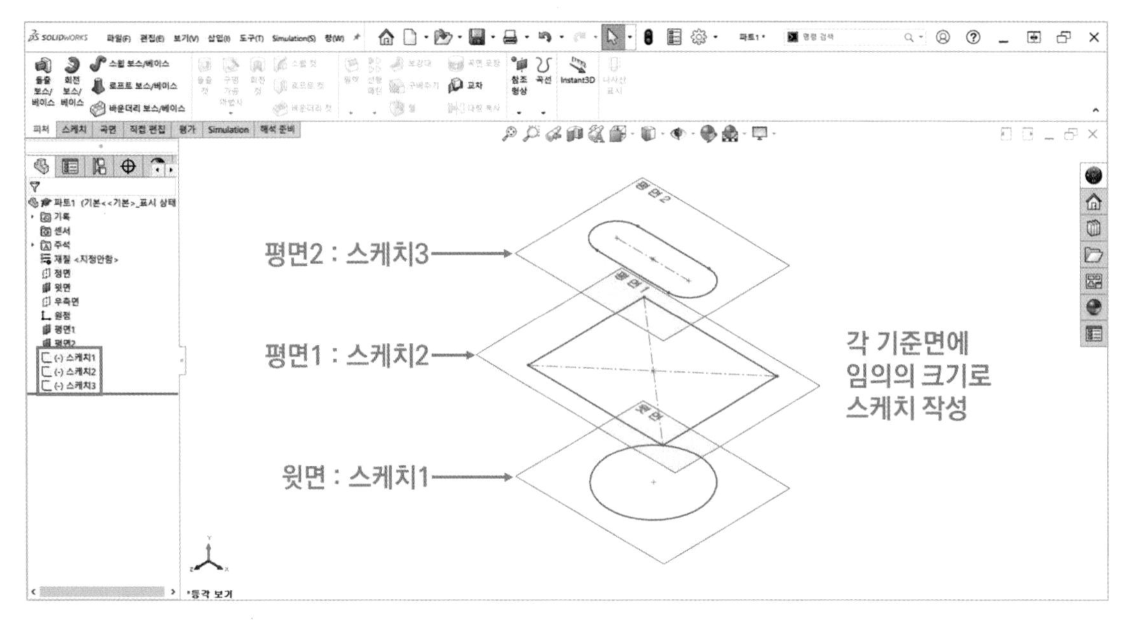

3 「로프트」를 클릭합니다. 3개의 스케치를 순서대로 클릭해서 로프트 피처를 생성합니다. 스케치를 순서대로 클릭하지 않을 경우 로프트 피처가 생성되지 않을 수 있습니다. 시작/끝 구속 옵션에 따라 형상이 어떻게 만들어지는지 확인합니다.

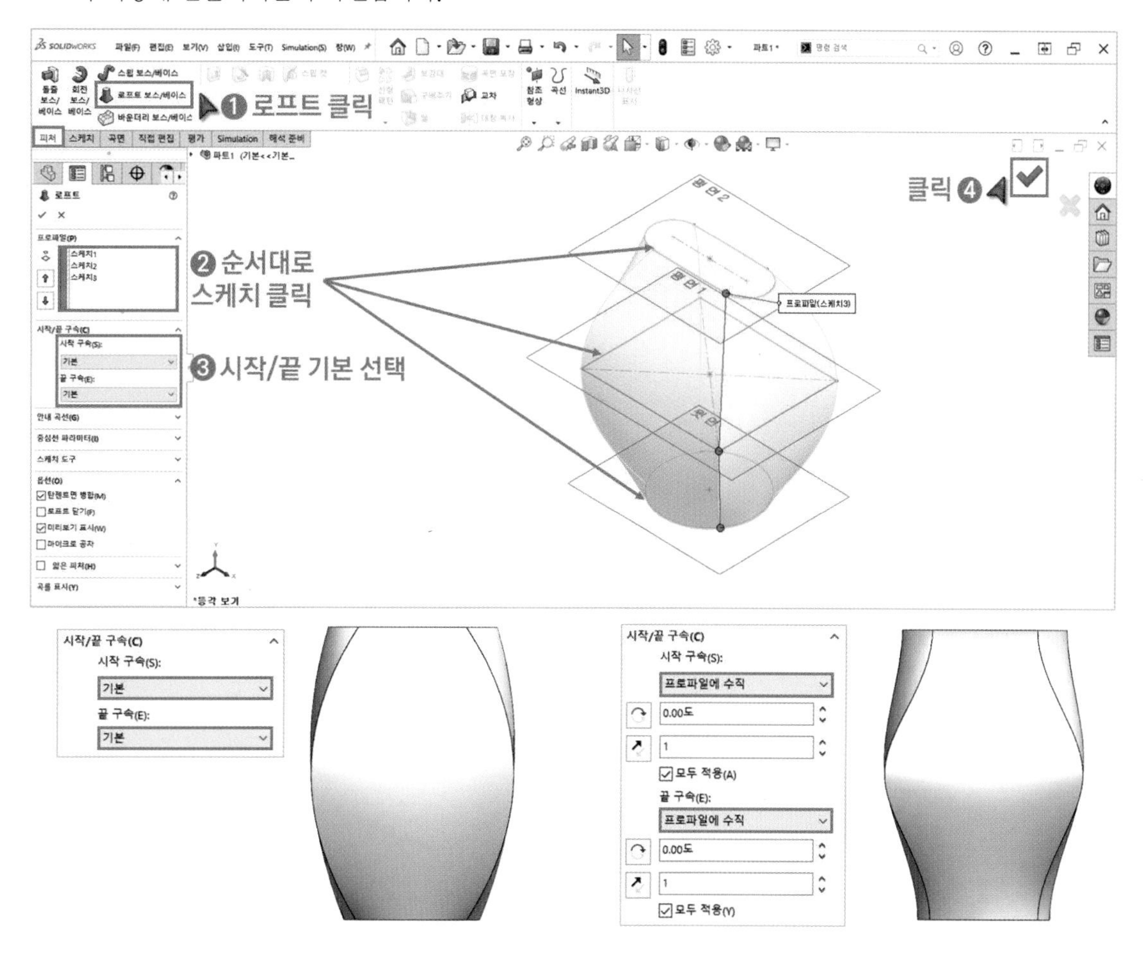

4 디자인트리의 구성과 로프트 형상을 파악합니다.

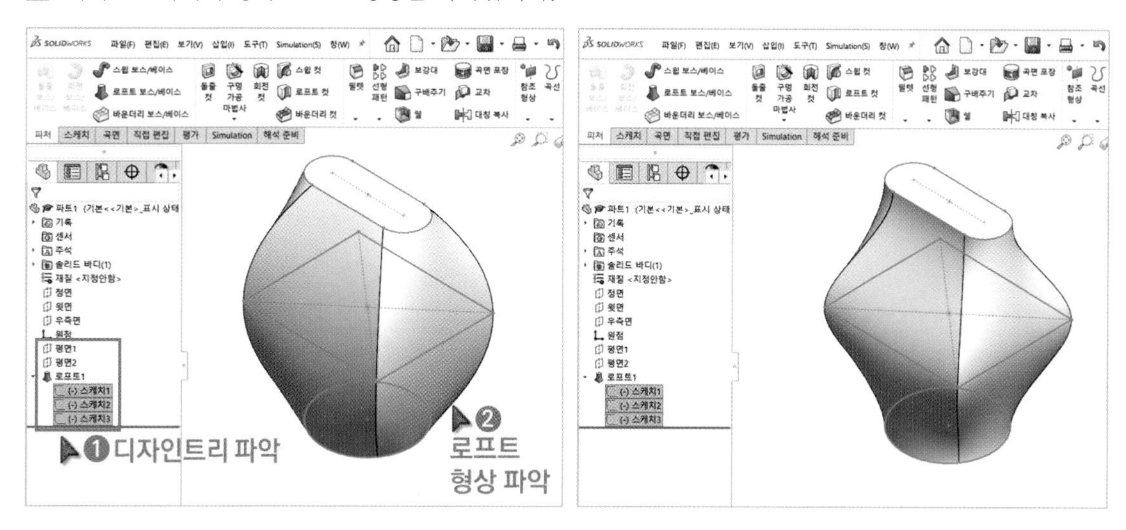

5 실행취소 단축키「CTRL + Z」를 클릭해서 아래의 시점으로 돌아옵니다.

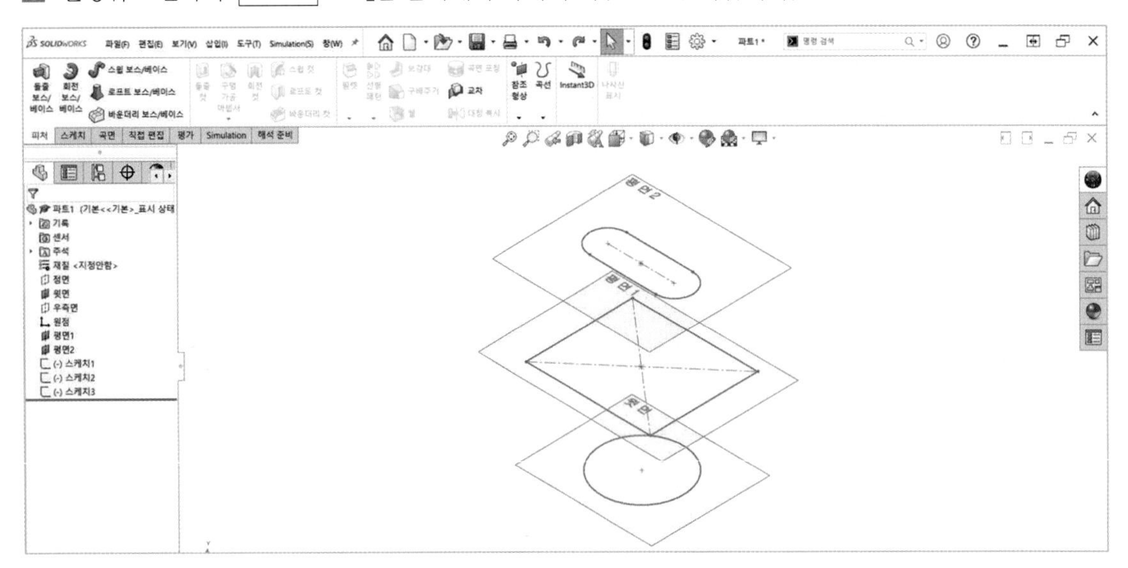

6 「 로프트」를 클릭합니다. 스케치1과 스케치2를 순서대로 클릭합니다.「 커넥터」를 드래그해서 커넥터 위치에 따라 형상이 어떻게 변하는지 확인합니다. 커넥터가 꼬일 경우 로프트 피처가 생성되지 않을 수 있습니다. 마우스 우클릭 후「커넥터를 원래대로」를 클릭하고 로프트 피처를 생성합니다.

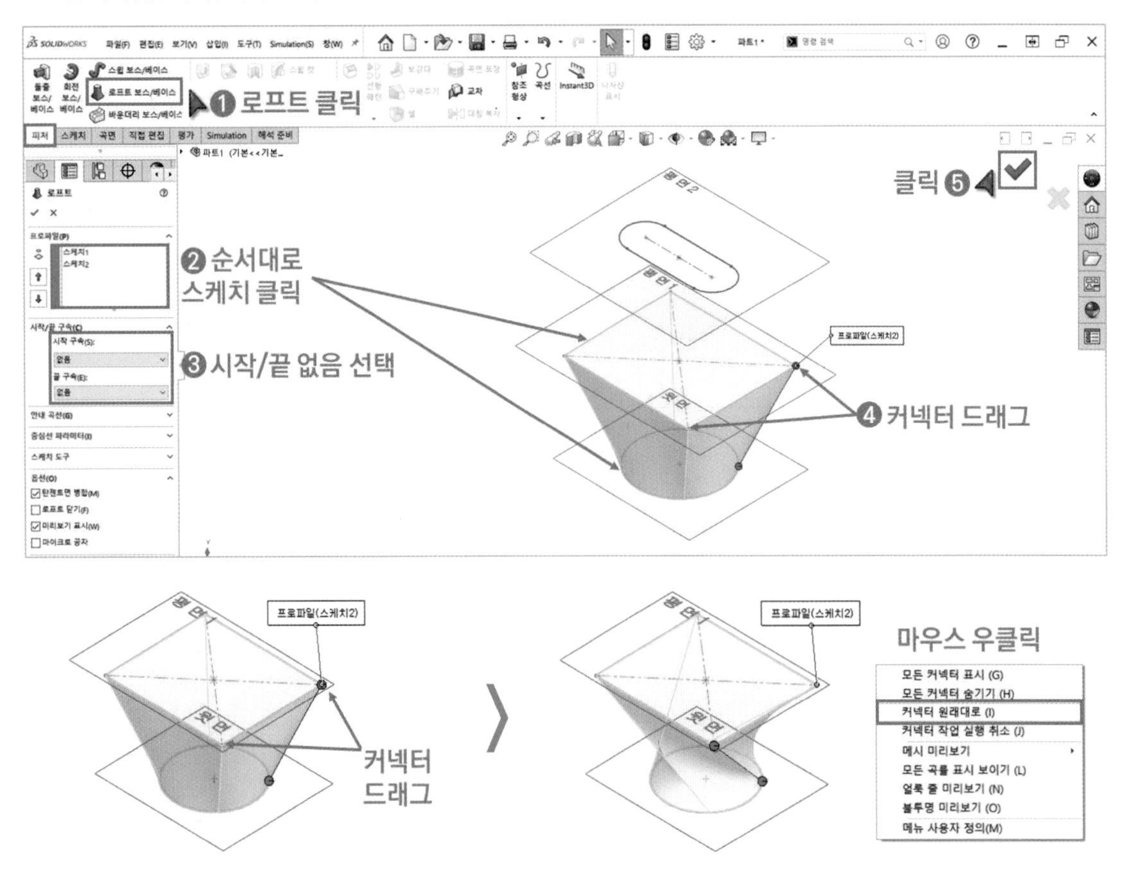

7 「 로프트」를 클릭합니다. 피처의 면과 스케치3을 클릭해서 로프트 피처를 생성합니다. 스케치 대신 피처의 면을 사용해서 로프트 피처를 생성할 수 있습니다.

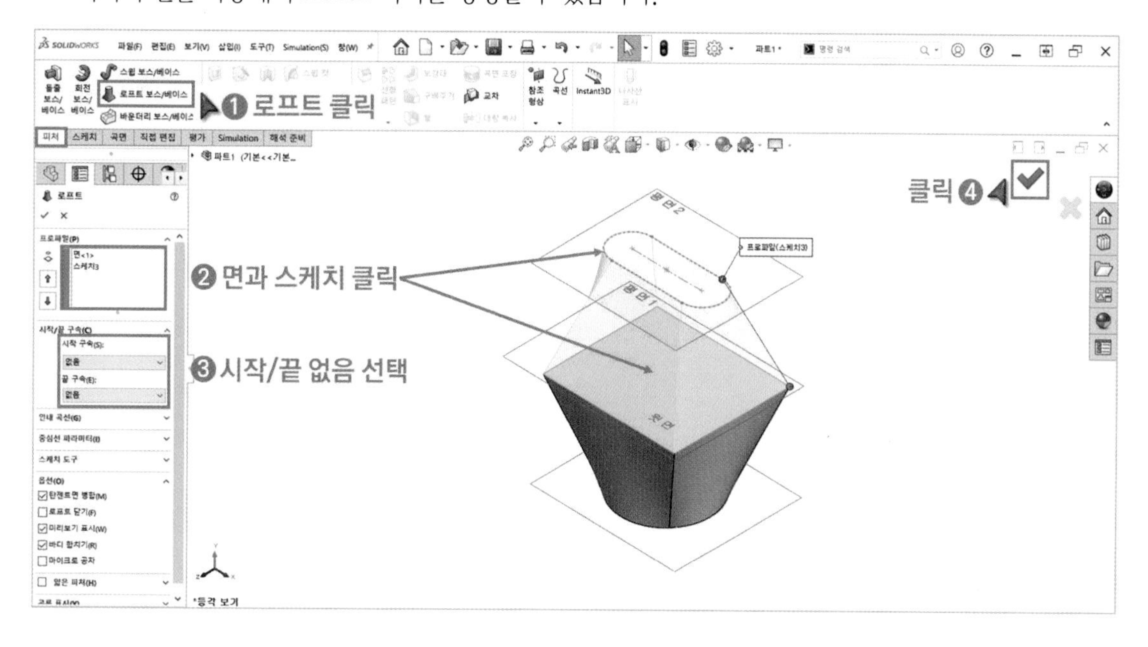

8 디자인트리의 구성과 로프트 형상을 파악합니다. 3개의 스케치를 모두 선택해서 로프트 피처를 생성할 경우 유선형의 형상으로 피처가 생성되는 반면 2개의 스케치를 선택하면 각진 형상으로 피처가 생성됩니다.

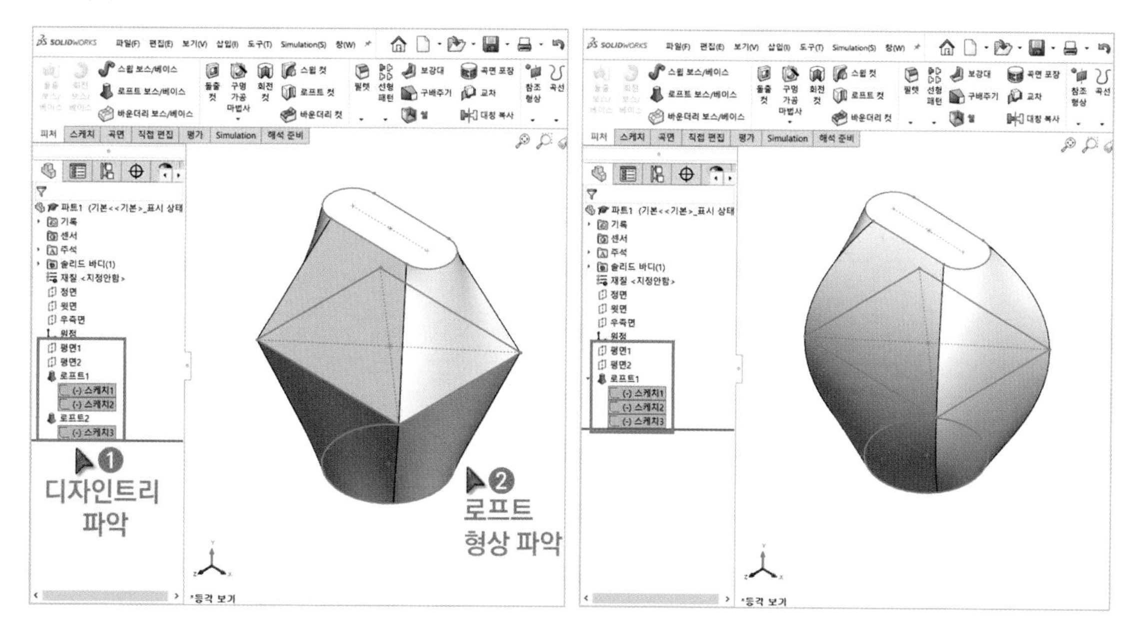

9 로프트 피처를 생성할 때 스케치를 순서대로 선택하지 않을 경우 간섭이 발생해서 로프트 피처가 생성되지 않습니다.

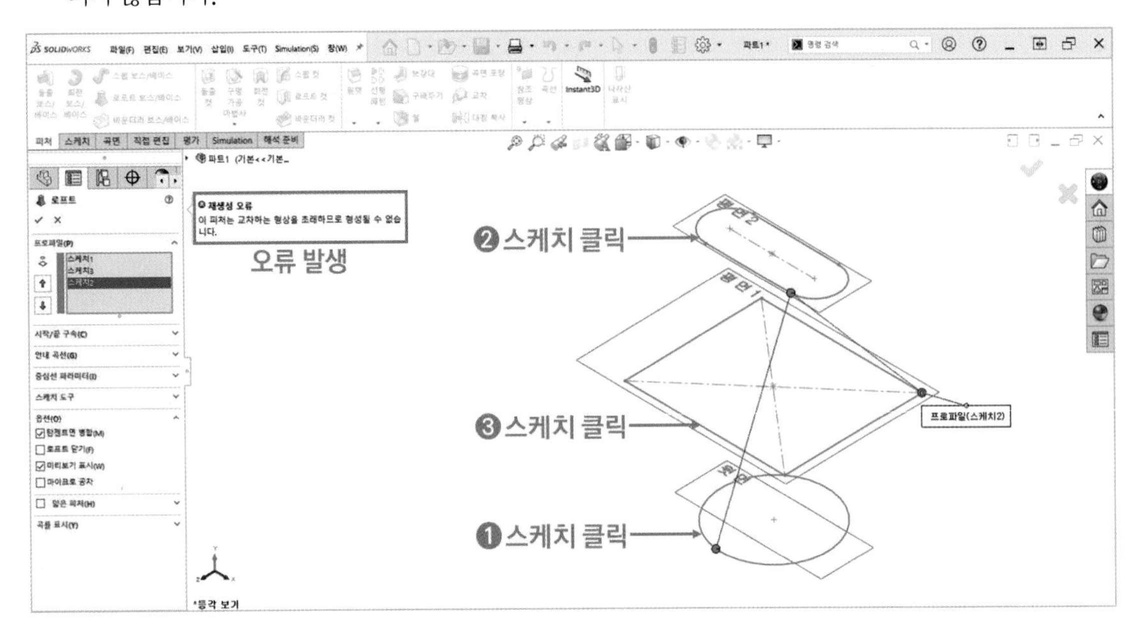

10 스케치가 복잡하거나 스케치의 크기가 심하게 크거나 작을 경우 간섭이 발생해서 로프트 피처가 생성되지 않습니다.

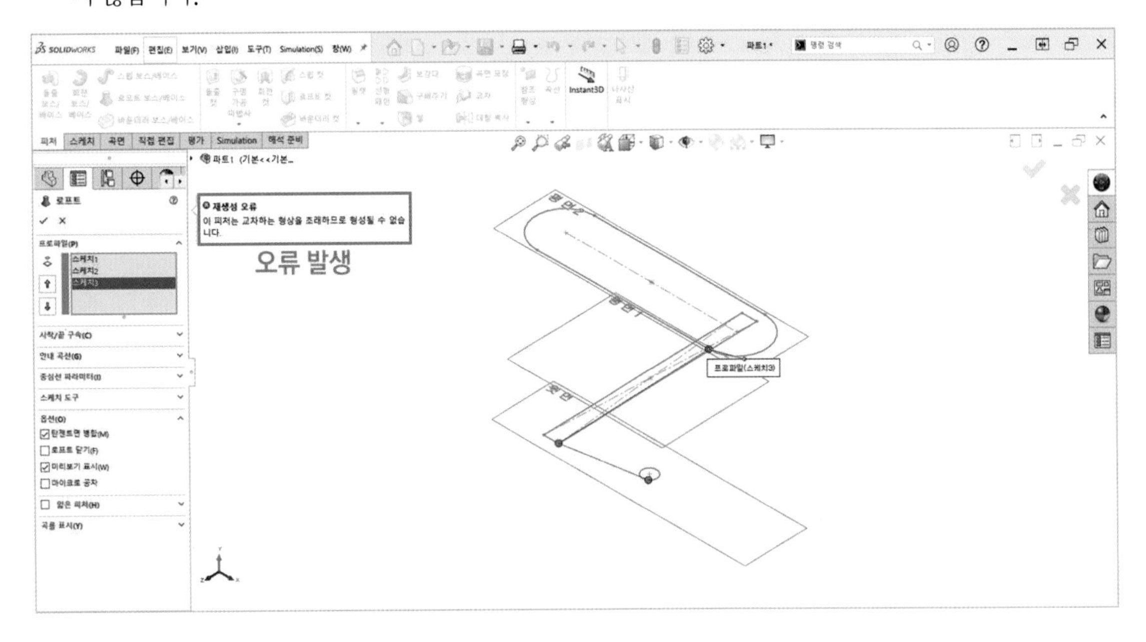

나선형 곡선

https://cafe.naver.com/dongjinc/2057

원 스케치를 사용해서 나선형 곡선을 생성하는 기능입니다. 스윕 피처 생성 시 나선형 곡선을 사용하면 스프링이나 나사산의 형상을 만들 수 있습니다.

1 「 윗면」에 원을 스케치합니다. 나선형 곡선을 생성하기 위해서는 원 스케치가 있어야합니다.

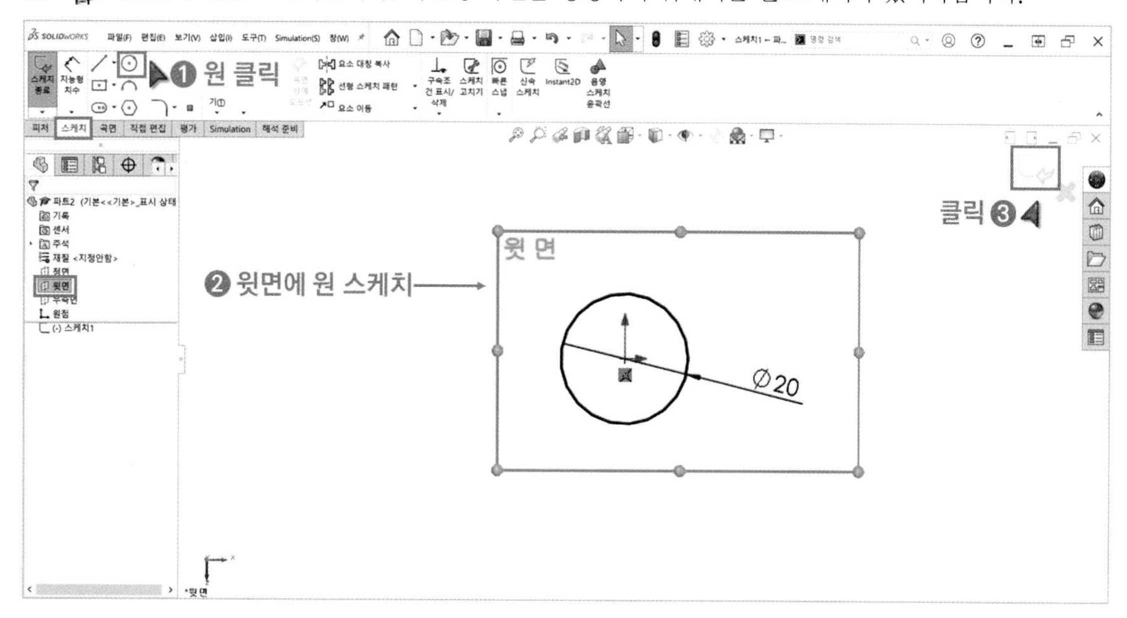

2 「 나선형 곡선」을 클릭하고 스케치를 클릭합니다.

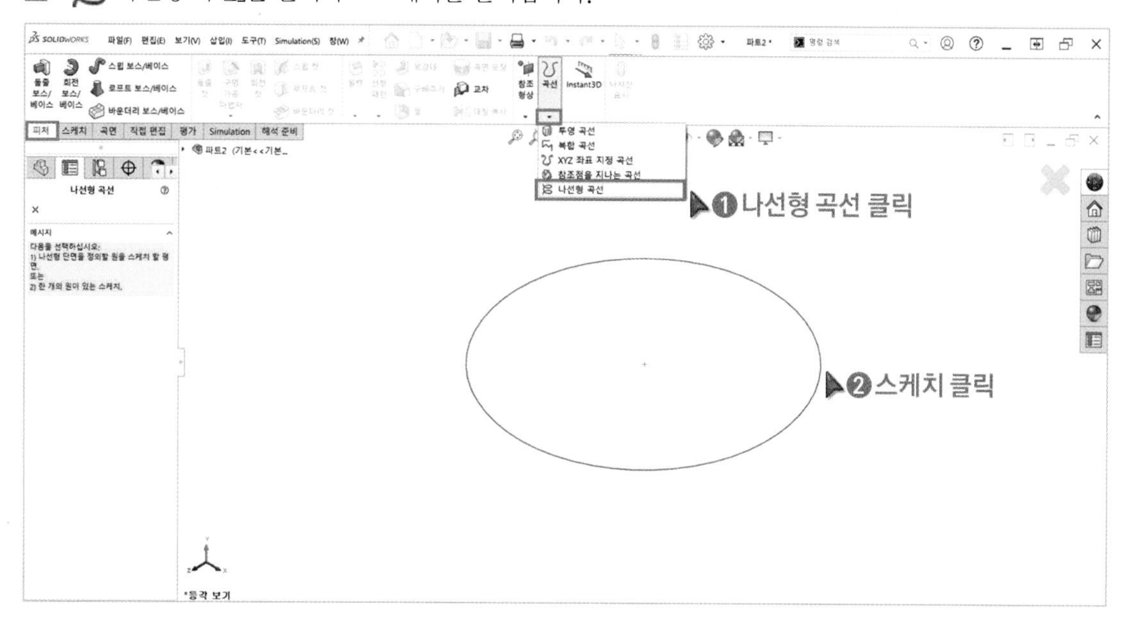

3 높이, 피치, 각도 값을 입력합니다. 높이는 나선형 곡선의 전체 높이를 의미합니다. 피치는 나선형 곡선이 한 바퀴 회전했을 때의 거리를 의미합니다. 각도 값에 따라 나선형 곡선의 시작 위치가 달라집니다.

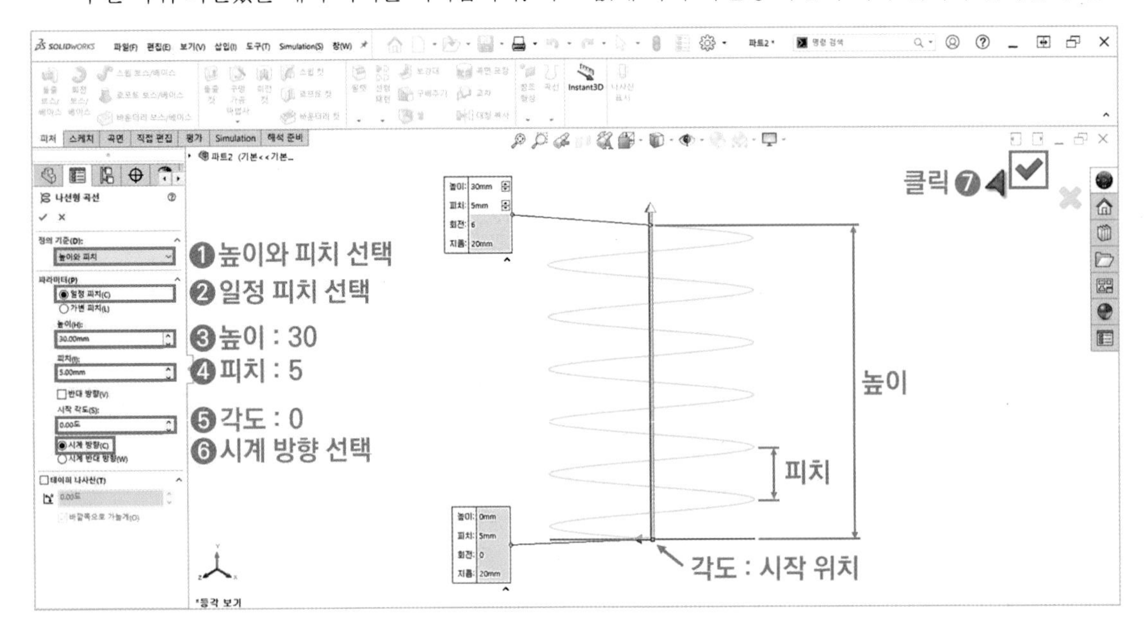

4 「스윕」을 클릭합니다. 「원형 프로파일」을 선택할 경우 프로파일이 없어도 피처를 생성할 수 있습니다. 나선형 곡선을 클릭하고 지름 값을 입력해서 스윕 피처를 생성합니다. (원형 프로파일 기능은 2016 버전부터 사용가능)

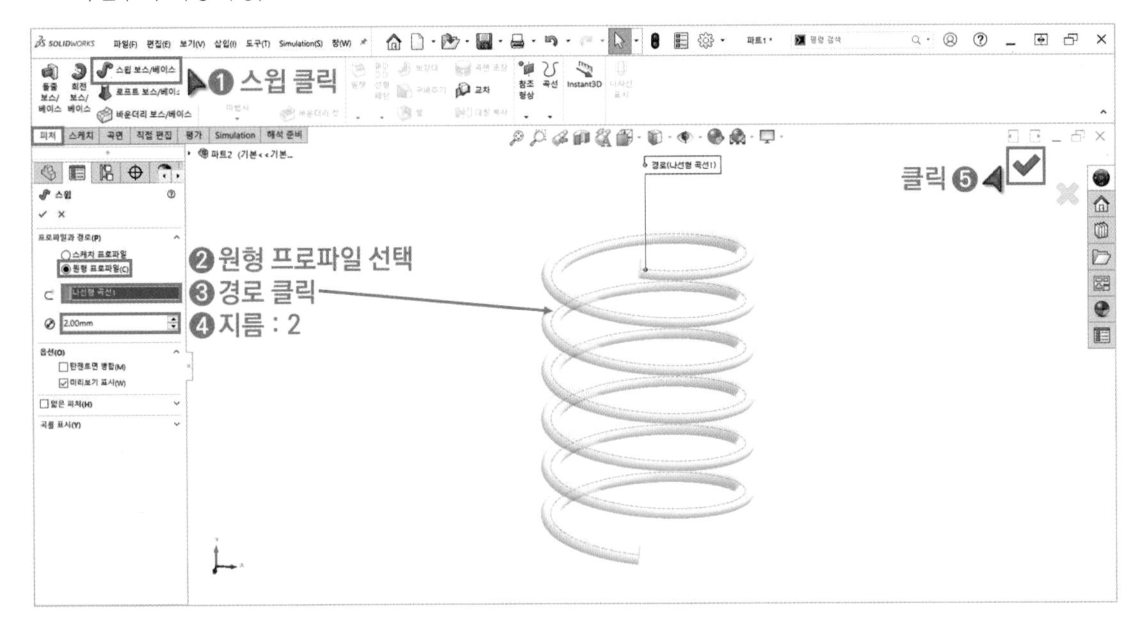

5 디자인트리의 구성과 스윕 형상을 파악합니다.

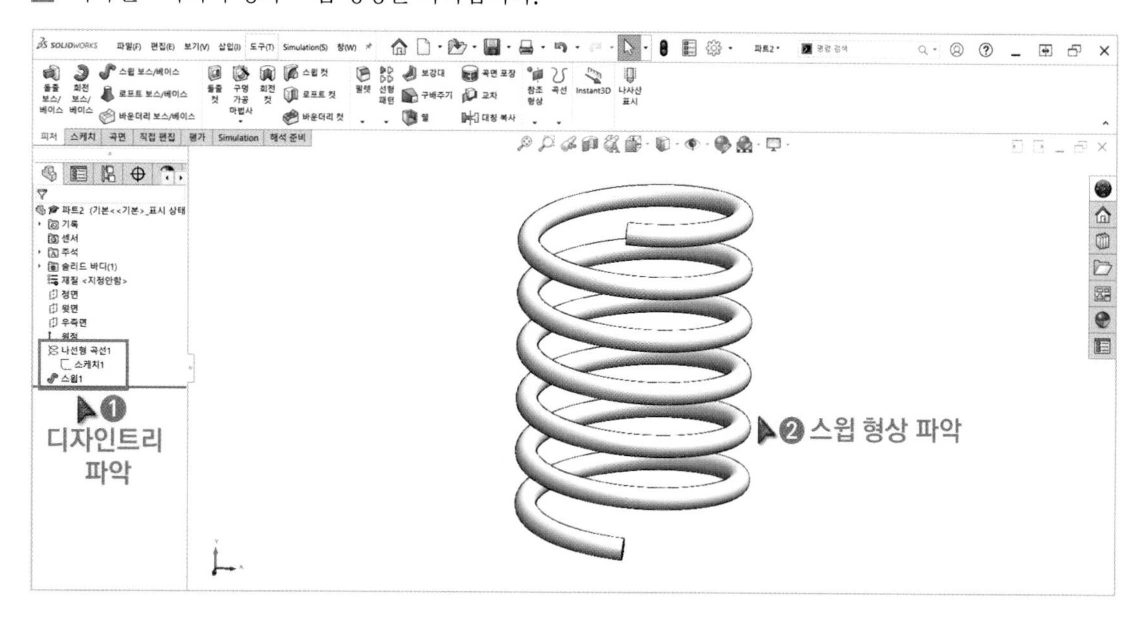

6 실행취소 단축키 「Ctrl + Z」를 클릭해서 아래의 시점으로 돌아옵니다.

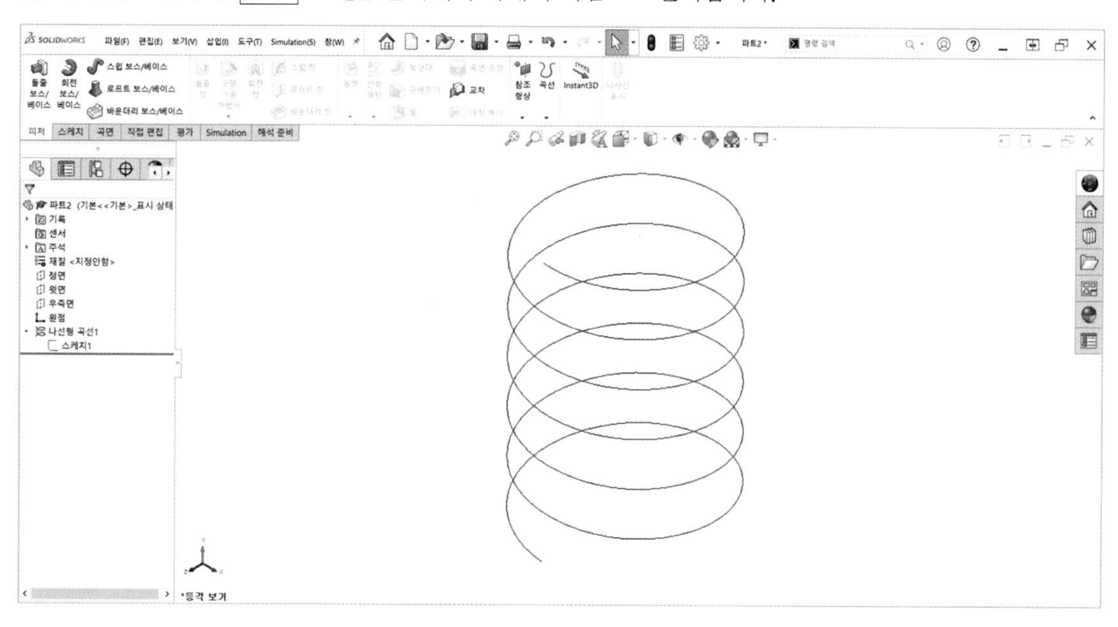

7 「 기준면」을 클릭합니다. 나선형 곡선과 끝점을 클릭해서 수직 평면을 생성합니다.

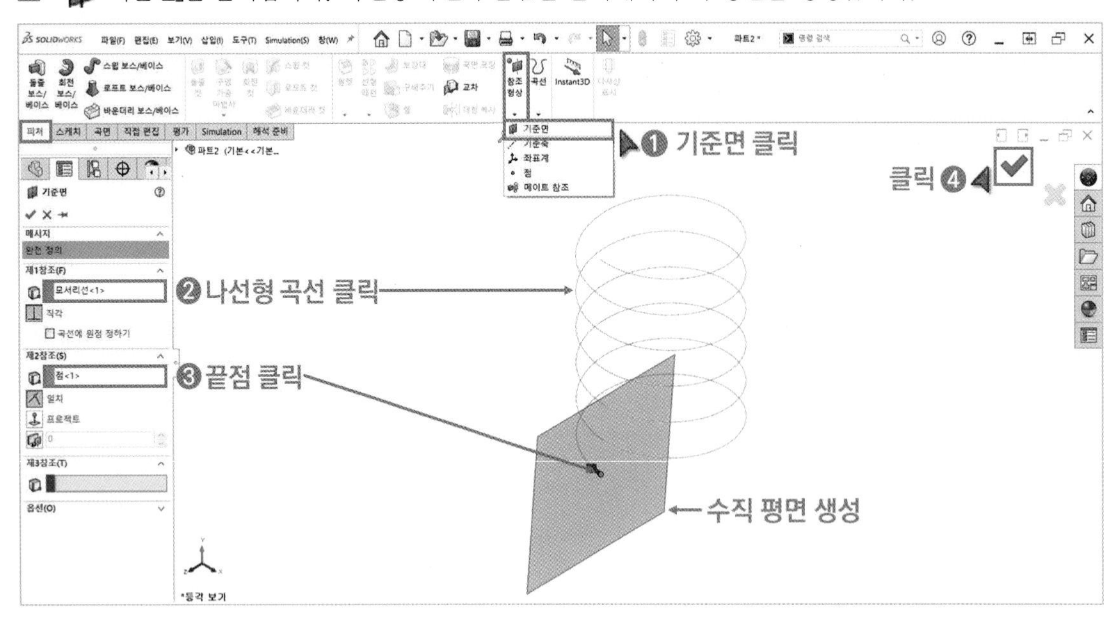

8 수직 평면에 중심 사각형을 스케치합니다. Ctrl 키를 누른 상태에서 중심점과 나선형 곡선을 클릭합니다. 「 관통」 구속조건을 클릭해서 사각형과 나선형 곡선을 일치시킵니다.

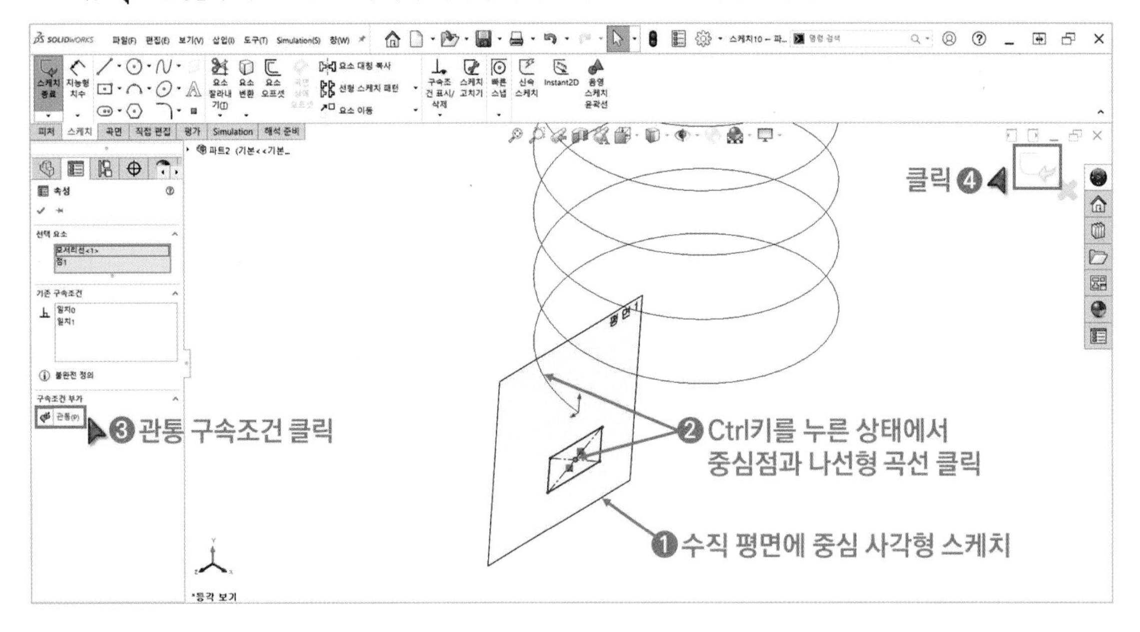

9 「스윕」을 클릭합니다. 프로파일과 경로를 클릭해서 스윕 피처를 생성합니다.

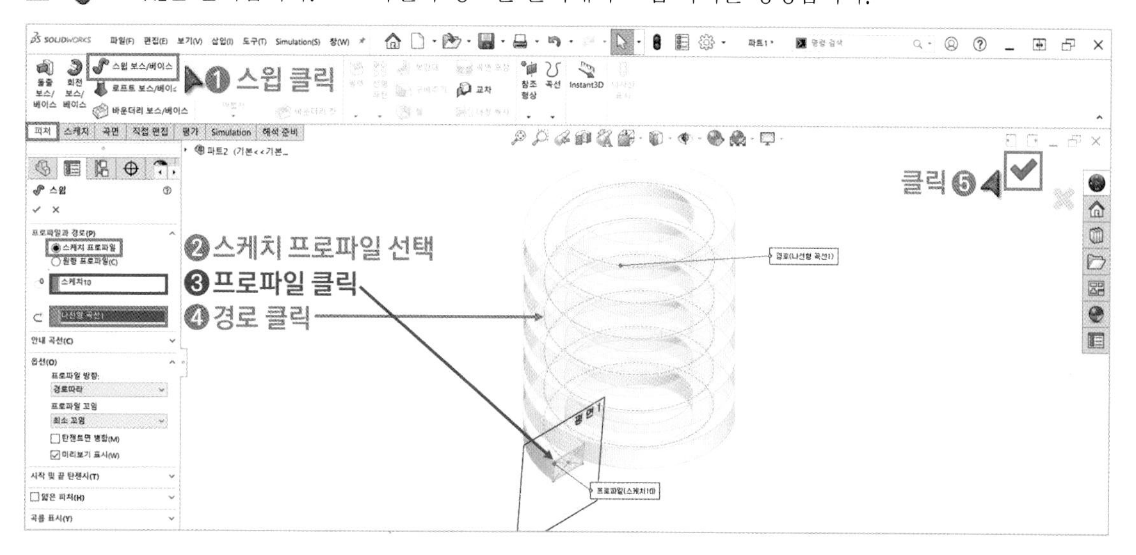

10 디자인트리의 구성과 형상을 파악합니다. 프로파일의 형태에 따라 피처 형상이 달라집니다.

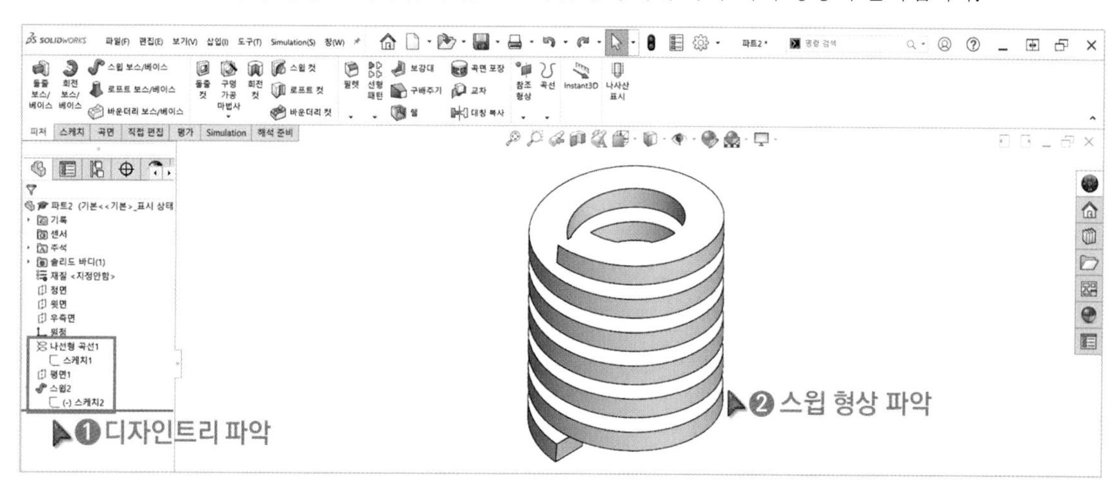

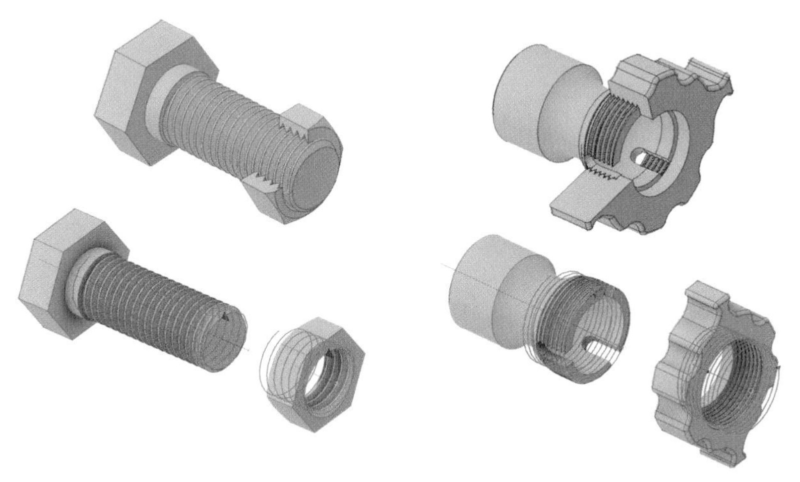

나사산 표시

구멍 또는 축 면에 나사산을 표시하는 기능입니다.

1 아래와 같이 「 정면」에 스케치를 작성하고 돌출 피처를 생성합니다.

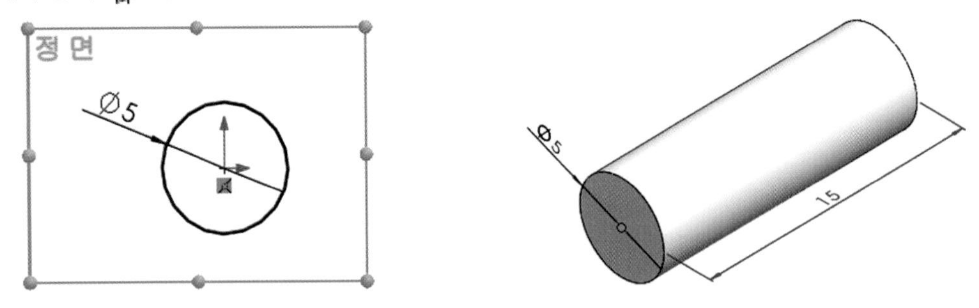

2 「 나사산 표시」를 클릭합니다. 나사산이 시작할 선을 클릭하고 규격, 크기, 깊이를 설정합니다. (나사산 아이콘 배치 방법 : 14페이지 참고)

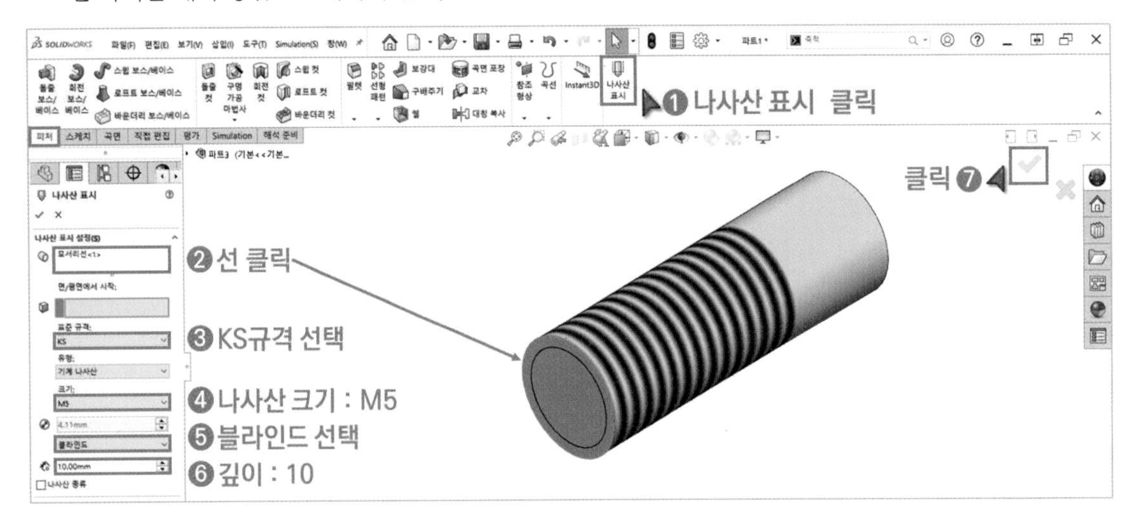

3 디자인트리의 구성과 나사산 형상을 파악합니다.

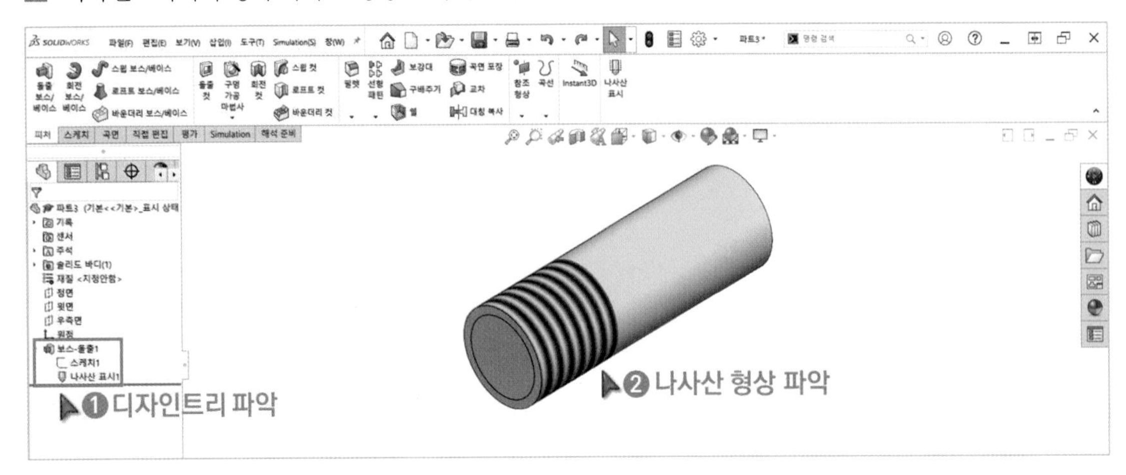

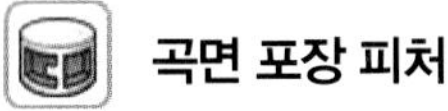

곡면 포장 피처

피처의 표면에 볼록하거나 오목한 피처를 생성하는 기능입니다.

1 아래와 같이 「 윗면」에 스케치를 작성하고 돌출 피처를 생성합니다.

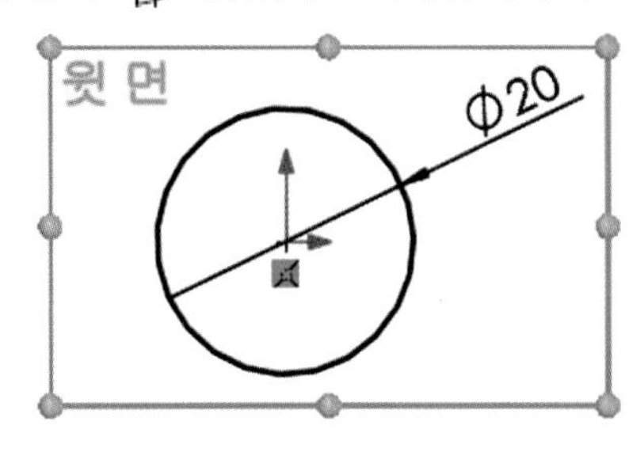

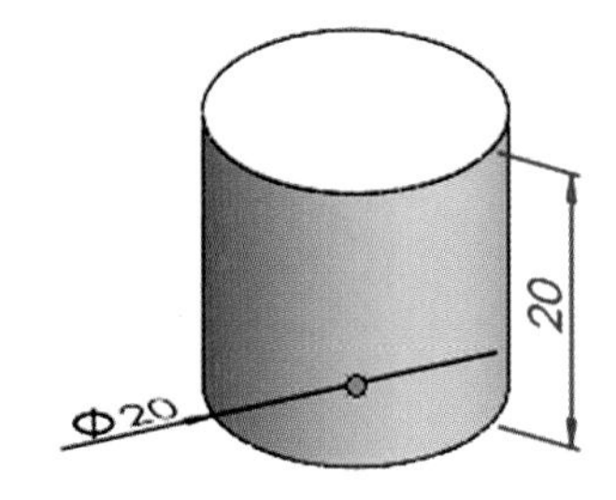

2 「 기준면」을 클릭합니다. 정면을 클릭하고 거리를 입력해서 오프셋 평면을 생성합니다.

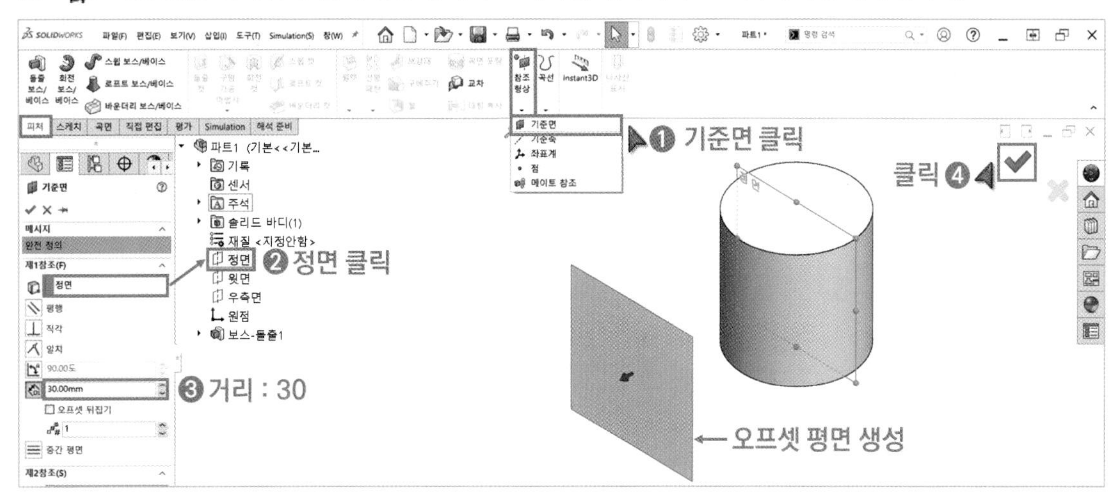

3 오프셋 평면(평면1)에 보조선과 치수를 스케치합니다.

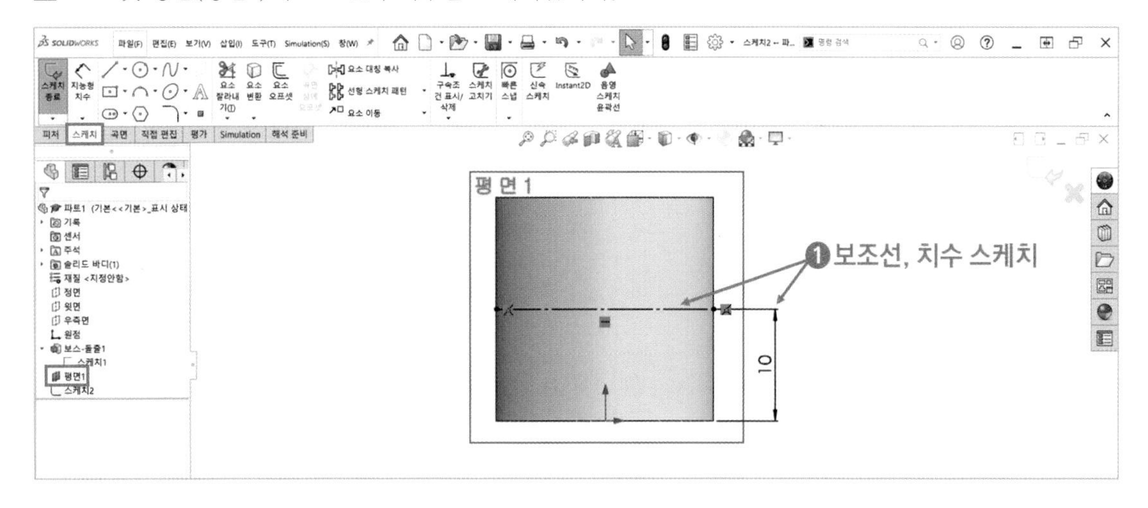

4 「 텍스트」를 클릭하고 보조선 위에 텍스트를 입력합니다. 텍스트의 윤곽선이 점 접촉을 하거나 선이 교차할 경우 피처가 생성되지 않을 수 있습니다. 따라서 점 접촉이나 선 교차가 없는 나눔고딕 글꼴로 변경합니다.

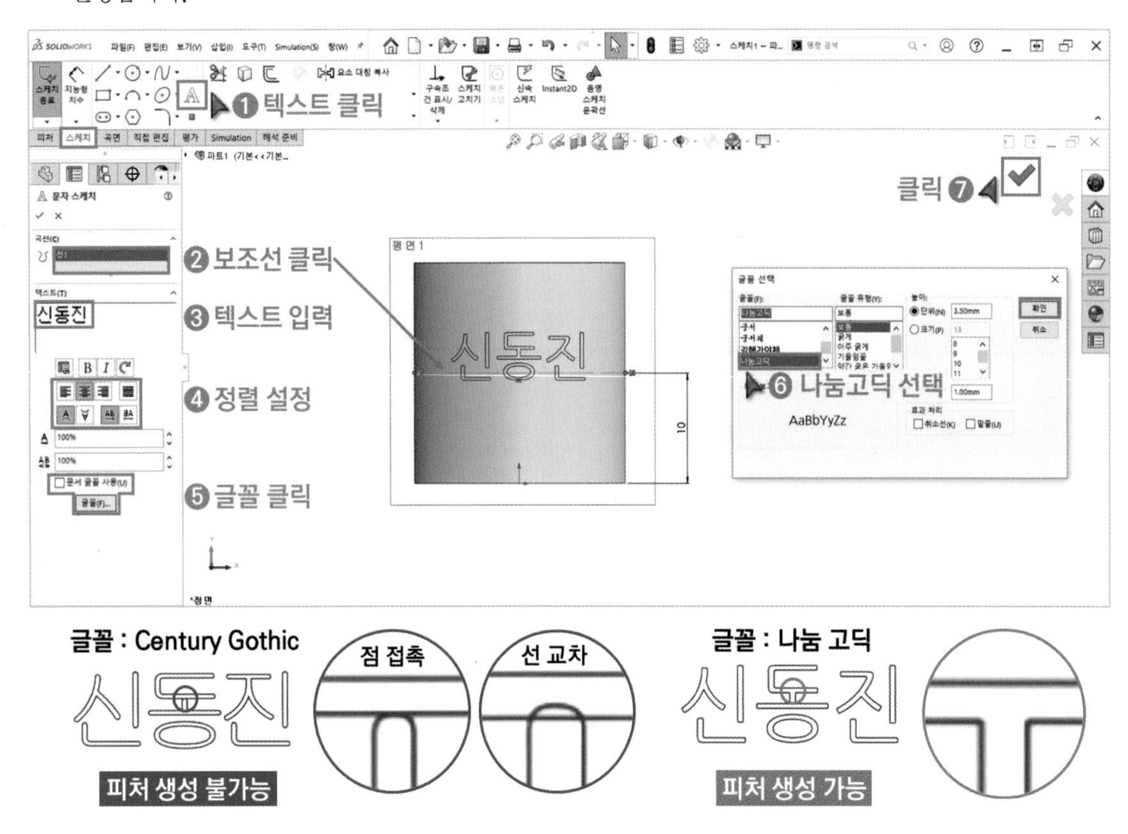

5 「 곡면 포장」을 클릭하고 스케치를 클릭합니다.

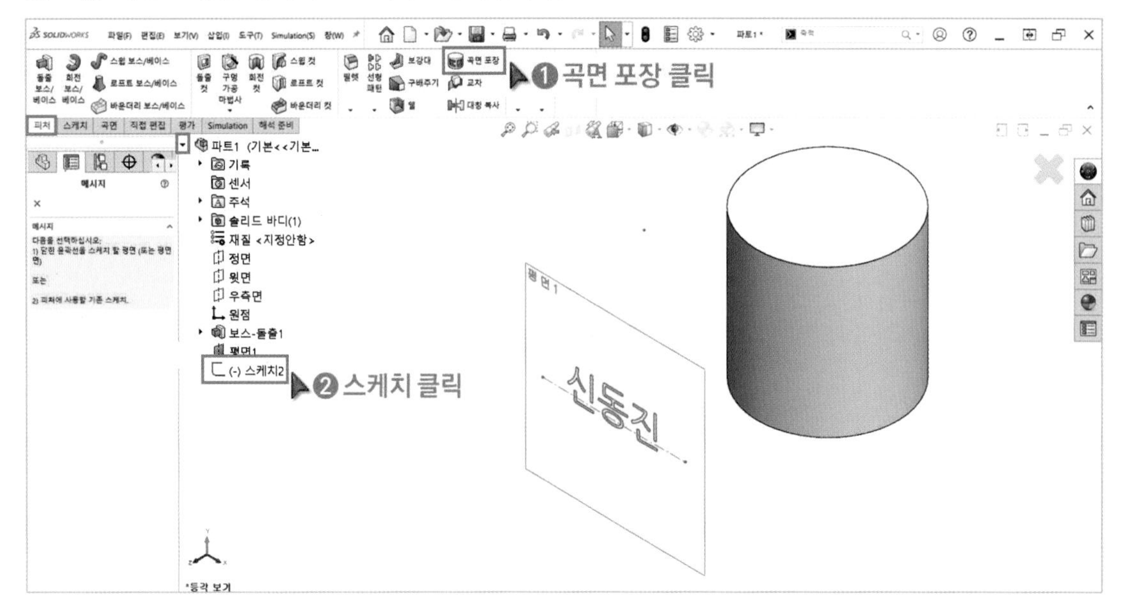

6 「오목」을 클릭하고 피처의 면을 클릭합니다. 깊이 값을 입력해서 피처를 생성합니다.

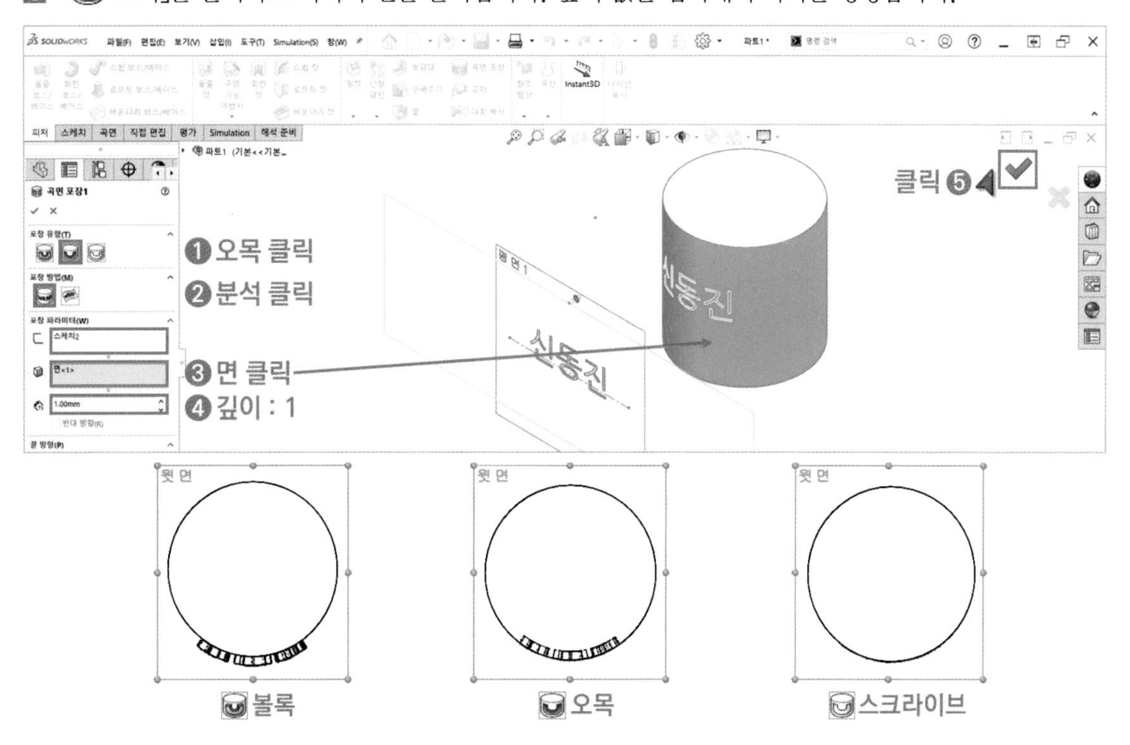

7 「은선 표시」를 클릭합니다. 디자인트리의 구성과 곡면 포장 형상을 파악합니다. 곡면 포장 피처는 형상이 표면을 따라 생성되는 반면 돌출 피처는 평평하게 생성됩니다.

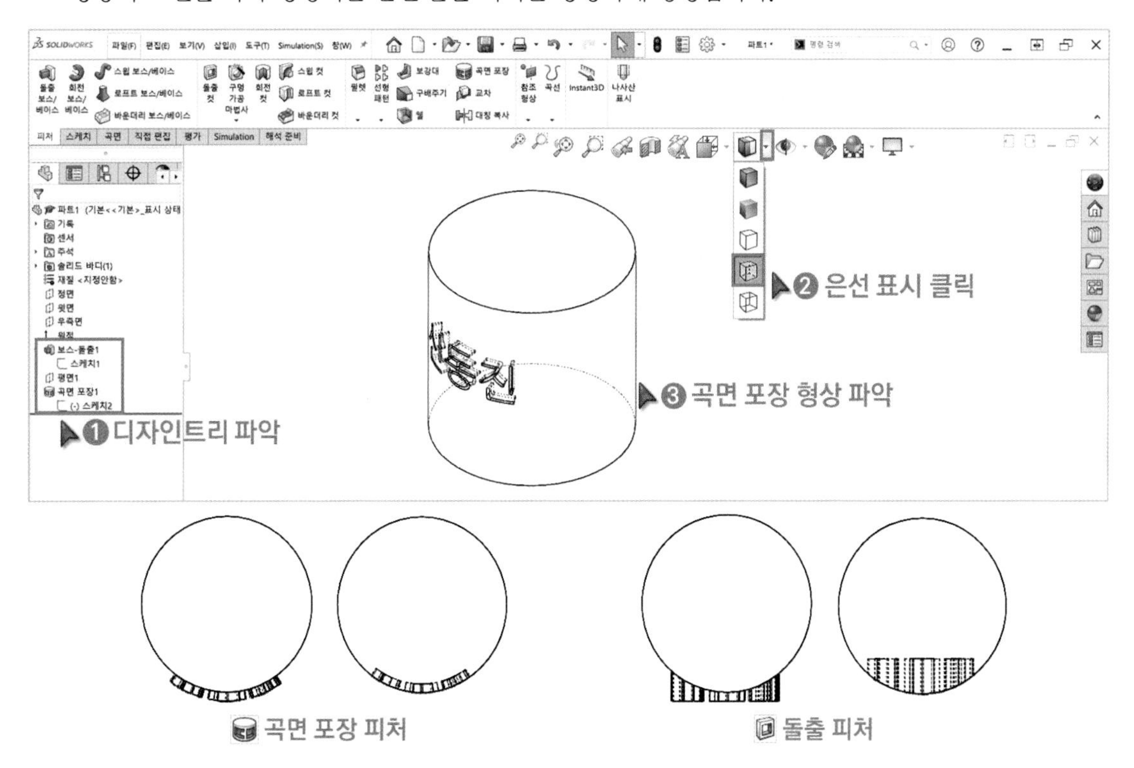

연습도면 40 〉 피처 수정 (중급)

https://cafe.naver.com/dongjinc/2058

스윕 활용을 위한 연습도면입니다. 경로 및 프로파일 스케치를 구상하고 모델링하세요.

연습도면 40-1

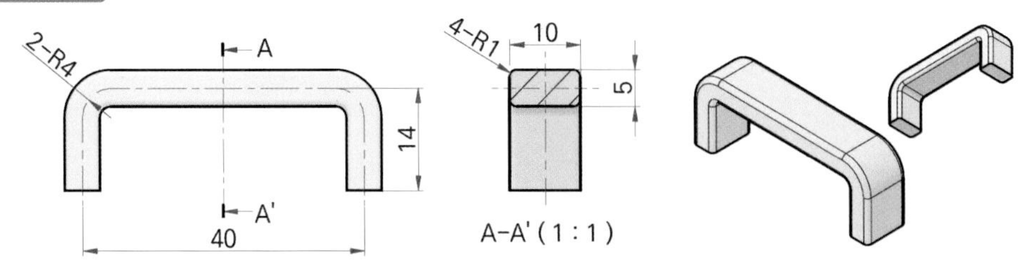

연습도면 40-2

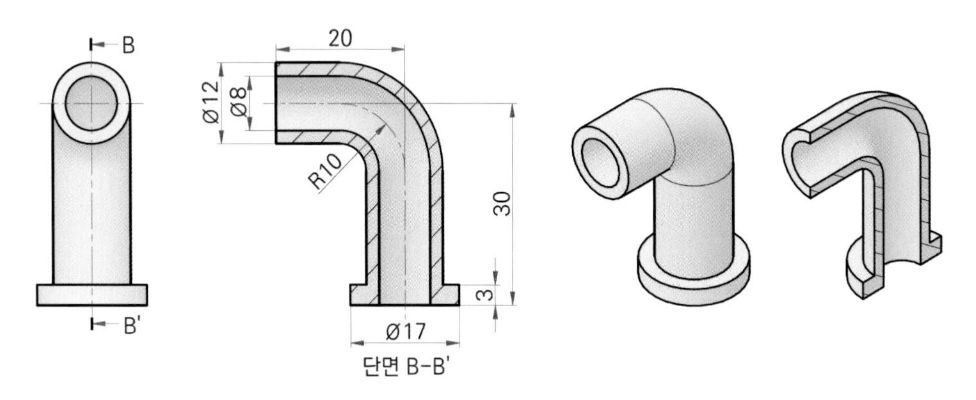

연습도면 40-3

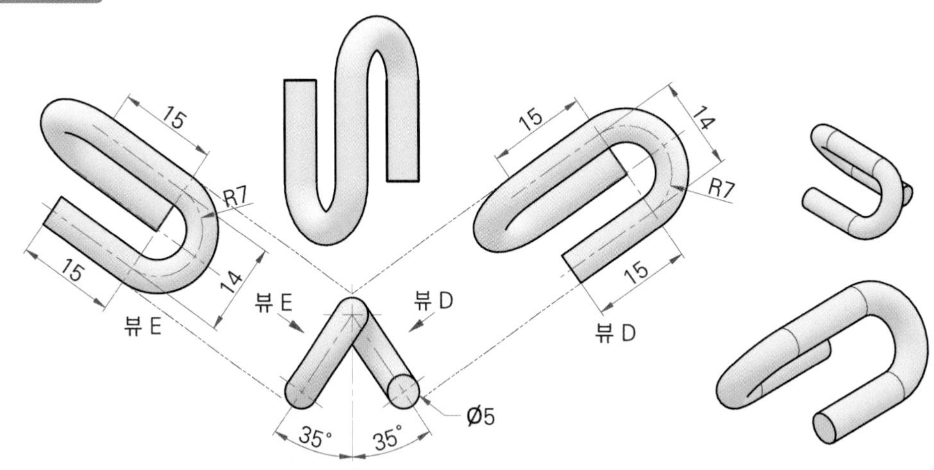

연습도면 41 〉 피처 수정 (중급)

https://cafe.naver.com/dongjinc/2059

로프트 활용을 위한 연습도면입니다. 기준면과 프로파일 스케치를 구상하고 모델링하세요.

연습도면 41-1

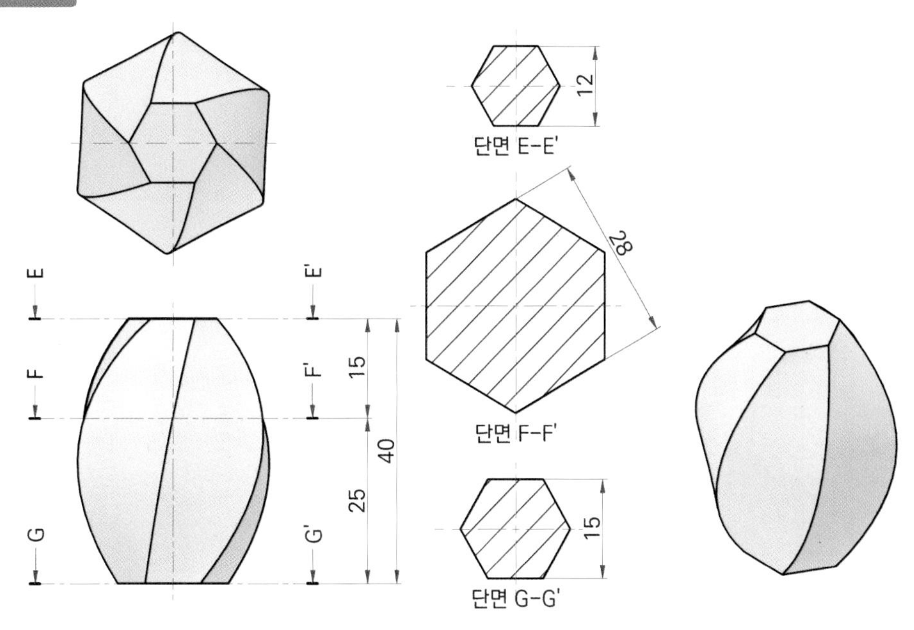

연습도면 41-2

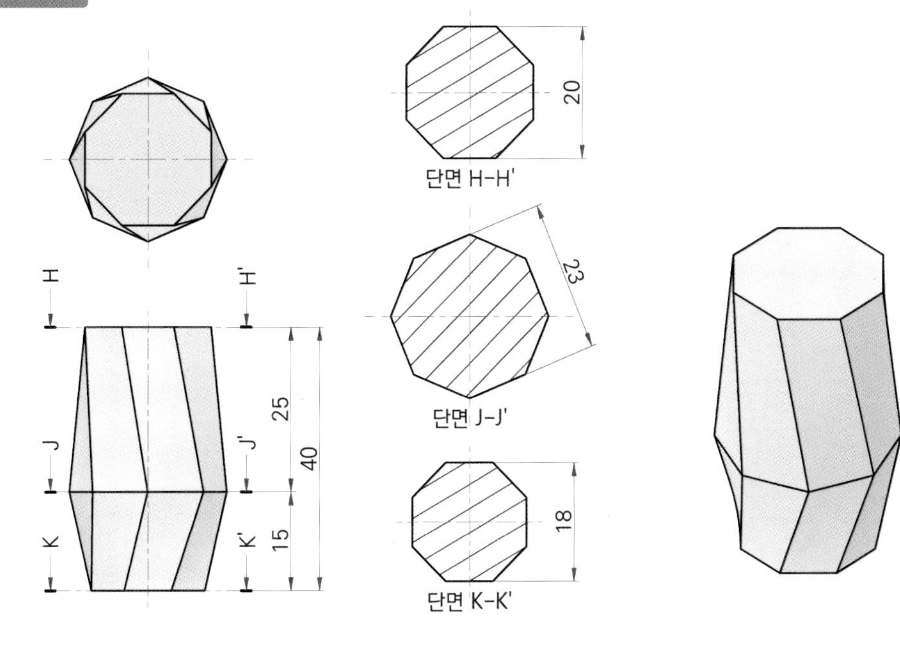

연습도면 42 > 피처 수정 (중급)

https://cafe.naver.com/dongjinc/2060

스윕 · 로프트 · 나선형 곡선 활용을 위한 연습도면입니다. 스케치, 기준면, 피치, 회전수 등 복합적으로 구상하고 모델링하세요.

연습도면 42-1

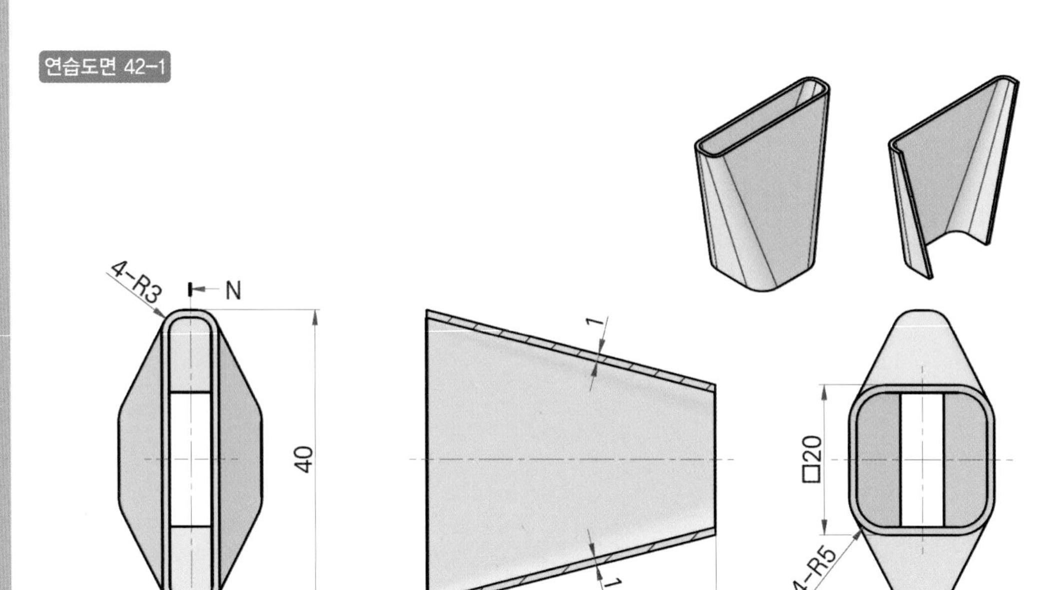

연습도면 42-2

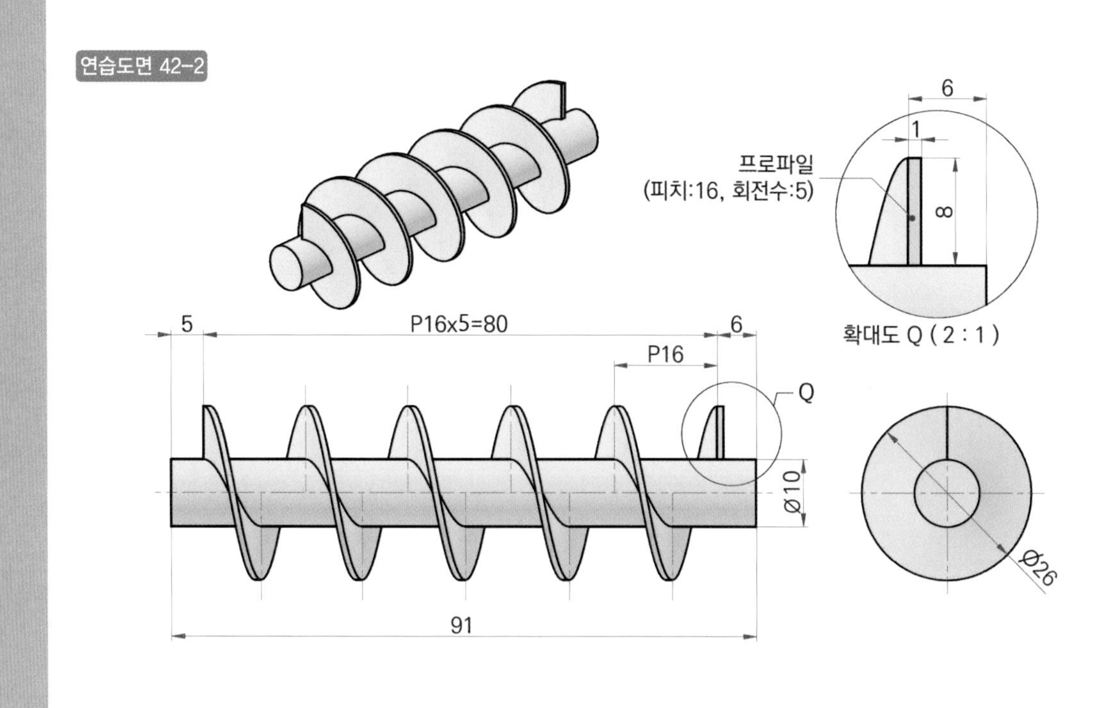

스윕 · 나선형 곡선 활용을 위한 연습도면입니다. 프로파일, 나선형 곡선, 피치 등을 복합적으로 구상하고 모델링하세요.

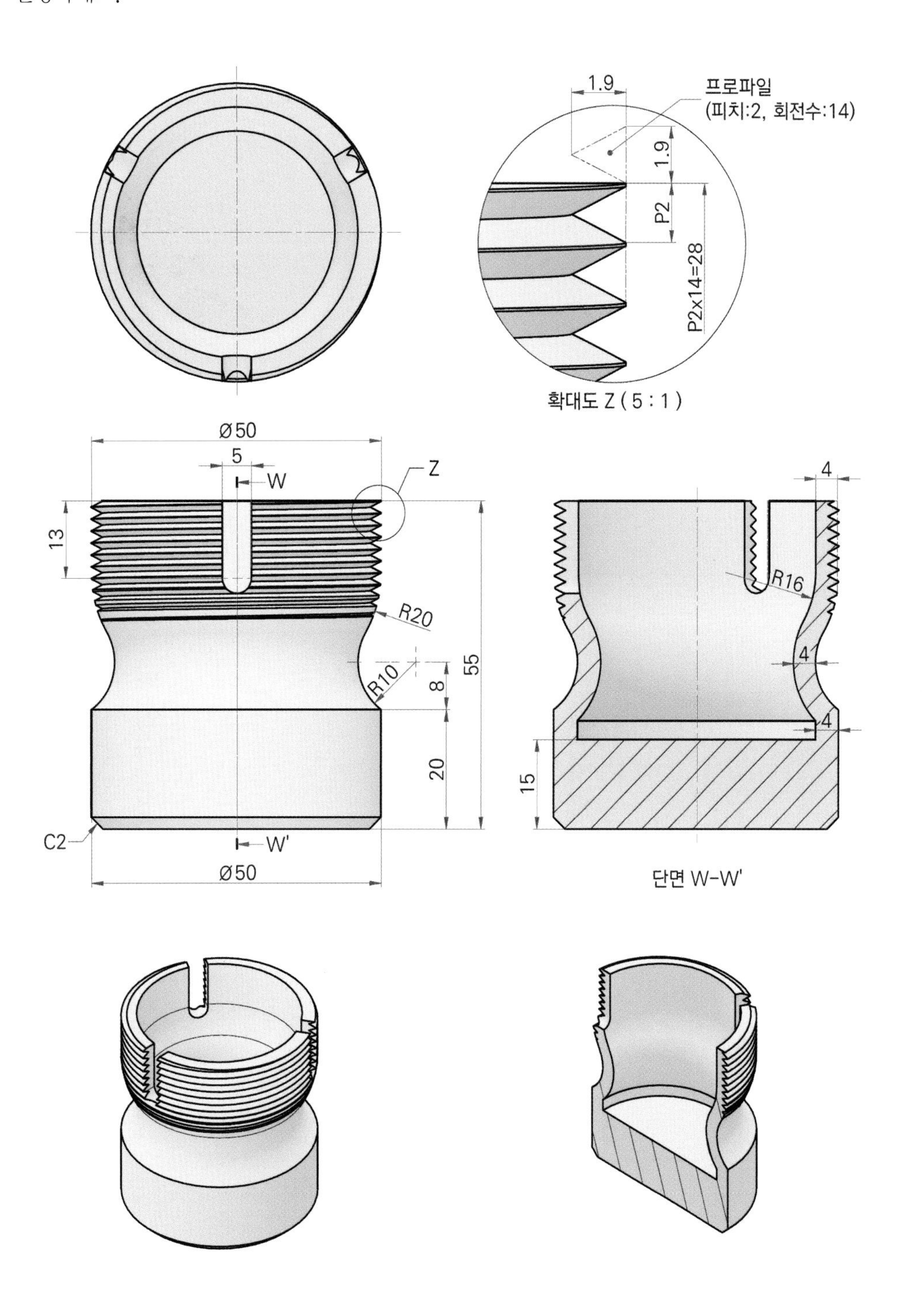

SECTION

3.3 3D피처 검토

학습목표
- KS 및 ISO 관련 규격을 준수하여 형상을 모델링할 수 있다.
- 특징형상 설계를 이용하여 요구되어지는 3D형상모델링을 완성할 수 있다.
- 요구되어지는 형상과 비교, 검토하여 오류를 확인하고 발견되는 오류를 즉시 수정할 수 있다.

1 작업순서 변경 중요 Point 실습 Point

https://cafe.naver.com/dongjinc/2062

디자인트리의 작업(스케치, 피처)은 시간순으로 나열됩니다. 작업순서를 변경하면 쉽게 형상을 수정할 수 있습니다.

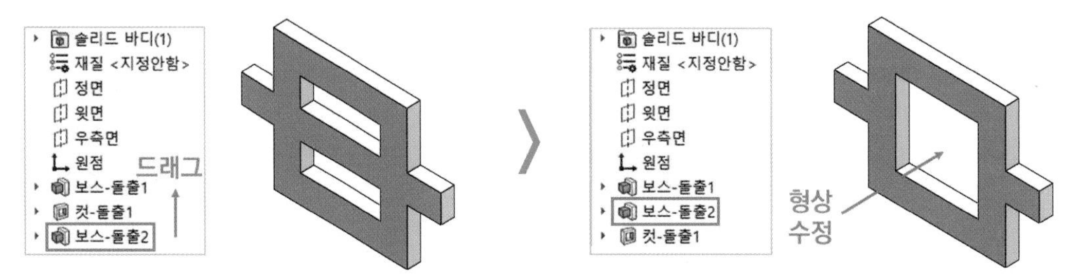

1 https://cafe.naver.com/dongjinc/366 사이트에 첨부된 3개의 파일을 다운받습니다.

2 「1. 작업순서 변경 가능.SLDPRT」 파일을 실행합니다. 「— 롤백 바」를 드래그해서 작업내용을 파악합니다.

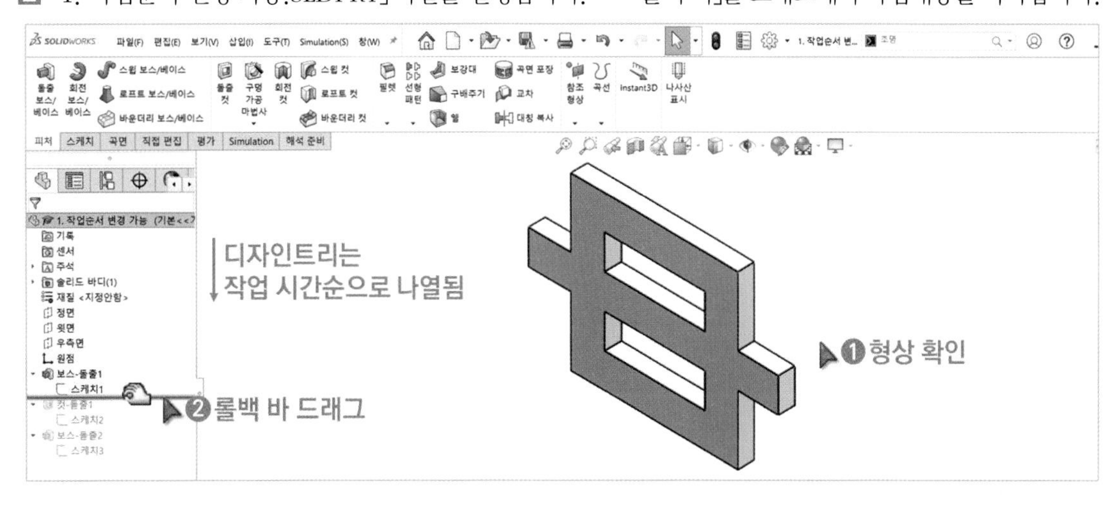

3 디자인트리에 가장 위에 있는 것은 「└ 원점」입니다. 「⊏ 스케치1, 2, 3」은 「└ 원점」에 구속된 스케치입니다.

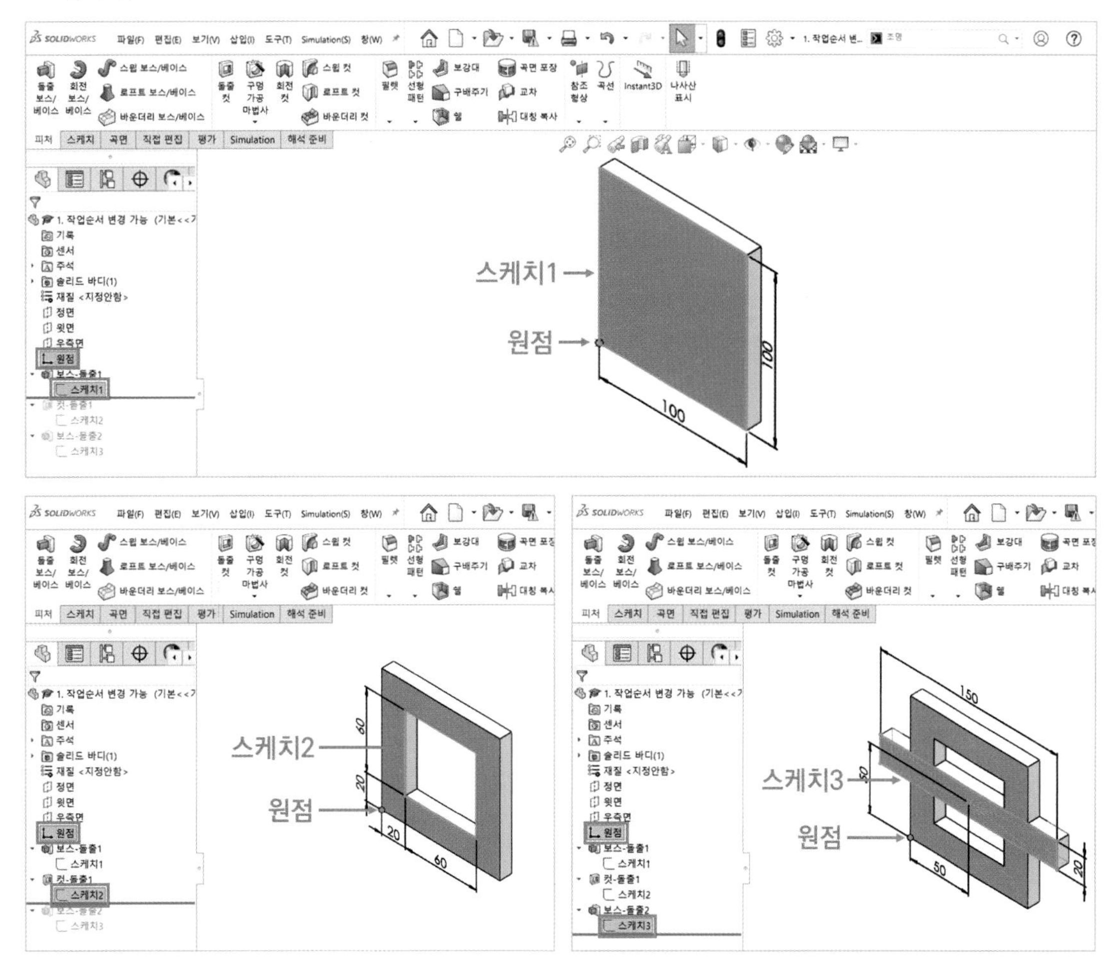

4 「보스-돌출2」를 드래그해서 「컷-돌출1」 위로 이동시킵니다.

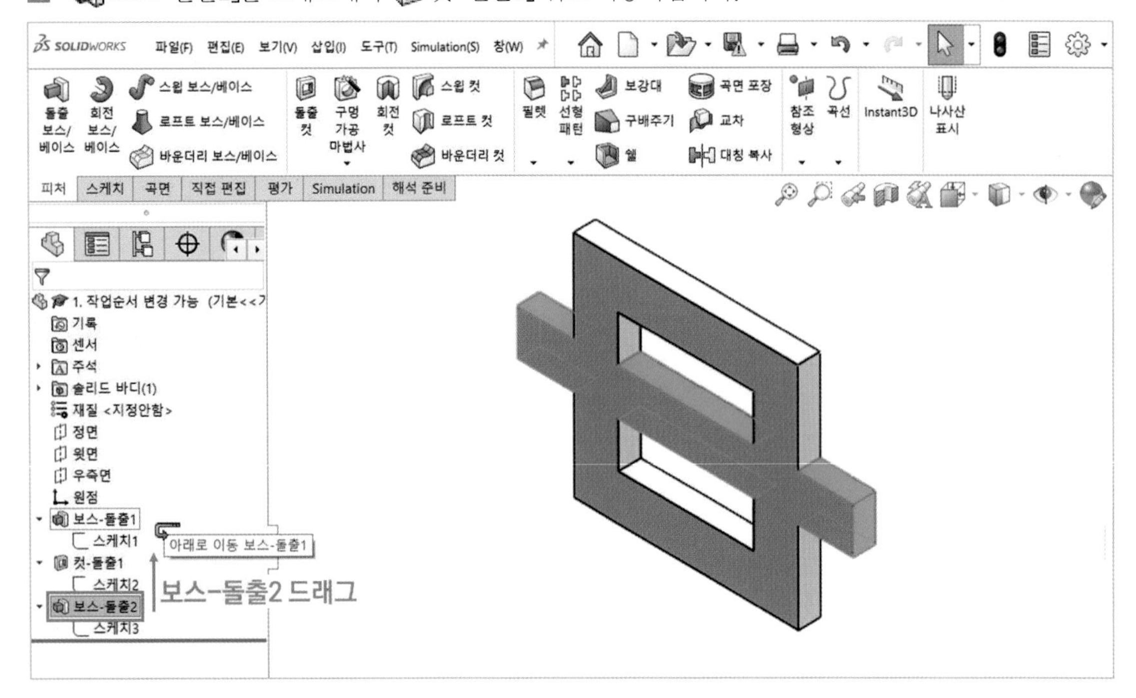

5 「보스-돌출2」의 「스케치3」은 「원점」에 구속되어 있으며 「컷-돌출1」과 「스케치2」에 구속되어 있지 않기 때문에 작업순서를 변경할 수 있습니다.

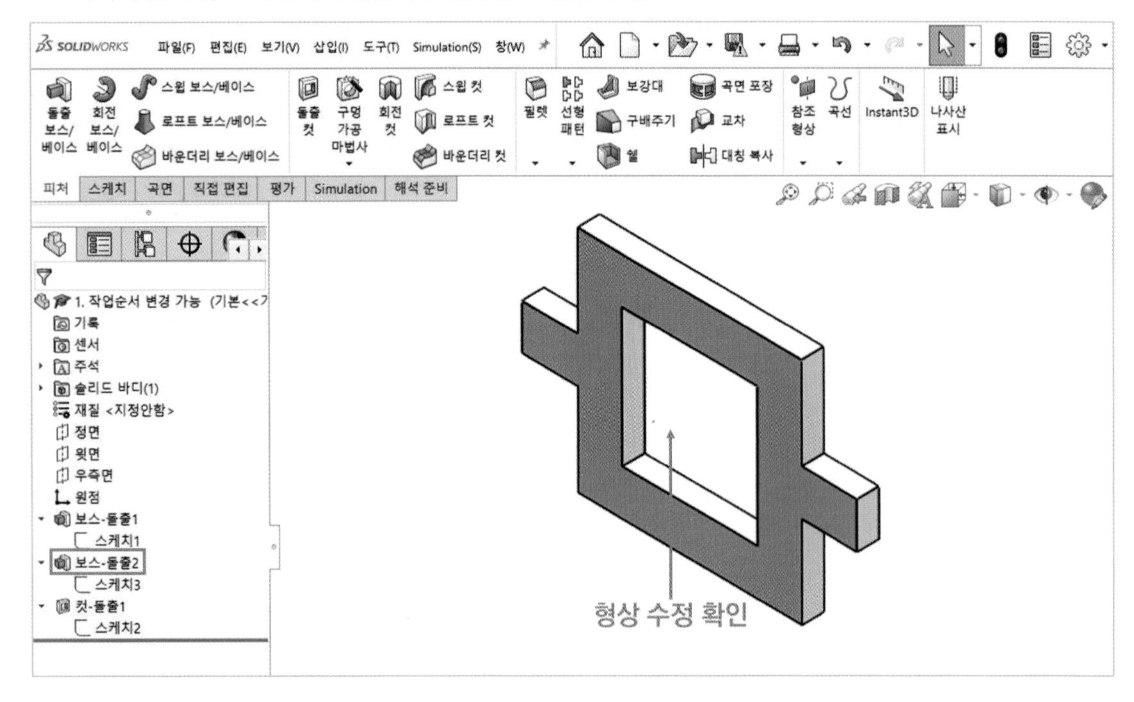

6 「2. 작업순서 변경 후 패턴 적용.SLDPRT」을 실행합니다. 「— 롤백 바」를 드래그해서 작업내용을 파악합니다.

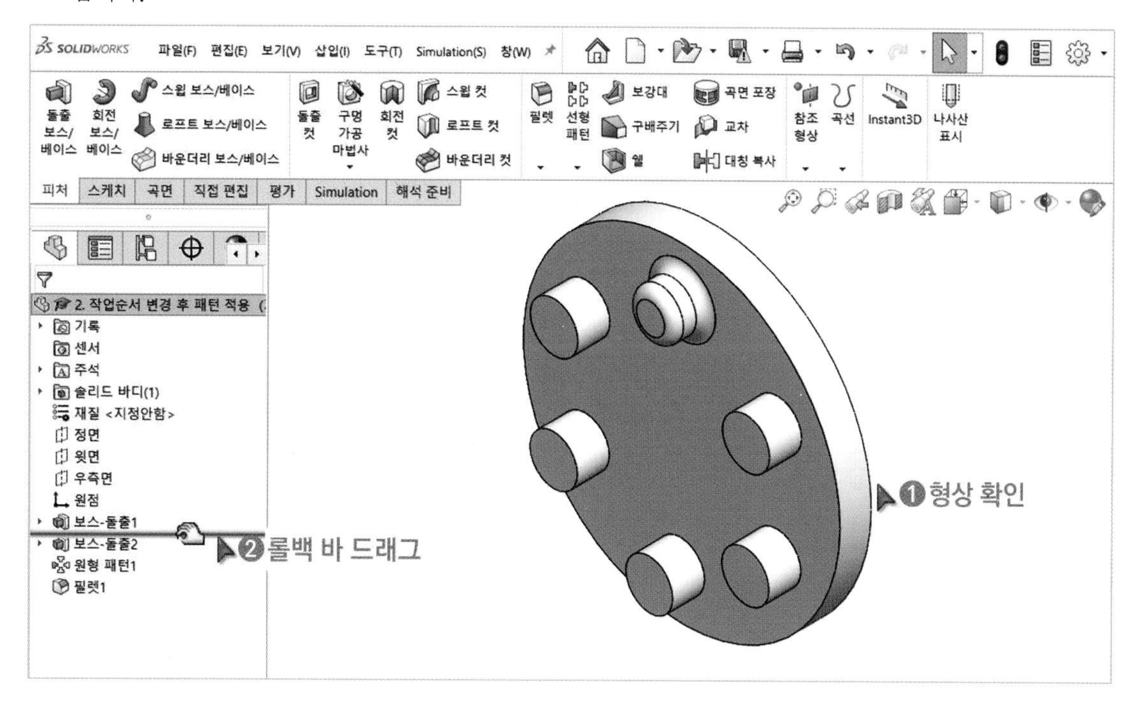

7 「필렛1」을 드래그해서 「원형 패턴1」 위로 이동시킵니다.

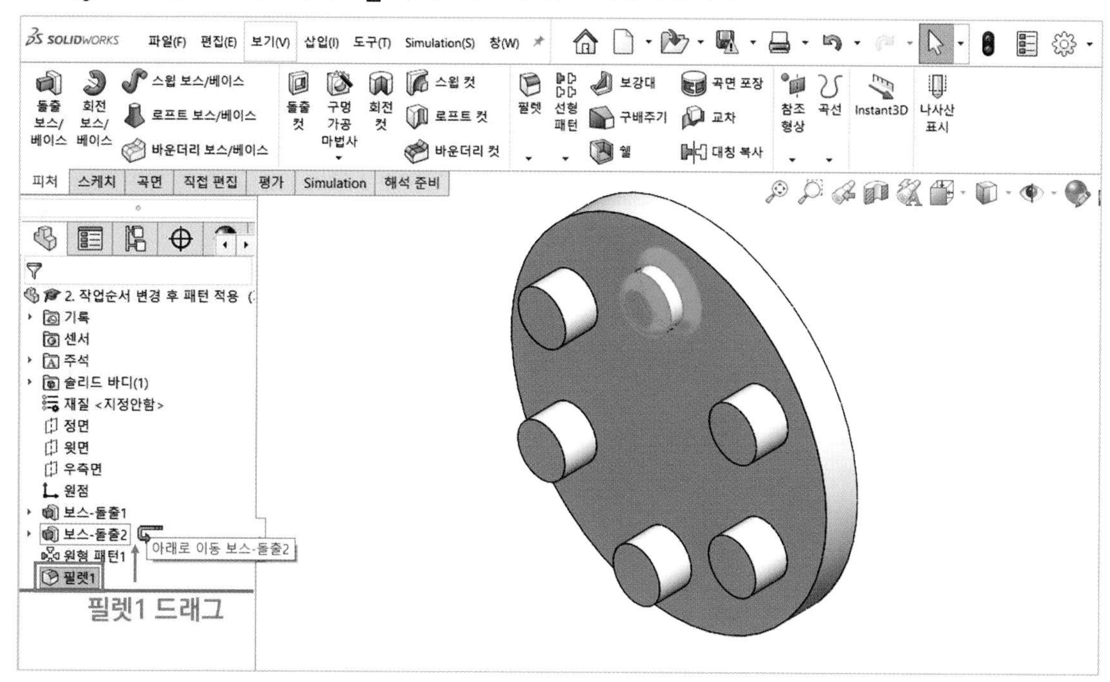

8 「피처 편집」을 클릭하고 「필렛1」을 추가합니다.

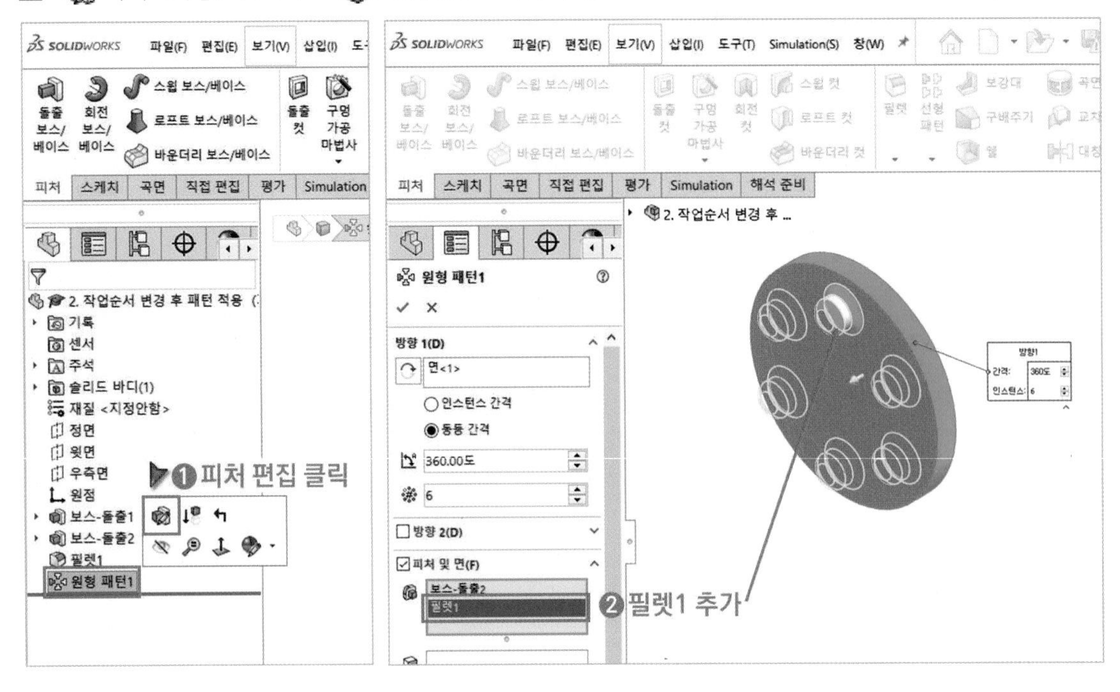

9 작업순서 변경을 통해서 피처의 형상을 쉽게 수정할 수 있습니다.

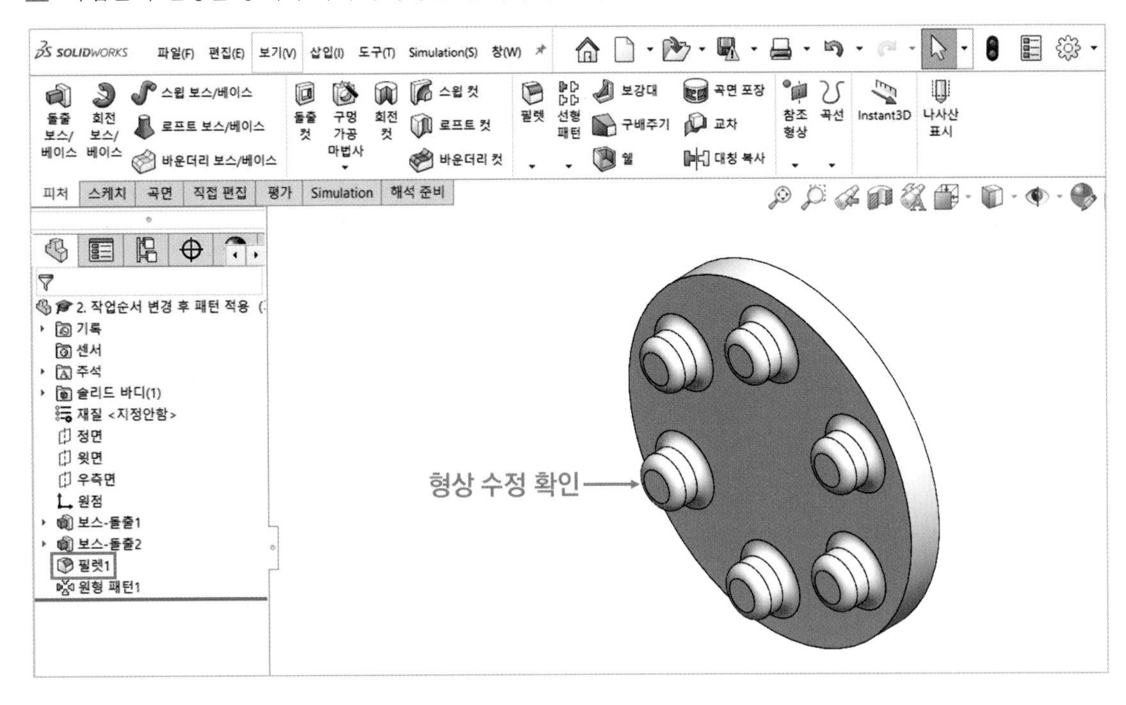

2 작업순서 변경 불가 중요Point 실습Point

디자인트리의 작업(스케치, 피처)은 시간 순으로 나열됩니다. 스케치 또는 피처의 생성 시점이나 모델링 방법에 따라 작업순서 변경이 불가능할 수도 있습니다.

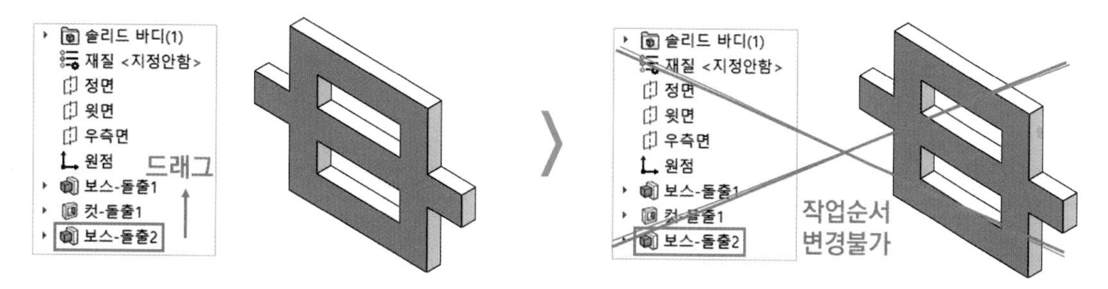

1 「3. 작업순서 변경 불가능.SLDPRT」 파일을 실행합니다. 「— 롤백 바」를 드래그해서 작업내용을 파악합니다.

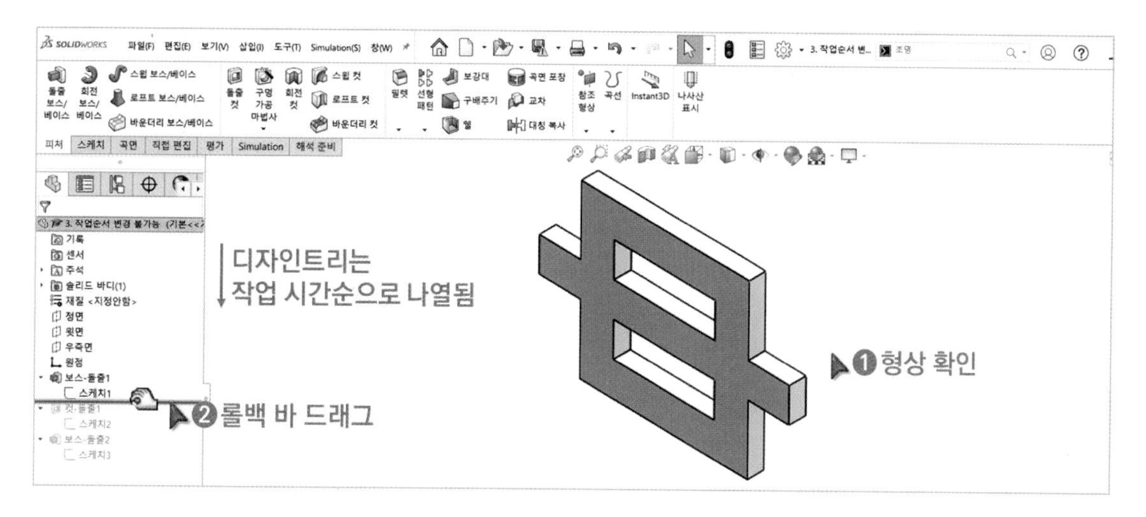

2 「스케치1」은 「원점」에 구속된 스케치입니다.

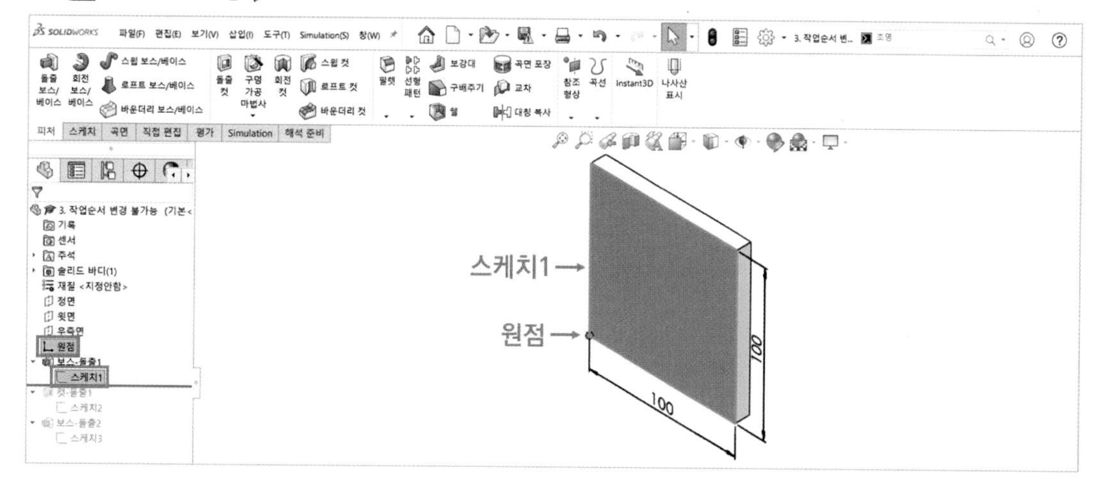

3 「스케치2」는 「원점」에 구속된 스케치입니다.

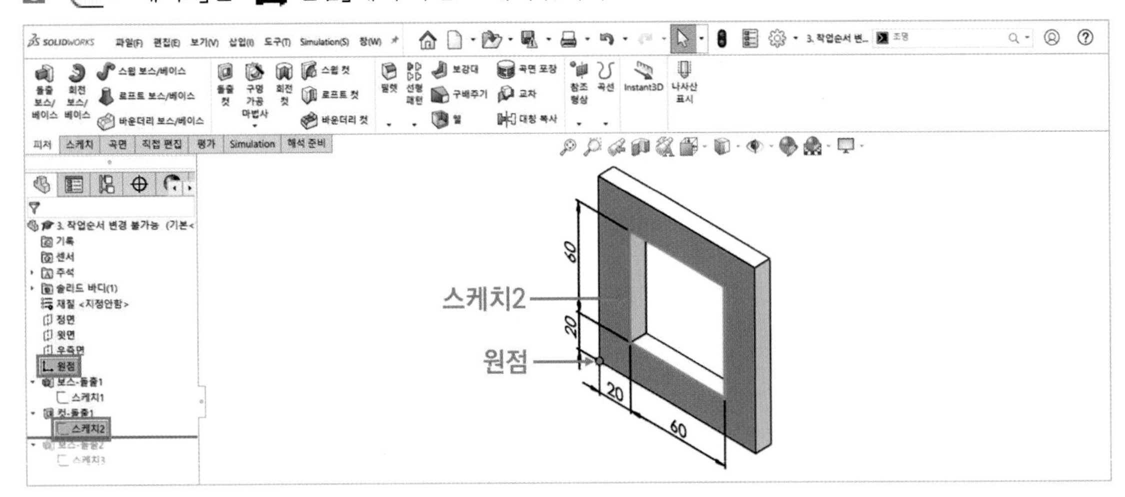

4 「스케치3」은 「컷-돌출1」 모서리 선에 구속된 스케치입니다.

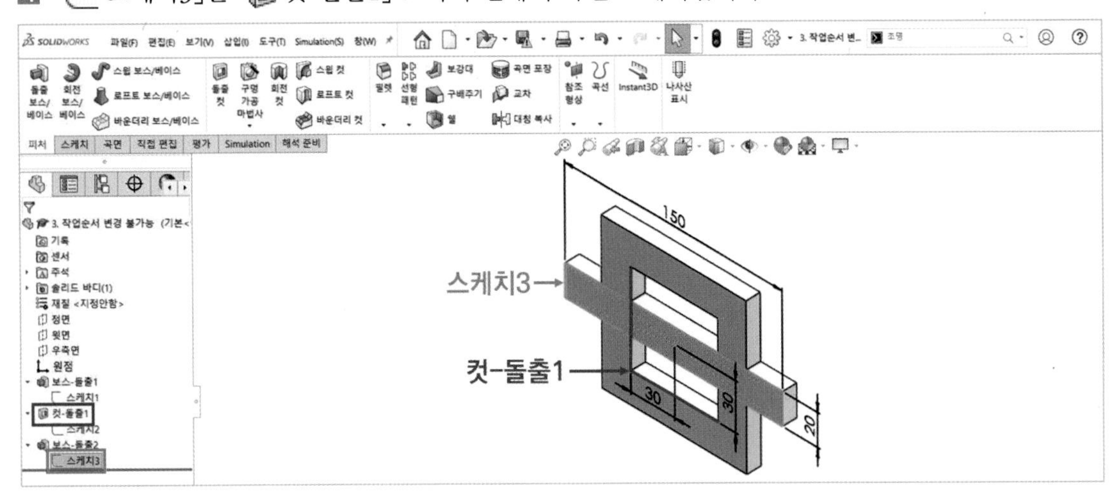

5 「컷-돌출1」의 형상을 이용해서 「스케치3」을 생성했을 경우 「보스-돌출2(스케치3)」를 위로 이동할 수 없습니다.

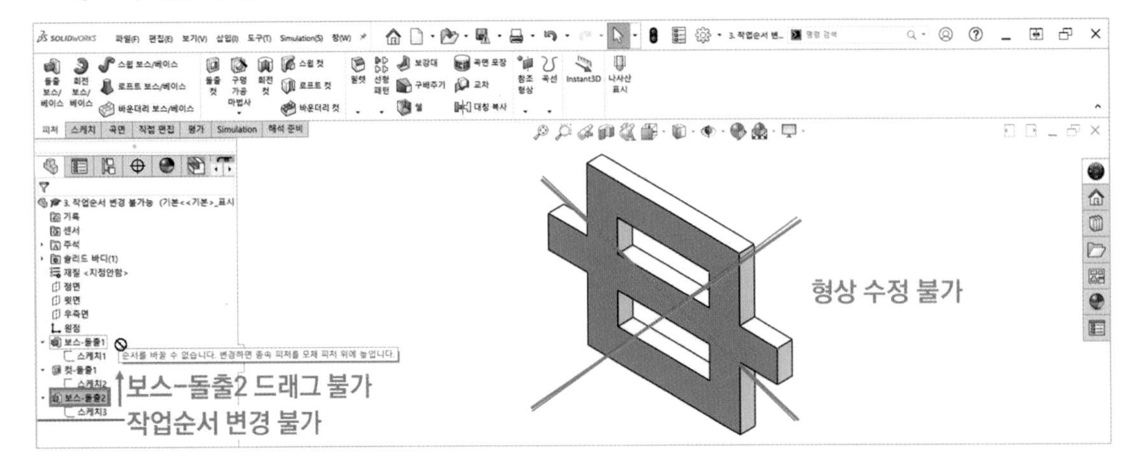

3 모델링 오류원인과 해결방법 중요 Point 실습 Point

https://cafe.naver.com/dongjinc/2063

모델링 중 다양한 원인에 의해 오류가 발생합니다. 이러한 오류를 해결하지 않으면 형상을 구현하지 못하거나 부품, 조립품, 도면 등 모든 파일에 오류가 발생하게 됩니다. 따라서 오류의 원인을 분석하고 해결하는 방법은 매우 중요합니다.

오류원인 1 새로운 프로파일(스케치 영역) 추가

해결방법 1 피처 편집에서 프로파일(스케치 영역) 재선택

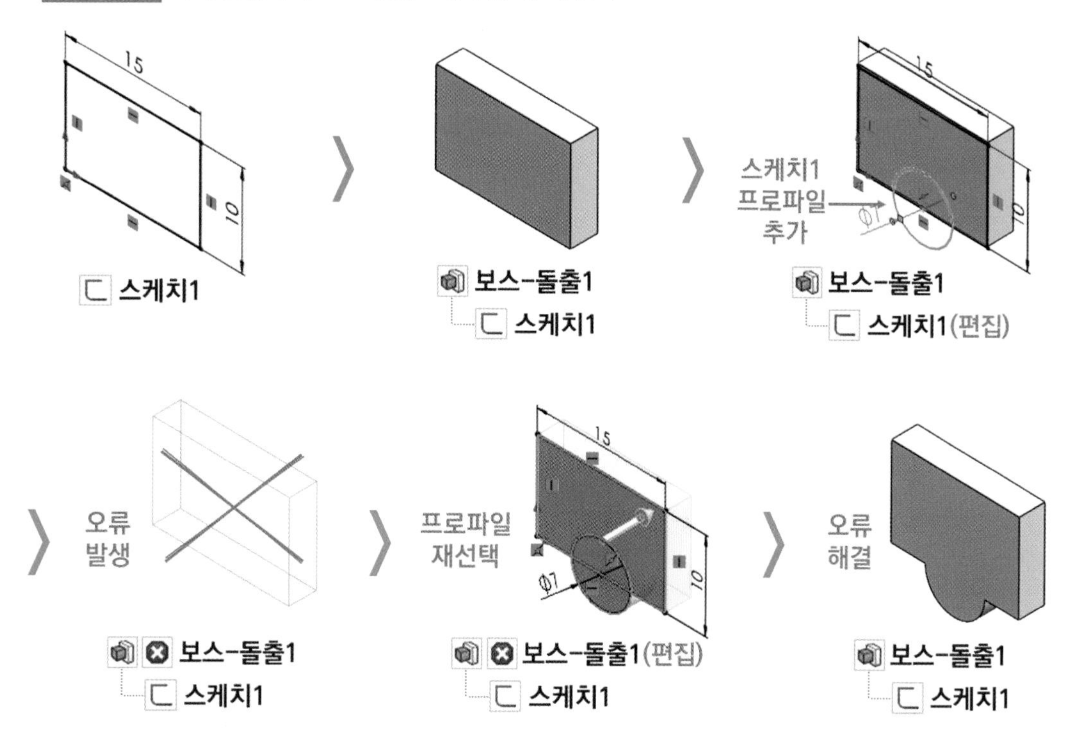

1 아래와 같이 「정면」에 스케치를 작성합니다.

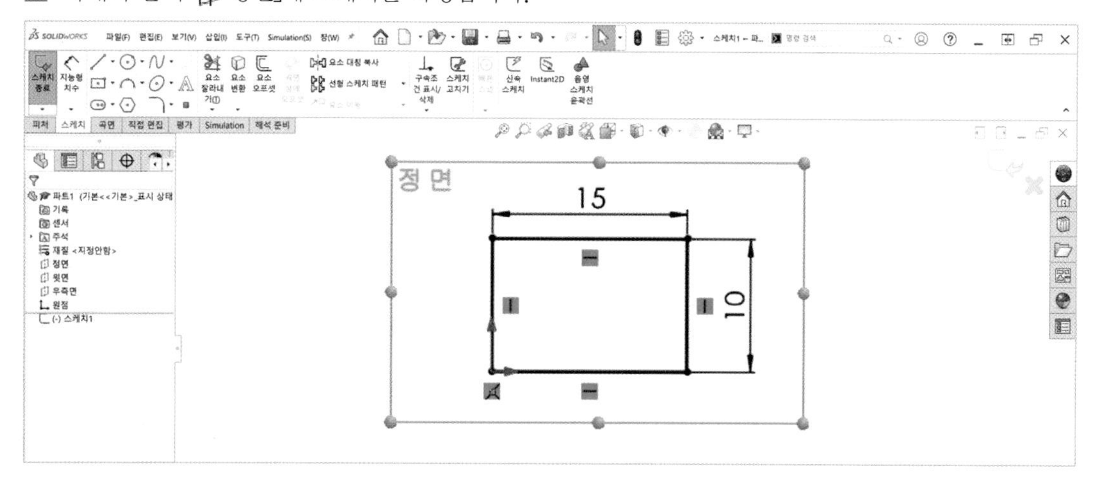

2 「돌출」을 클릭하고 방향, 형태, 거리를 지정합니다.

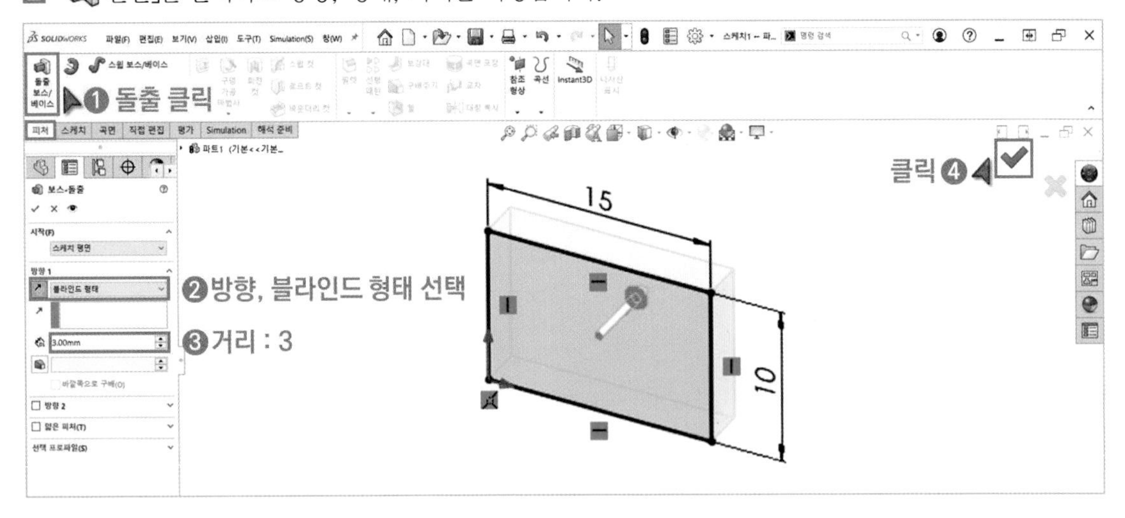

3 「스케치1」을 편집합니다.

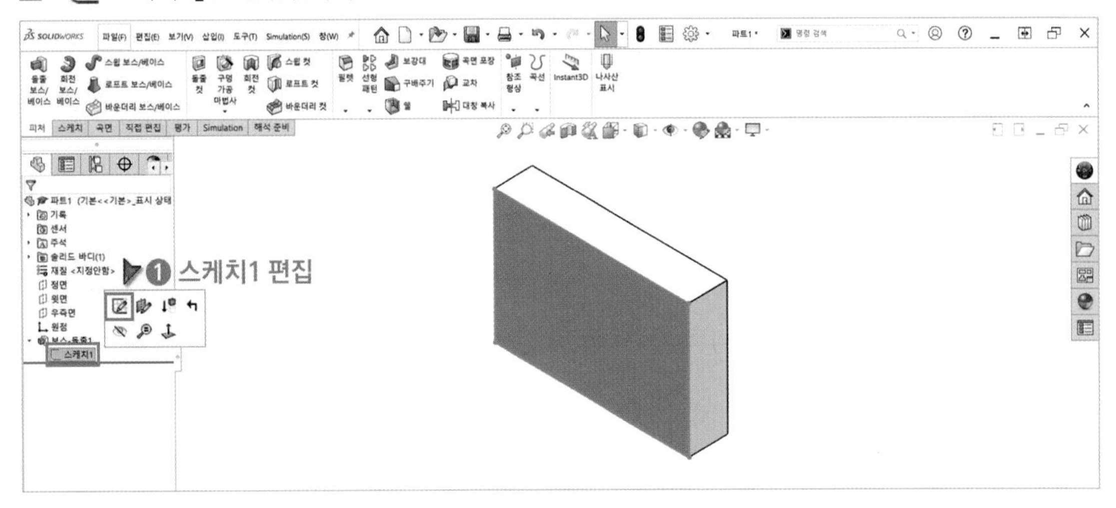

4 스케치1에 새로운 「프로파일(스케치 영역)」을 추가하고 스케치를 종료합니다.

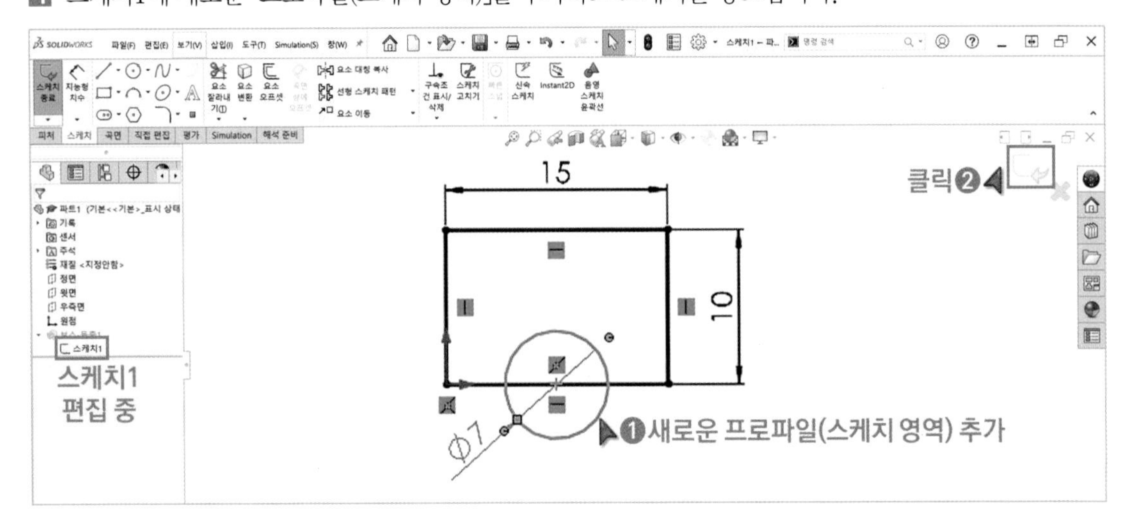

5 「스케치를 종료하고 재생성」을 클릭합니다. 「보스-돌출1」에 오류가 발생한 것을 확인합니다. 기존의 스케치에 새로운 프로파일(스케치 영역)이 추가되면 피처는 새로운 프로파일(스케치 영역)을 인식하지 못해 오류가 발생합니다.

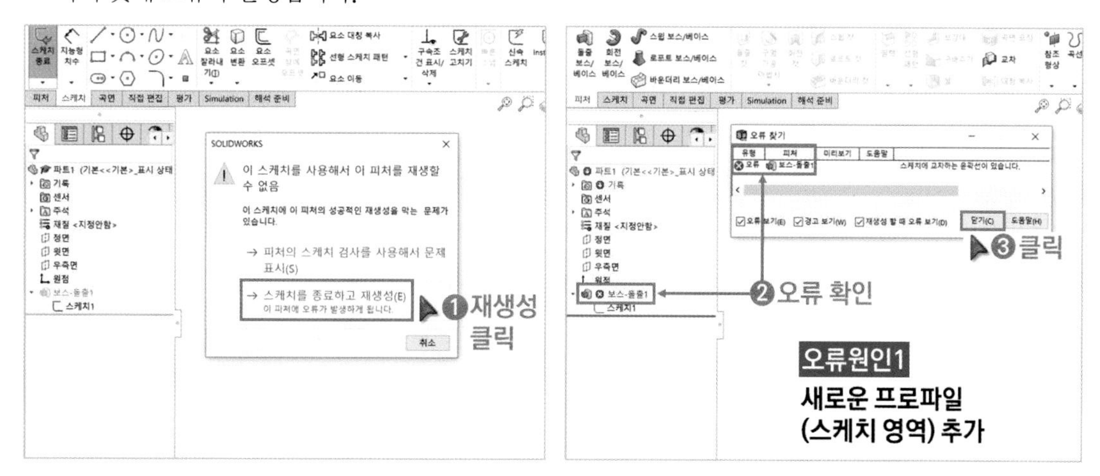

6 「보스-돌출1」을 편집합니다. 새로 추가된 프로파일(스케치 영역)을 재선택합니다.

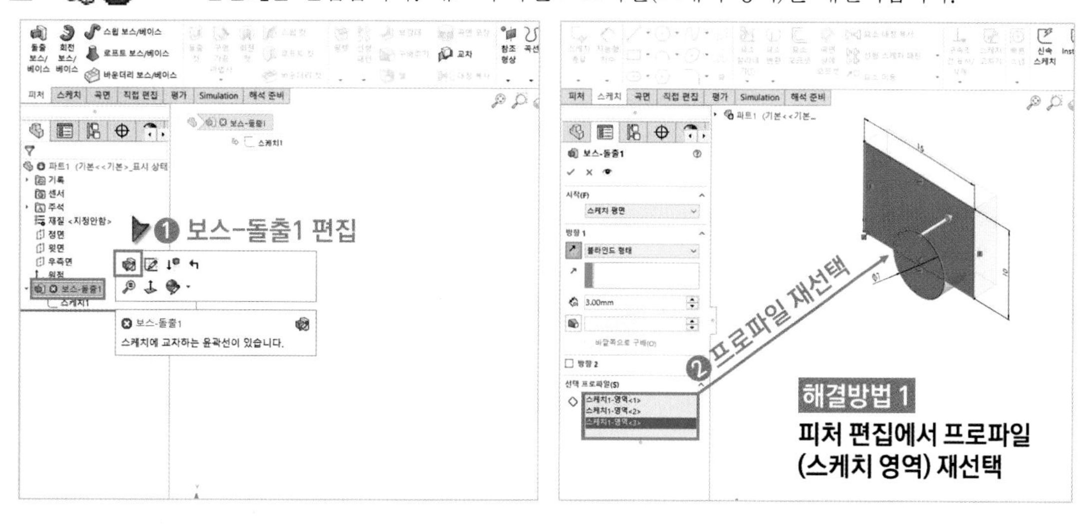

7 오류가 해결된 것을 확인합니다.

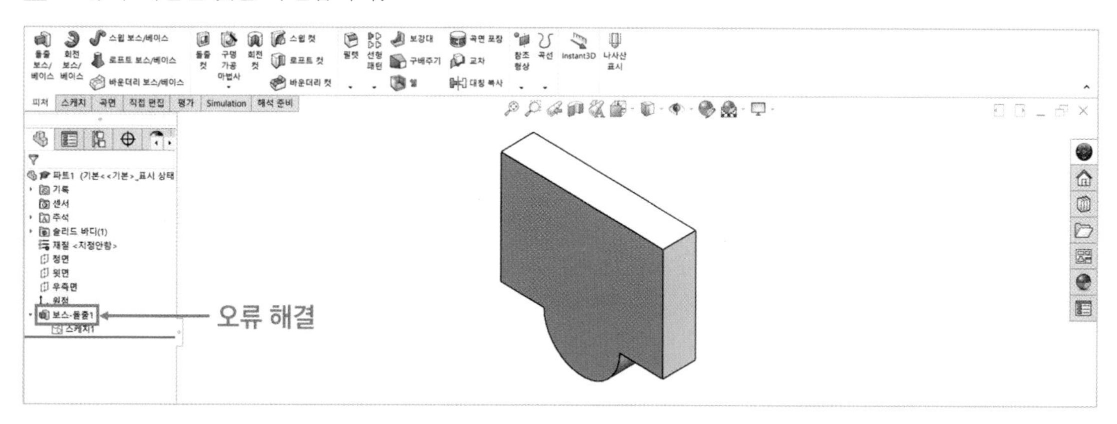

오류원인 2 이전에 생성했던 피처 제거

해결방법 2 구속조건 삭제

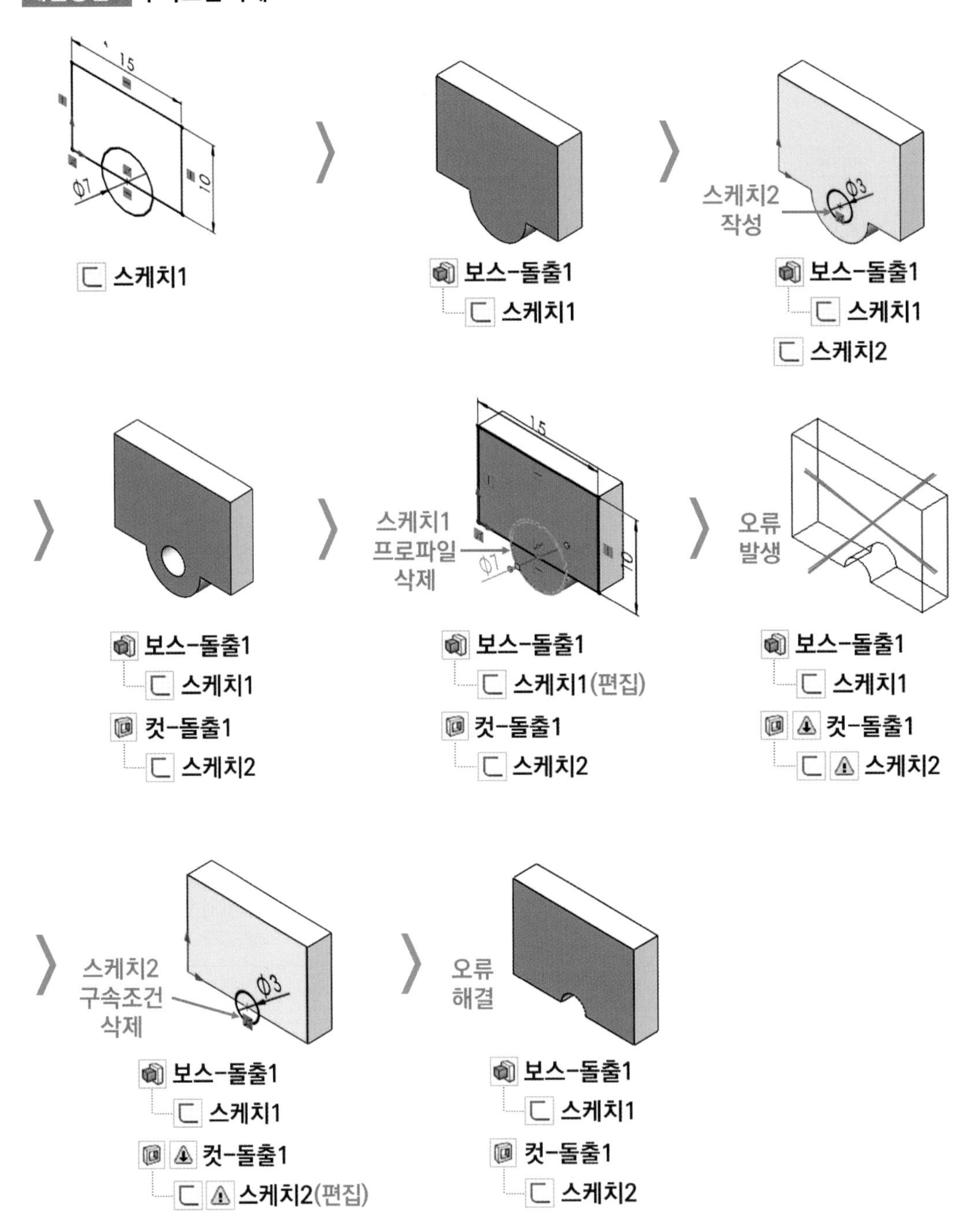

1 피처의 앞면을 클릭하고 「 스케치」를 클릭합니다.

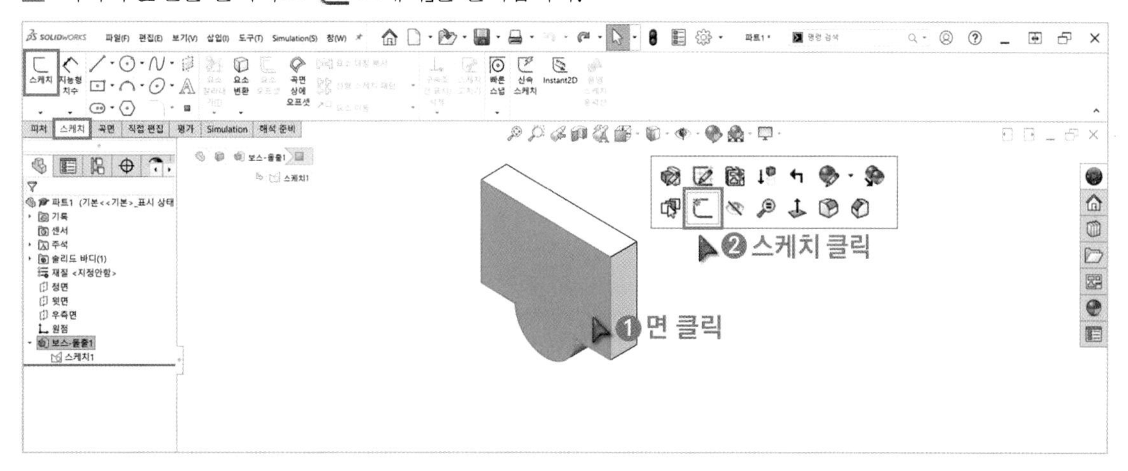

2 「 원」을 클릭합니다. 마우스를 원 위에 놓으면 피처의 중심점이 활성화 됩니다. 이 중심점에 원을 스케치합니다. 여기서 피처의 중심점과 원이 「 일치 구속」된 것을 잘 기억해두시기 바랍니다.

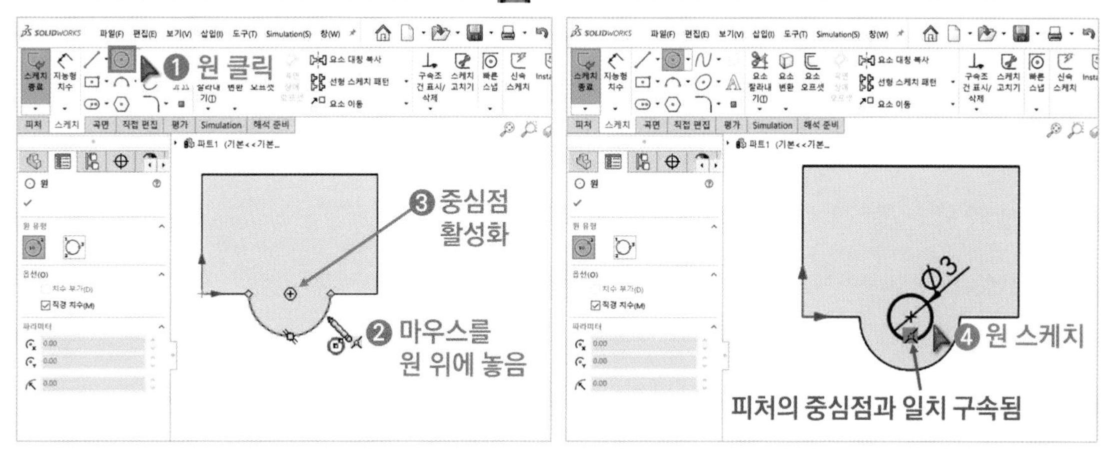

3 「 돌출 컷」을 클릭하고 프로파일을 관통시킵니다.

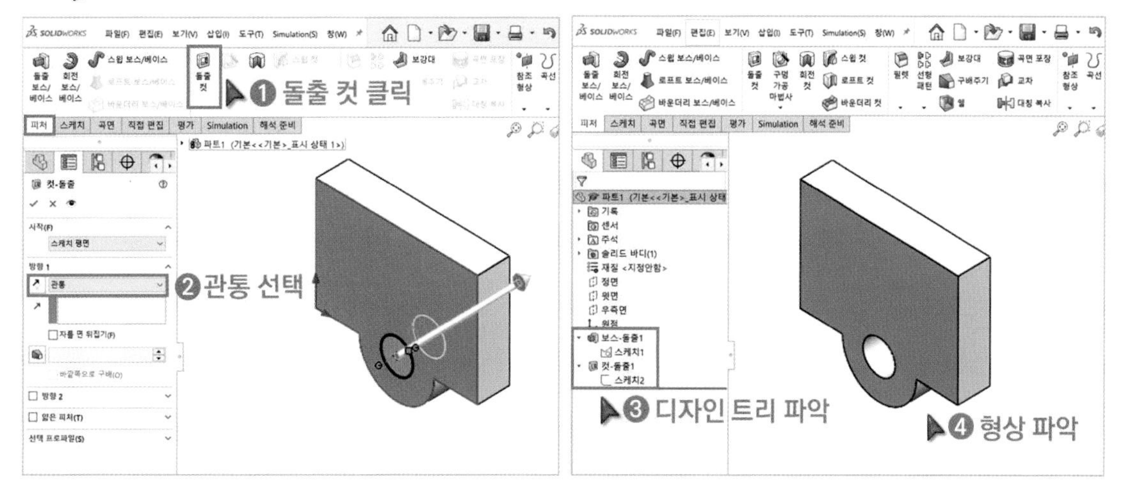

4 「스케치1」을 편집합니다.

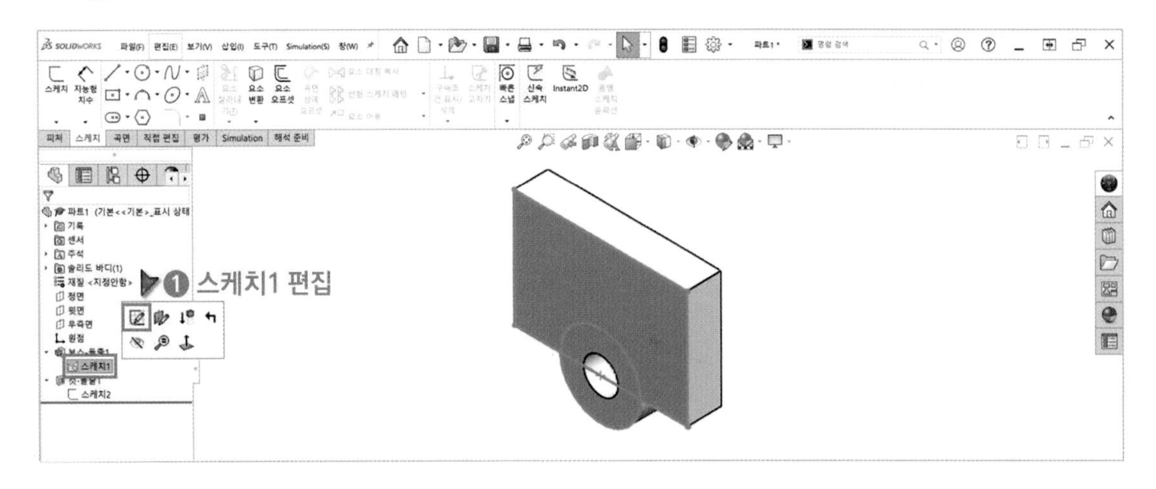

5 「스케치1」의 원을 삭제합니다.

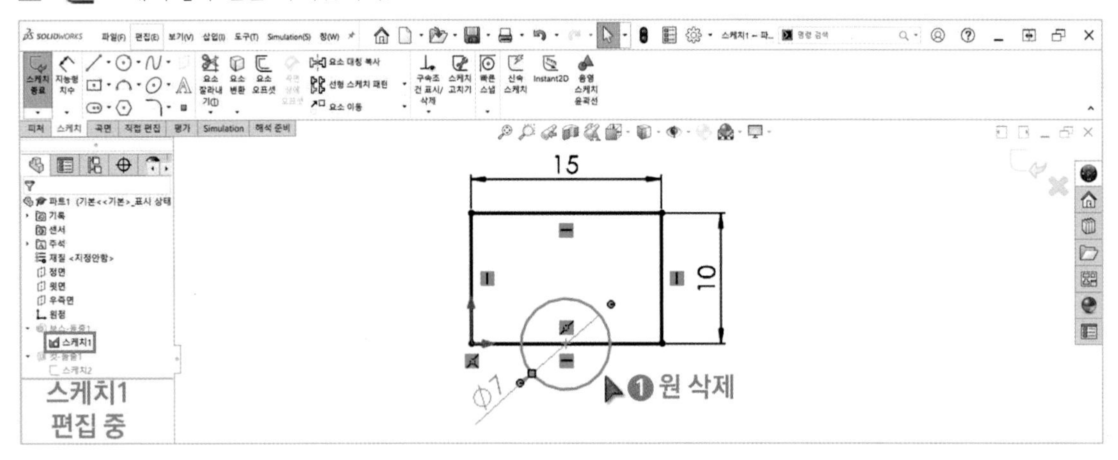

6 스케치를 종료합니다.

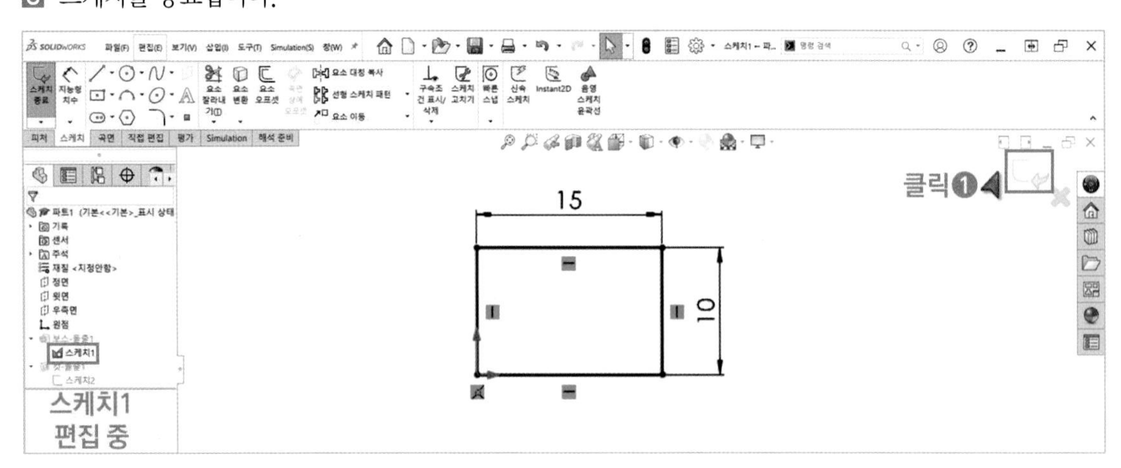

7 「계속하기(오류 무시)」를 클릭합니다. 「 스케치2」에 오류가 발생한 것을 확인합니다. 이전에 피처의 중심점과 원을 「 일치 구속」 했었는데 피처의 형상이 제거되어 일치 구속에 오류가 발생합니다.

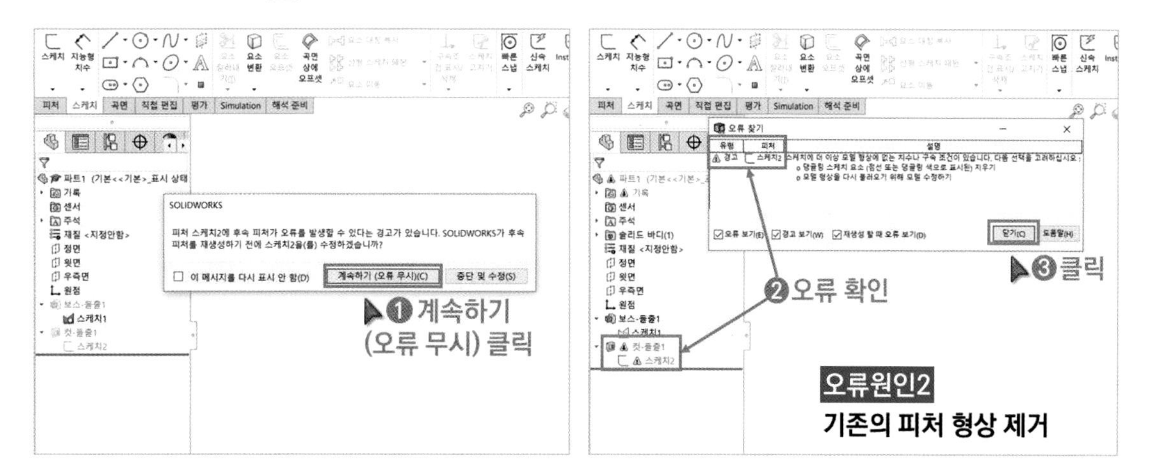

8 「 스케치2」를 편집합니다. 오류가 발생한 「 일치 구속조건」을 삭제합니다.

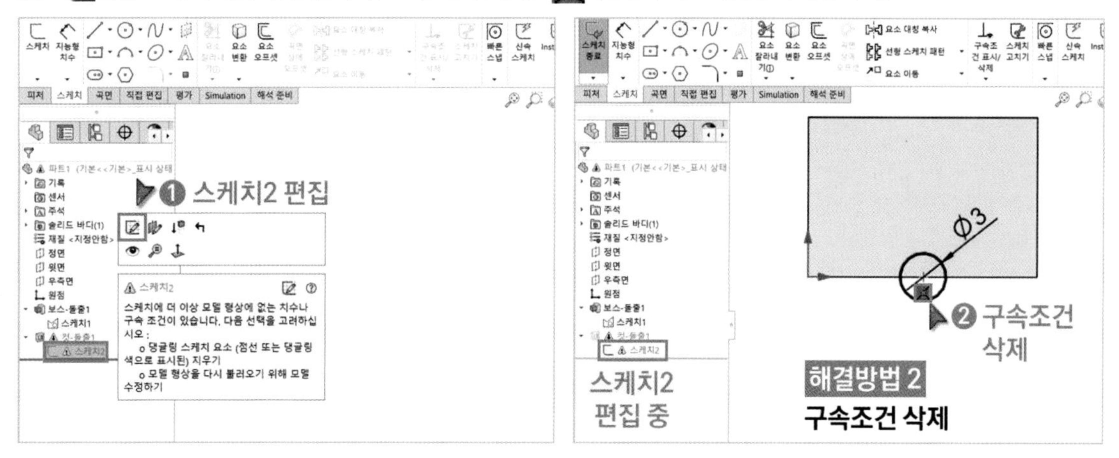

9 원의 중심점을 드래그해서 피처의 중간점에 일치시킵니다. 스케치를 종료합니다.

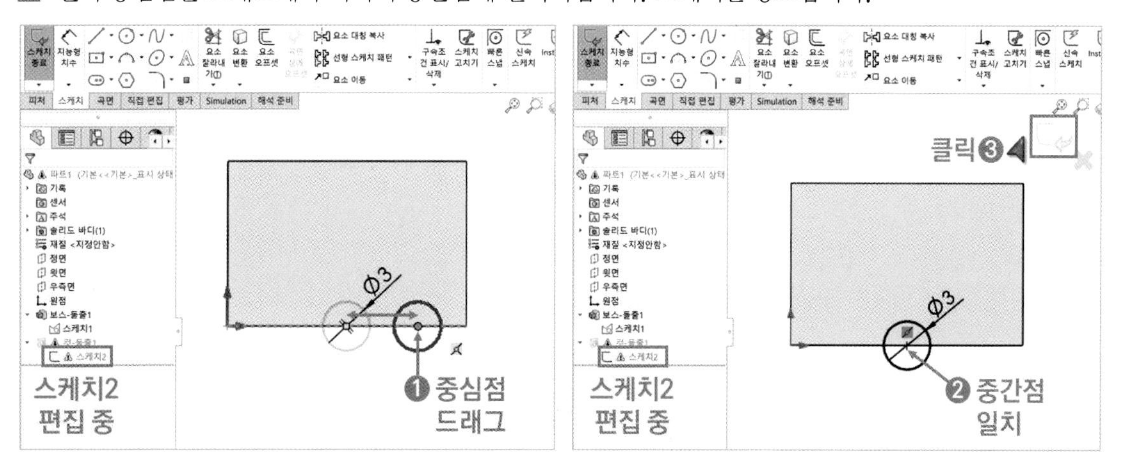

10 오류가 해결된 것을 확인합니다.

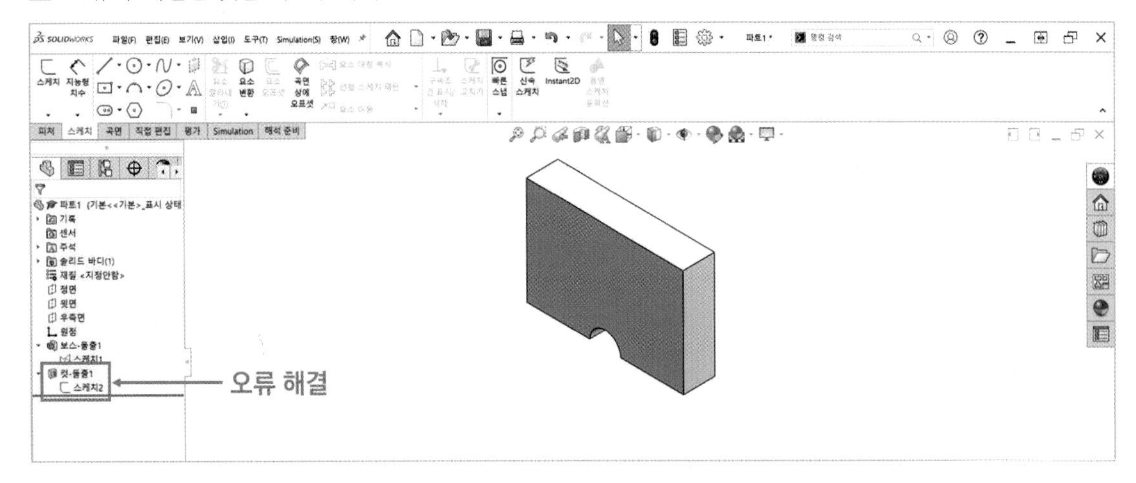

4 스케치 공유 실습 Point

https://cafe.naver.com/dongjinc/2064

일반적인 피처 생성 방법은 1개의 스케치로 1개의 피처를 생성합니다.

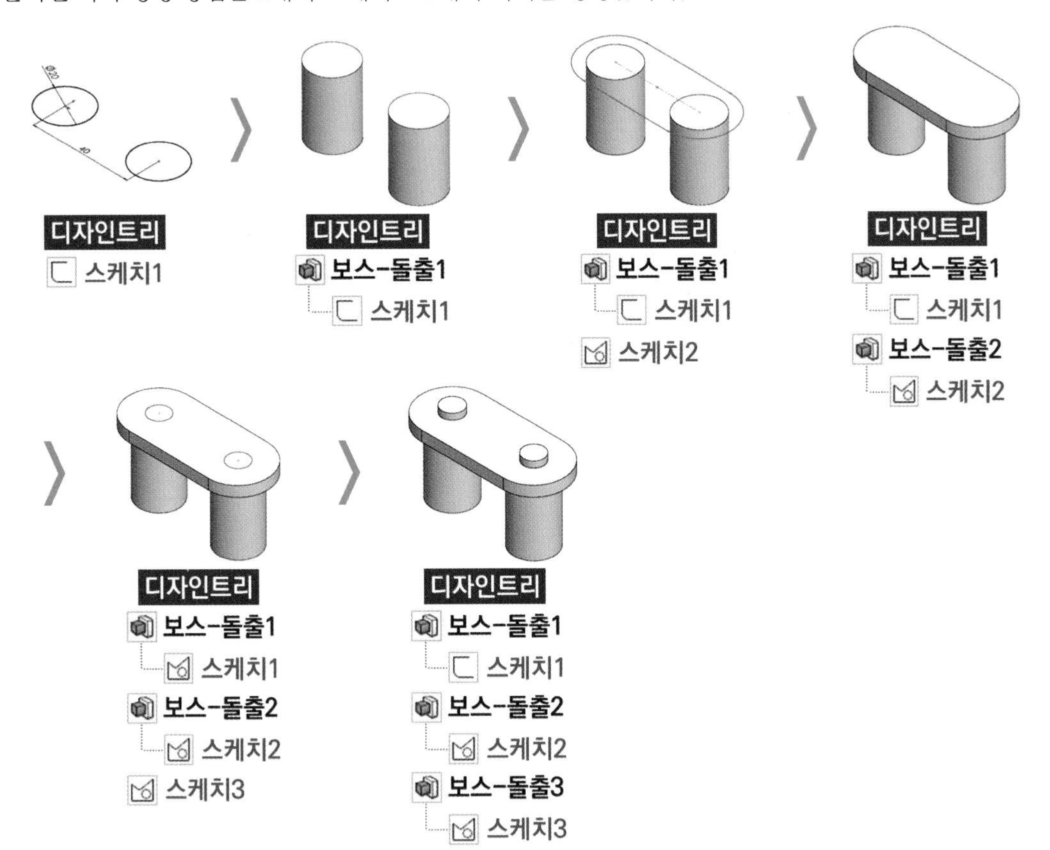

스케치공유 기능은 1개의 스케치로 2개 이상의 피처를 생성하는 기능입니다. 이 기능을 잘 활용한다면 작업을 수월하게 진행할 수 있지만 스케치가 복잡해지는 단점이 있습니다. 또한 공유된 스케치에 오류가 발생하면 모든 피처에도 오류가 발생하게 됩니다.

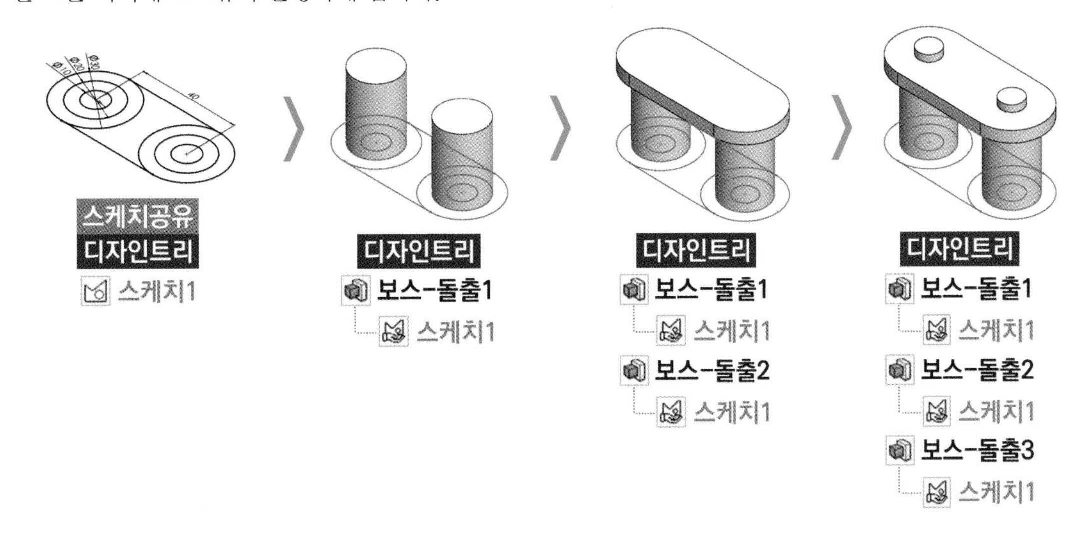

1 아래와 같이 「윗면」에 스케치를 작성합니다.

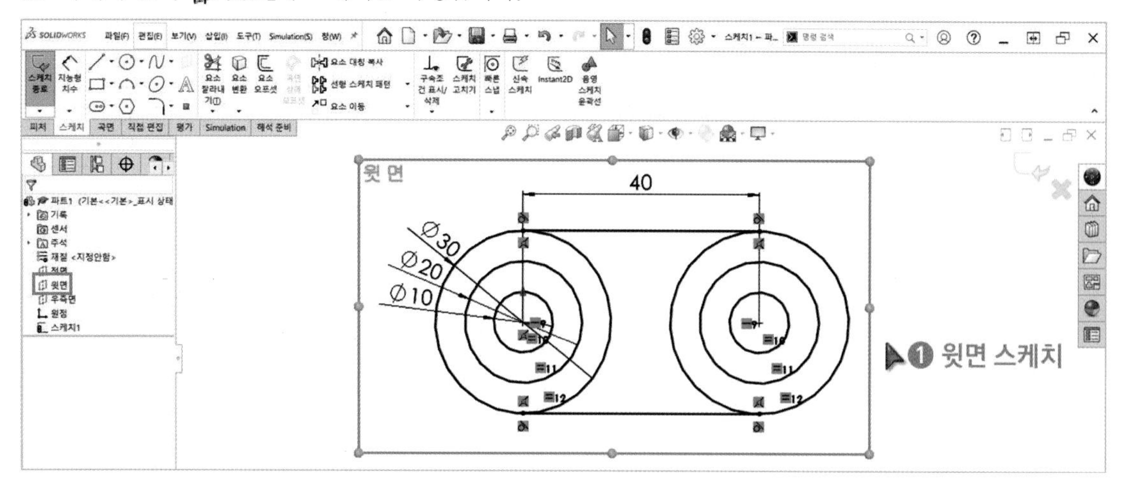

2 「돌출」을 클릭합니다. 4개의 프로파일을 클릭하고 방향, 형태, 거리를 지정합니다.

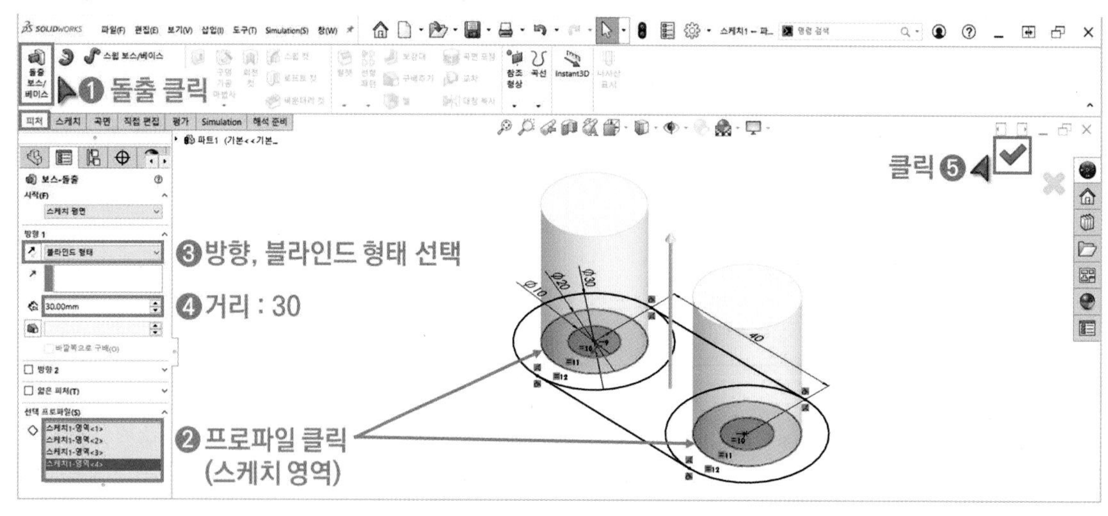

3 「돌출」을 클릭하고 스케치1을 클릭합니다.

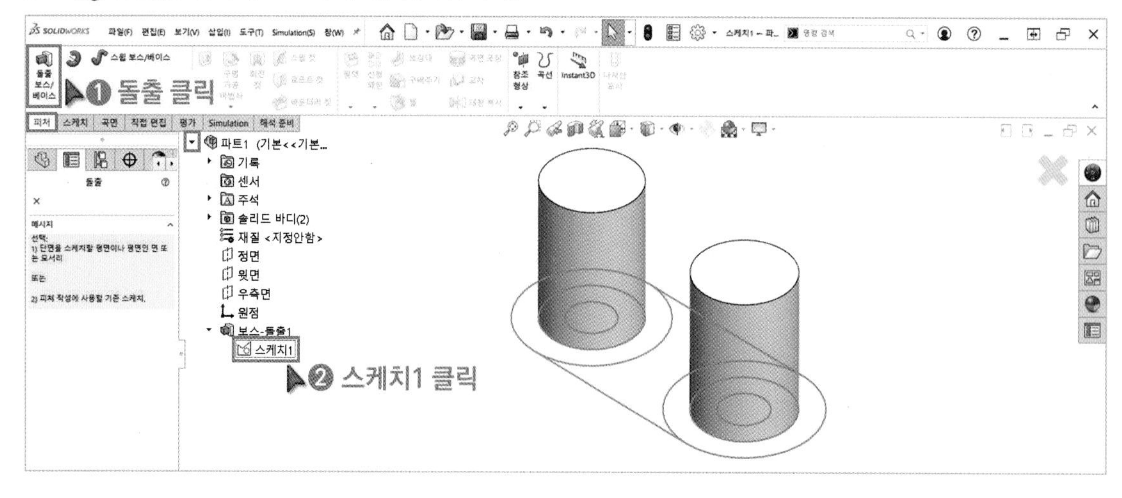

4 돌출 시작면을 클릭하고 프로파일을 모두 선택해서 돌출합니다.

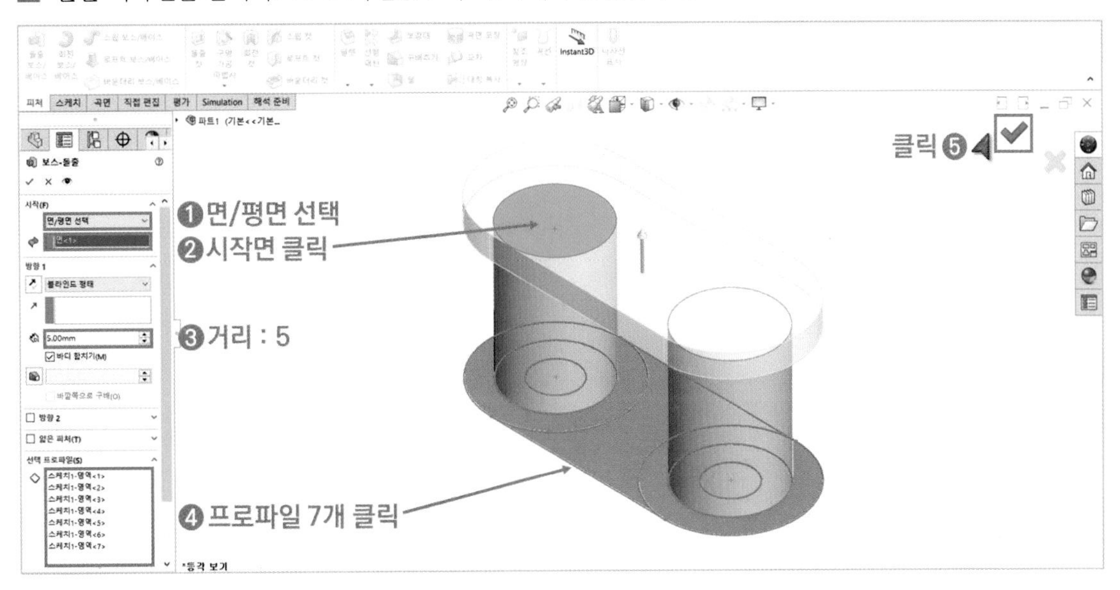

5 스케치가 공유되면 스케치의 아이콘 형태가 바뀝니다.

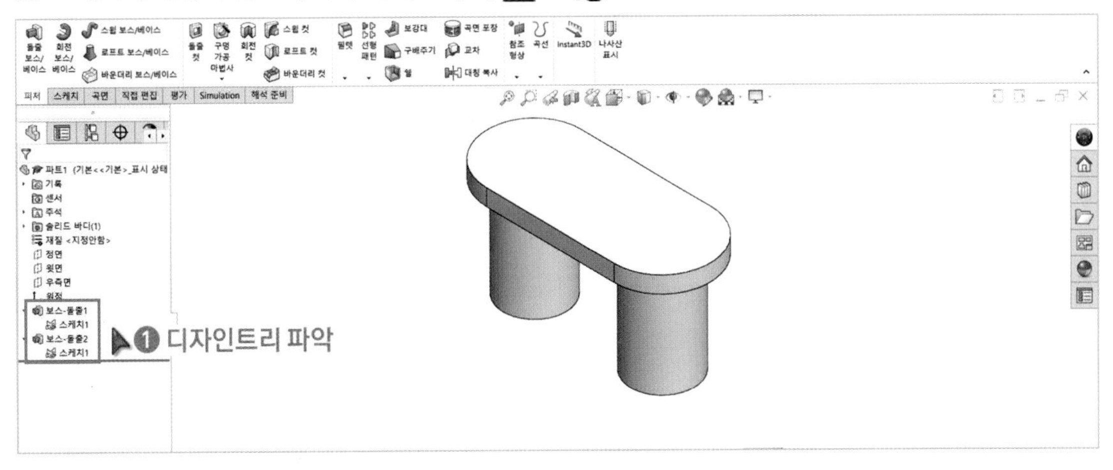

6 「돌출」을 클릭하고 스케치1을 클릭합니다.

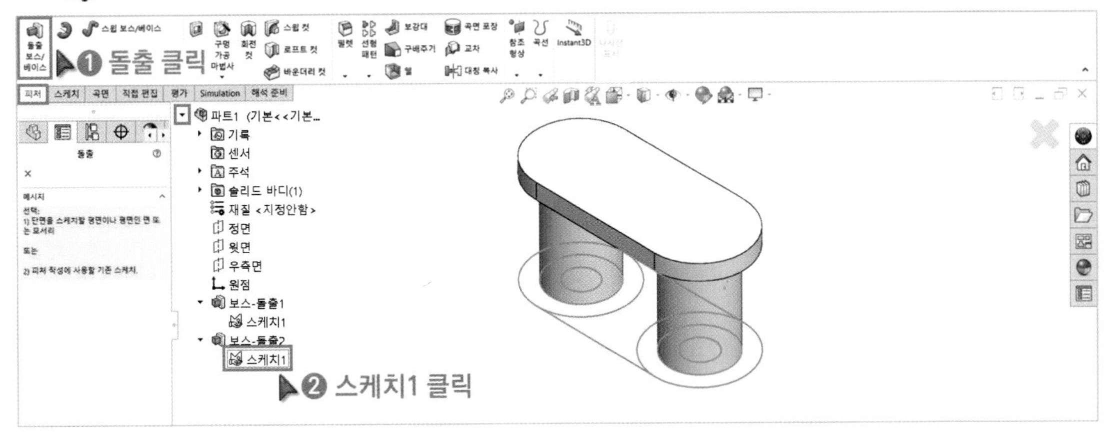

7 프로파일 2개를 클릭해서 돌출시킵니다.

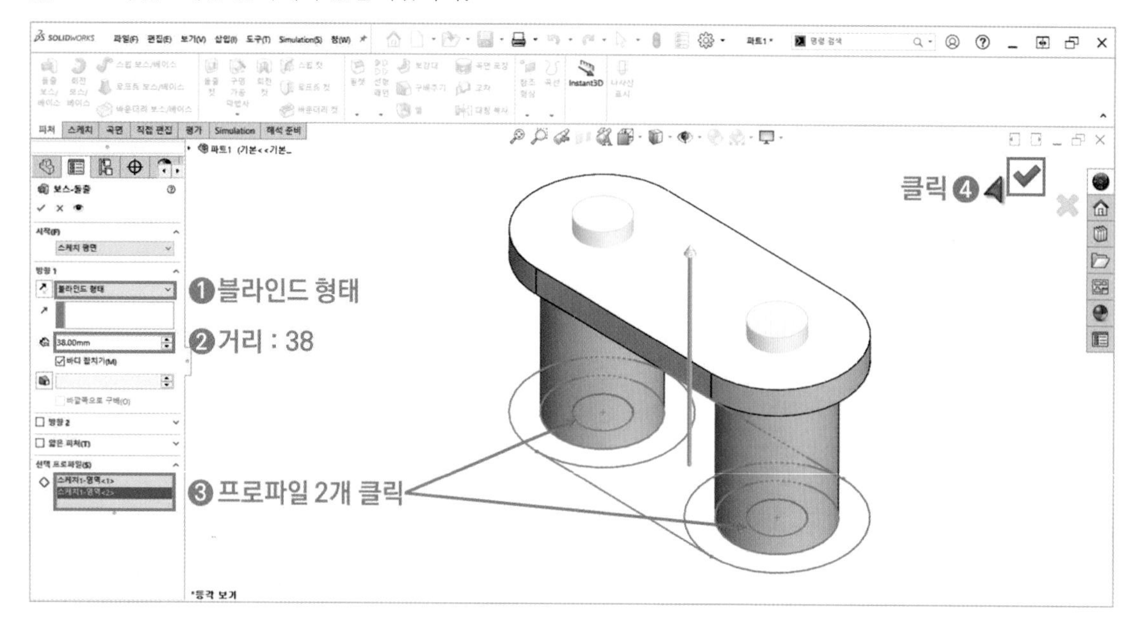

8 디자인트리의 구성을 파악합니다.

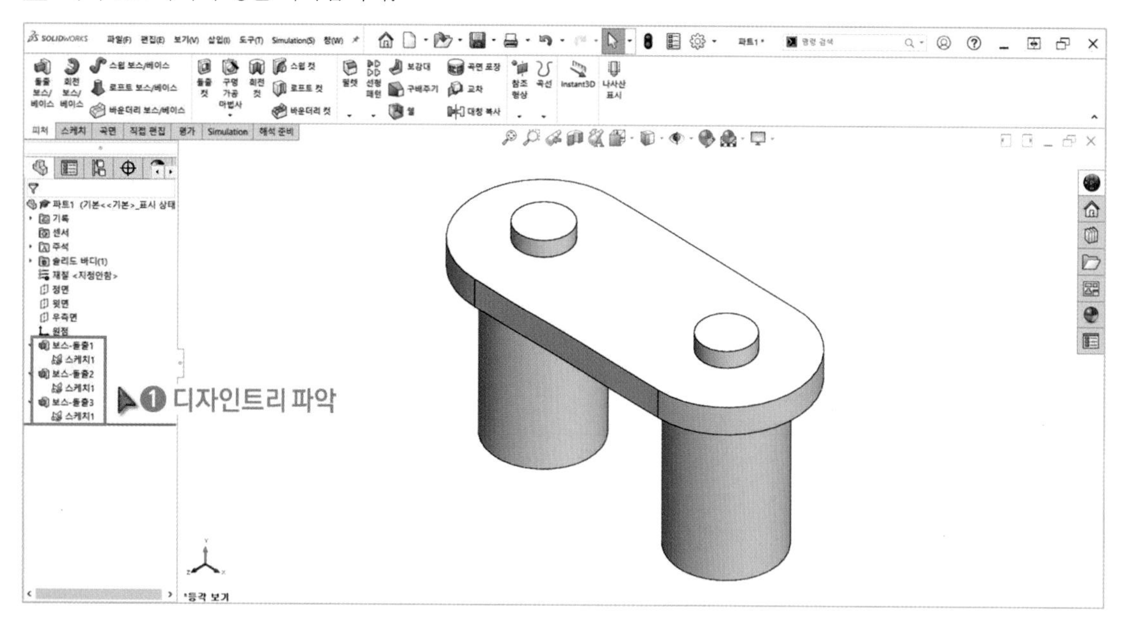